名贵道地中药材研究与应用系列丛书

天山雪莲的研究与应用

主编◎刘　发　斯拉甫·艾白

全国百佳图书出版单位
中国中医药出版社
·北　京·

图书在版编目（CIP）数据

天山雪莲的研究与应用/刘发，斯拉甫·艾白主编．—北京：中国中医药出版社，2021.3（2022.8重印）

（名贵道地中药材研究与应用系列丛书）

ISBN 978-7-5132-6472-3

Ⅰ.①天… Ⅱ.①刘… ②斯… Ⅲ.①天山-野生植物-药用植物-研究 Ⅳ.①Q949.95

中国版本图书馆 CIP 数据核字（2020）第 189485 号

中国中医药出版社出版

北京经济技术开发区科创十三街 31 号院二区 8 号楼

邮政编码 100176

传真 010-64405721

保定市西城胶印有限公司印刷

各地新华书店经销

开本 710×1000 1/16 印张 12 彩插 0.25 字数 205 千字

2021 年 3 月第 1 版 2022 年 8 月第 3 次印刷

书号 ISBN 978-7-5132-6472-3

定价 60.00 元

网址 www.cptcm.com

服务热线 010-64405510

购书热线 010-89535836

维权打假 010-64405753

微信服务号 zgzyycbs

微商城网址 https://kdt.im/LIdUGr

官方微博 http://e.weibo.com/cptcm

天猫旗舰店网址 https://zgzyycbs.tmall.com

如有印装质量问题请与本社出版部联系（010-64405510）

《天山雪莲的研究与应用》

编委会

主　编　刘　发　斯拉甫·艾白

副主编　李治建　吉腾飞　曹春雨　靳洪涛
马　丽（大）　马桂芝　李　伟

编　委　（以姓氏笔画为序）
马　丽（小）　马　芹　王佳佳
王利昕　吕　刚　刘　盟　李红颖
针　擘　周　凡　韩梦婷　藏　登

序

刘发、斯拉甫·艾白教授主编，近 20 人参编的《天山雪莲的研究与应用》一书即将付梓面世。该书主要从天山雪莲的生药学研究、化学成分研究、应用历史、药理学研究、培养物研究、制剂研究、临床应用、不良反应和毒性评价八个方面进行了较为系统的介绍。该书系统介绍天山雪莲的研究与应用进展，为今后开发和临床使用天山雪莲提供重要参考。

主编刘发和斯拉甫·艾白教授是我多年的药理学同行、老友。刘发教授是我国著名药理学家，从沈阳药科大学毕业后即支援边区建设，像天山雪莲一样扎根边陲。他在新疆医科大学从事教学科研工作半个多世纪，桃李满天下，论著千万言，成果累累，获誉无数。刘教授还热心诗词书法，中国文化底蕴深厚。耄耋之年仍志在千里，老当益壮，殚精竭虑，探赜索微，钩深致远，决心将中华九大仙草之一的天山雪莲的研究成果整理成书，荐世惠人。生命不息战斗不止的决心和吃苦耐劳的精神感人至深。

我曾为刘教授作诗赞叹：

乙亥丁酉九月半，西北药老八十三。
百花苗圃洒汗水，万生校园执教鞭。
坚忍不拔若胡杨，初心难改似雪莲。
恩勤慈爱加辛苦，育出桃李春满园。
携手斯所同耕耘，共建团结民族苑。
师生互敬四十载，艾白成果亦斐然。

表达了我对刘教授的崇敬和感佩之情，亦表示对艾白所长的赞誉之意。

斯拉甫·艾白教授是有突出贡献的中年民族医药专家的优秀代表，身具诸多光环而不骄，友好谦和平易近人，与刘教授配合默契，相得益彰，也是我多年的药理学同仁、好友，为该书编撰付出了大量心血和智慧。

刘发、斯拉甫·艾白两位教授都是一身正气，两袖清风；从教从研，诲人惠人；著书立说，嘉惠后学；秀林巨木，有口皆碑。

编委诸位同仁都是各个领域的优秀专家，在该书的编写中都付出了令人感动的努力。

感动、感激、感慨之情油然而生，爰以为序。

博士 教授 主任医师 博士生导师

国家自然科学基金委原中医学与中药学主任　王昌恩

戊戌初冬于京华

前言

天山雪莲是传统药材九大仙草之一，有人认为与灵芝齐名，是新疆特有名贵药材。传说西天仙女私自下界，被西王母发现，为防其随意扰乱众生，限制其只在高山活动。在天山寂寞的生活里，西天仙女偶遇天山寻神医仙药的牧民小伙。仙女念其爱妻心切，告知在天山近顶霞光四射的仙境处，有一种奇异“白莲花”可治之。小伙不辞艰辛，经七天七夜的攀登，采得七朵白莲花。下山为妻熬制此药，每天一剂连服七天，妻病几愈。故事中的白莲花，正是生长于天山博格达峰雪线以上的天山雪莲。

据文献报道，单味雪莲有 15 种以上药效作用，约有 10 余种治疗作用在临床应用。随着现代科技发展，近 10 年研究发现，天山雪莲中棕矢车菊素（Jaceosidin）和粗毛豚草素（Hispidulin）等，对 7 种癌细胞有抑制作用，并促进癌细胞凋亡，尚有抑制癌组织新生血管形成，使癌组织萎缩或死亡的作用。上述研究结论使天山雪莲成为闻名遐迩的药材。本书的编写，旨在提供国内外研究的前沿动态，为进一步开发天山雪莲的药用价值提供理论和技术基础，亦为广大研究者或部分患者提供参考。天山雪莲制剂研究一章介绍雪莲剂型 15 种以上，并有详细的质量标准，可供研究单位和制药企业借鉴。

天山雪莲（*Saussurea involucrata* Kar. et Kir）为菊科风毛菊属雪莲亚属植物。由卡瑞林（Karelin）和克里络威（Krilovii）两位俄国人命名（1881 年），一直沿用至今。我国对天山雪莲的记载见于清代赵学敏著《本草纲目拾遗》，早于两位俄国人命名 120 年之久，载：“雪莲花产于伊犁西北及金川等大寒之地，积雪春夏不散，雪中有草，类荷花，独茎，亭亭雪间可爱。”在清代纪昀《阅微草堂笔记》和民国初年贾树模《新疆杂记》中，均有对天山雪莲的描述。2005 年《中华人民共和国药典》正式收载天山雪莲。雪莲品种繁多，《本草纲目拾遗》将天山雪莲视为正品，以产自天池博格达峰者为最佳。新疆产雪莲，分布于天山山脉、阿勒泰山和昆仑山南北坡海拔 2500~4000 米的山上，悬崖峭壁或冰渍岩缝之中。由于影视作品把雪莲描绘成神药，包治百病，人们对雪莲无限采挖，致使野生资源大面积减退，天山雪莲已被列为国家二级保护植物、国家三级濒危物种。广大科研人员不得不走向雪莲的人工栽培和组织培养。新疆中药民族药研究所原所长贾晓光研究员和新疆药物研究所原所长刘庆华研究员做了大量研究工作，包括天山雪莲化学成分提取分离、成分结构鉴定、人工培养的条件等，很多工作都具有开创性。

新疆维吾尔自治区位于祖国西北，由三山与两盆地构成。除两盆地外，几乎全是高山峻岭，气候寒冷，常年积雪。天山雪莲就生长在阿勒泰山区、天山山脉南北坡，尤以伊犁山区、昆仑山山区为多。由于该植物生长在大寒、终年覆雪之处，决定了天山雪莲的温热性，可医一切大寒湿所致疾病。

本书主要包括天山雪莲的分布和生药学特征；化学成分及新发现的化合物；突出阐述天山雪莲的抗炎止痛作用、中枢神经保护作用、抗肿瘤作用及其机制、抗辐射、抗疲劳和抗缺氧作用等；不良反应和安全性评价；制剂研究和新剂型应用简介；提出 10 种病症用天山雪莲制剂治疗的研究，可为基础和临床研究者参阅。

天山雪莲的化学成分和药理研究近 10 年确实有新的发现，取得一些成果，但各药理作用的物质基础尚未最后确定。安全评价亦需深入，特别是临床制剂基础研究尚较粗浅。所以，天山雪莲研究还有很远的路程要走，需要相关部门领导关注和支持，各研究部门通力合作。

由于任务繁重，文献资料涉及多专业、多学科，特邀请国内有关研究所多位专家参与编写，如中国医学科学院靳洪涛、吉腾飞研究员，中国中医科学院中西医结合专业曹春雨研究员等。得到多位专家、教授的积极响应和支持，特向各位致以谢意！特请国家自然基金委九处原处长王昌恩教授，为本书作序，非常荣幸。

尽管我们编写人员竭尽努力，有多位知名学者参与编写，但百密一疏，总会有错误和失误，恳请各位业界同行、广大读者不吝赐教，予以指正，以便再版时提高。

刘　发　斯拉甫·艾白

2020 年 10 月于乌鲁木齐

目录

第一章　天山雪莲的生药学研究

据传，雪莲是瑶池王母到天池洗澡时，由仙女们撒下来的，而对面海拔 5000 多米的雪峰则是一面漂亮的镜子。高山牧民在行路途中遇到雪莲时，会认为这是吉祥如意的征兆，就连喝下雪莲苞叶上的露珠都被认为可以驱邪除病、延年益寿。

雪莲在民间习用已久，而其傲立雪中冰清玉洁的美，自古以来就是文人称颂的对象。曾有诗曰："云岭冰峰素色寒，雪莲典雅峭崖欢。娉婷仙韵无尘染，蕙质冰肌献玉兰。"赞美雪莲美丽、静肃；宋代人释怀悟则在《庐山白莲社》中这样描述："才高孰谓文中龙，返使伊人思谢公。烟飞露滴玉池空，雪莲蘸影摇秋风。"当代作家梁羽生则在《点绛唇·玉剑冰弹》中用这样的词句来描述雪莲的孤寂、傲然："玉剑冰弹，端的是奇缘奇遇。雪莲鸳谱，冷香飞入诗句。纵有珠峰，难隔刘郎路。云深处，愿同偕隐，营屋冰川住。"

一、天山雪莲的植物学基原

天山雪莲作为药用雪莲的重要来源，又名雪莲花、雪荷花，维吾尔语称其为"塔格依力斯"，是新疆的著名特产，有"雪山花王"之称。

雪莲属被子植物门、双子叶植物纲、菊目、菊科、风毛菊属植物。在我国，雪莲多分布于新疆、青海、甘肃、云南和西藏等高寒地区；国外分布很少，仅在俄罗斯、哈萨克斯坦和蒙古有所分布。

据 1997 年版《全国中草药汇编》记载，常被用作雪莲药材植物来源的有 12 种和 1 个变种；中国医学科学院李青山和北京医科大学蔡少青于 2000 年进行的全国雪莲花类商品药材调查结果如下：雪莲商品药材原植物有 15 种，其中雪莲花类药材原植物有 12 种，主流商品的原植物是天山雪莲 *S. involucrata* Kar. et Kir. 、水母雪兔子 *S. medusa* Maxim、雪兔子 *S. gossypiphora* D. Don. 。雪莲原植物随产地而有所区别，如中国西部的四川、云南、西藏等地用绵头雪兔子 *S. laniceps* Land . -Mazz. (彩图 1-1)；西藏的亚东、加查、朗县等地用三指雪兔子 *S. tridactyla* Sch. Bip. ；拉萨等地又用其变种丛株雪兔子 *S. tridactyla par.* Maiduoqanla；甘肃、青海等地用水母雪兔子 *S. medusa* Maxim（彩图 1-2）；青海也用雪兔子 *S. gossypiphora* D. Don.；新疆用天山雪莲 *S. involucrata* Kar. et Kir.（彩图 1-3、彩图 1-4），还用鼠曲雪兔子 *S. gnaphaldes*（*Roylr*）Sch. -Bip.；云南则用槲叶雪莲 *S. quercifoha* W. W. Smich，但均属于菊科风毛菊属 *Saussurea* 雪兔子亚属 *Subgen Eriocoryne* 植物。

二、天山雪莲的分布

天山雪莲主要分布在新疆地区天山、阿勒泰山及昆仑山，其中以天山山区分布较广，天山向东延至巴里坤湖区，向南可达拜城、温宿山区，向北到伊宁、塔城和博乐一带高山。其中伊宁、特克斯、巩留、昭苏、霍城、额敏、和布克赛尔、青河、博尔塔拉、温泉、托里、玛纳斯、奇台、和静和乌鲁木齐南山山区分布最为集中。

阿尔泰山区气候寒冷，无霜期短，条件差，其中以阿尔泰、富蕴、布尔津等地雪莲分布最多。昆仑山及帕米尔高原由于气候寒冷，气温温差较大，风化作用强烈，倒石堆极为发育，降水量多，但保水能力差，对植物生长极为不利。雪莲只能在阴坡和沟坎之间成片生长。在库车、叶城、喀什库尔干、乌恰等山区分布较多。

近年来，由于资源的掠夺性采挖，旅游业的发展，以及全球气候变暖，雪莲的生长环境“雪上加霜”。气候“暖化”导致天山山脉积雪面积逐渐减少，积雪时间也相对缩短，适宜野生雪莲生存的区域不断缩小。20 世纪 50~60 年代，新疆人在天山海拔 1800m 左右的地方就可以采到雪莲，当时雪莲遍地皆是，全疆雪莲面积大约为 5000 亩。10 年前，在海拔 2800m 的天山山区，人们还可看到成片的雪莲。而现在，在 3000m 雪线之下根本找不到雪莲的踪迹，全疆雪莲资源蕴藏量锐减 4/5，产品也由常见的花头直径 30cm 下降到仅 10cm 左右。1996 年国家将天山雪莲列为二级保护植物，目前天山雪莲已被列为国家三级濒危物种。

三、天山雪莲的生物学特征

雪莲的一生既会沐浴强烈的阳光，又能经历零下十几摄氏度甚至几十摄氏度低温的考验。在如此复杂的气候环境条件下，雪莲依然能够正常发芽生长，这是由于雪莲的营养器官及繁殖器官的形态特征，以及生长发育、繁殖节律与气候条件相适应。

（一）天山雪莲的形态特征

1. 天山雪莲

多年生草本，高 15~35cm。根状茎粗，颈部被多数褐色的叶残迹。茎粗壮，基部直径 2~3cm，无毛。叶密集，基生叶和茎生叶无柄，叶片椭圆形或卵状椭圆形，长达 14cm，宽 2~3.5cm，顶端钝或急尖，基部下延，边缘有尖齿，两面无毛；最上部叶苞叶状，膜质，淡黄色，宽卵形，长 5.5~7cm，宽 2~7cm，包围总花序，边缘有尖齿。头状花序 10~20 个，在茎顶密集成球形的总花序，无小花梗或有短小花梗。总苞半球形，直径 1cm；总苞片 3~4 层，边缘或全部紫褐色，先端急尖，外层被稀疏的长柔毛，外层长圆形，长 1.1cm，宽 5mm，中层及内层披针形，长 1.5~1.8cm，宽 2mm。小花紫色（彩图 1-5），长 1.6cm，管部长 7mm，檐部长 9mm。瘦果长圆形，长 3mm。冠毛污白色，2 层，外层小，糙毛状，长 3mm，内层长，羽毛状，长 1.5cm。花果期 7~9 月。

2. 水母雪兔子

多年生多次结实草本。根状茎细长，有黑褐色残存的叶柄，有分枝，上部发出数个莲座状叶丛。茎直立，密被白色棉毛。叶密集，下部叶倒卵形，扇形、圆形或长圆形至菱形，连叶柄长达 10cm，宽 0.5~3cm，顶端钝或圆形，基部楔形渐狭成长达 2.5cm 而基部为紫色的叶柄，上半部边缘有 8~12 个粗齿；上部叶渐小，向下反折，卵形或卵状披针形，顶端急尖或渐尖；最上部叶线形或线状披针形，向下反折，边缘有细齿；全部叶两面同色或几同色，灰绿色，被稠密或稀疏的白色长棉毛。头状花序多数，在茎端密集成半球形的总花序，无小花梗，苞叶线状披针形，两面被白色长棉毛。总苞狭圆柱状，直径 5~7mm；总苞片 3 层，外层长椭圆形，紫色，长 11mm，宽 2mm，顶端长渐尖，外面被白色或褐色棉毛，中层倒披针形，长 10mm，宽 4mm，顶端钝，内层披针形，长 11mm，宽 2mm，顶端钝。小花蓝紫色，长 10mm，细管部与檐部等长。瘦果纺锤形，浅褐色，长 8~9mm。冠毛白色，2 层，外层短，糙毛状，长 4mm，内层长，羽毛状，长 12mm。花果期 7~9 月。

3. 雪兔子

多年生一次结实有茎草本，上部被稠密的白色或黄褐色厚棉毛。根垂直伸，黑褐色，有纺缍状分枝。茎直立，高达 30cm，被稠密的白色或黄褐色的厚棉毛，基部被褐色残存的叶柄。下部叶线状长圆形或长椭圆形，有长或短柄，包括叶柄长达 14cm，宽 0.4~1.4cm，顶端急尖或钝，基部楔形渐狭，边缘有尖齿或浅齿，两面无毛或幼时下面有长棉毛；上部茎叶渐小；最上部茎叶苞叶状，线状披针形，长达6cm，常向下反折，顶端长渐尖，两面密被白色或淡黄色的长棉毛。头状花序无小花梗，多数在茎端密集成直径为7~10cm的半球状的总花序。总苞宽圆柱状，直径5~6mm；总苞片3~4层，卵状披针形或线状长圆形，顶端急尖，外面被棉毛。小花紫红色，长1.1cm，细管部长4.5mm，檐部长6.5mm。瘦果黑色，长3~4mm。冠毛淡褐色，2层，外层短，糙毛状，长4mm，外层长，羽毛状，长8mm。花果期7~9月。（彩图1-6）

（二）天山雪莲的显微特征

雪莲根的初生结构，其初生木质部为二原型，木质部及韧皮部的发育均为外始式，以及在其他植物根中很少见的木栓形成层和起源于近表皮的皮层细胞。

1. 雪莲苞叶横切面

上表皮细胞椭圆形或类长方形，排列整齐，外壁稍厚，下表皮外壁亦稍增厚，并可见腺毛和非腺毛的残基，叶肉细胞2~6列，细胞形状不规则，主脉明显向下凸出，上表面稍凹，维管束双韧型，3~5个（图1-1）。

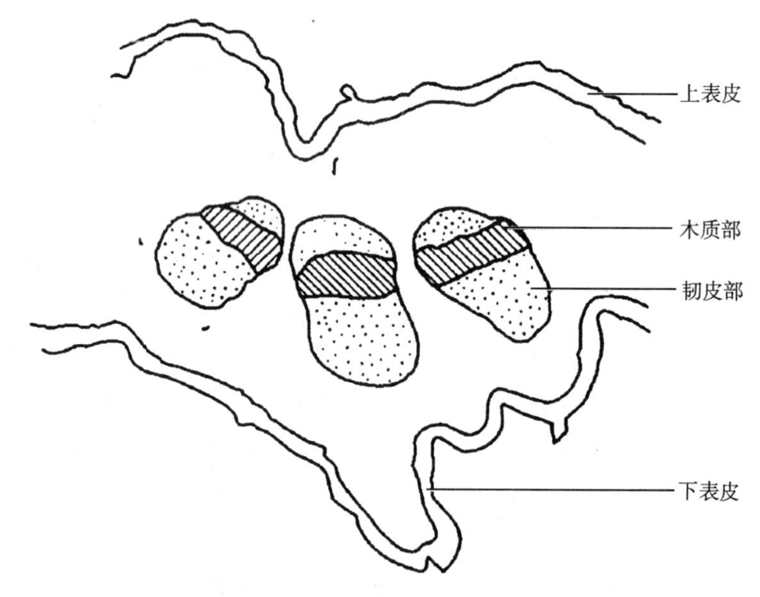

图1-1　天山雪莲苞叶主脉简图

（图片来源：肖培根主编《新编中药志》）

2. 粉末特征

黄绿色。①气孔不定式，长轴约 42μm，短轴约 32μm。②非腺毛为多细胞，基部细胞形短。③腺毛头部为多细胞。④花粉粒类圆形，直径约 45μm，外壁有刺状突起，萌发孔 3 个。⑤柱头和花柱碎片具绒毛状或刺状突起。⑥导管有环纹和网纹，直径 15~40μm。⑦纤维成束，壁薄，胞腔大。⑧冠毛碎片众多，形状类似非腺毛（图 1-2）。

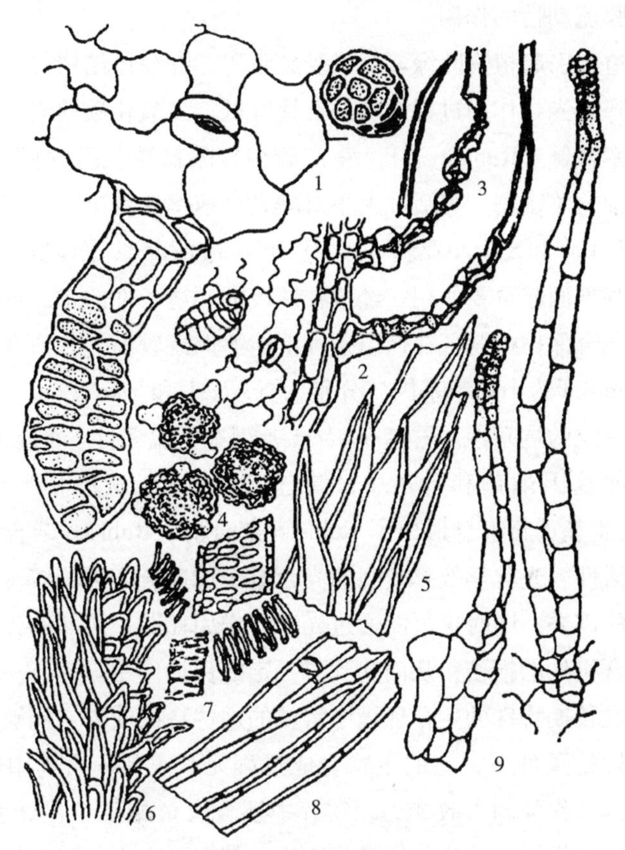

图 1-2　天山雪莲粉末显微特征图

（图片来源：肖培根主编《新编中药志》）

1. 表皮（示不定式气孔及腺毛）；2. 苞叶表皮（示气孔，腺毛及保护毛）

3. 保护毛；4. 花粉粒；5. 花柱碎片；6. 柱头碎片；7. 导管；8. 纤维；9. 腺毛

四、天山雪莲细胞抗寒基因的形成

生物膜是植物细胞及细胞器与环境的一个界面结构，膜的流动性和稳定性是细胞乃至整个植物赖以生存的基础。各种逆境对细胞的影响首先作用于质膜。研究表明，低温胁迫引起膜结构的破坏是导致植物寒害损伤和死亡的根本原因。从新疆雪莲成功分离出磷脂酰乙醇胺结合蛋白基因（phsphatidylethanolamine－binding protein，PBP），是一个全长基因，共有 510 个核苷酸，起始密码前有 64 个碱基的 5' 端非编码区序列，类似拟南芥 *Arabidopsis thaliana* 的磷脂酰乙醇胺结合蛋白基因。初步显示，雪莲磷脂酰乙醇胺结合蛋白基因是经低温诱导的产物，有改变细胞质膜流动性的作用。

低温的胁迫会引起植物叶绿素合成受到阻碍，叶绿体结构遭到破坏，光合电子传递活性下降，光合作用过程中酶的活性降低，二氧化碳的同化受阻，导致植物光合作用效率降低。Rubisco（1，5－二磷酸核酮糖羧化酶/加氧酶）是高等植物光合碳代谢中的关键酶，其活性大小对净光合速率起着决定性作用，该酶是由 8 个大亚基（rbcL）和 8 个小亚基（rbcs）组成的 L8S8 多聚体复合物，其中小亚基在调控大亚基方面起重要作用。经过长期极端环境条件的自然选择，雪莲自身形成了独特的光合保护机制，在低温条件下能够保持较高光合活性。雪莲幼苗中发现了两个 Rubisco 的小亚基基因，分别为 *Sikrbcs*1 和 *Sikrbcs*2。研究表明，这两个基因都具有一定的抗寒性。雪莲 *Sikrbcs*1 基因在低温条件下可能的保护机制为：在转 *Sikrbcs*2 型基因烟草和番茄中，雪莲 Rubisco 小亚基可能与受体植物的 Rubisco 酶的大亚基重新组合形成了 Rubisco 杂合酶，Rubisco 杂合酶在低温条件下保持较高的活性。光化学效率较高的光合电子传递链产生了较多的同化力，可以满足暗反应的需要；同时也可能通过光呼吸作用耗散了过剩的光能，降低了过剩的光能对光合机构的损伤，从而起到了一定的保护作用。

天山雪莲在长期特殊的生存环境中铸就的这些特征使得它能够傲立雪中，绽放异彩。在这样的条件下，它的生物合成过程尤其重要。雪莲中的多糖十分丰富，对紫外线具有很强的吸收能力；雪莲中还含有黄酮类、香豆素类、甾体类、木脂素类、有机酸类以及一些其他类化合物，其主要次生代谢产物为黄酮类化合物，包括黄酮及黄酮醇类；并富含氨基酸，必需氨基酸种类齐全且含量较高。因此，雪莲具有很高的药用价值。雪莲在医药上应用已有数百年的历史，全草入药。

（李伟）

参考文献

[1] 庄丽，李卫红，孟丽红．新疆雪莲资源的利用、研发与保护［J］．干旱区资源与环境，2006，20（2）：195-202.

[2] 郭仲军，刘丽艳，张炜银，等．天山雪莲资源状况、经营利用与保护对策的调查研究［C］．全国生物多样性保护与持续利用研讨会，2006.

[3] 中国环境保护局，中国科学院植物研究所．中国珍稀濒危保护植物名录（第一册）［M］．北京：科学出版社，1987.

[4] 贾晓光，顾政一．天山雪莲［M］. 乌鲁木齐：新疆科学技术出版社，2013.

[5] 尹林克，谭丽霞．新疆珍稀濒危特有高等植物［M］. 乌鲁木齐：新疆科学技术出版社，2006.

[6] 李佳政．冰峰奇葩——雪莲［J］．新疆农垦科技，1991，3：47-48.

[7] 李永和，聂继红．新疆药用植物野外识别手册［M］. 乌鲁木齐：新疆人民卫生出版社，2013.

[8] 李永和，聂继红．新疆常见药用植物图解［M］. 乌鲁木齐：新疆人民卫生出版社，2014.

[9] 陈发菊，杨映根，赵德修，等．我国雪莲植物的种类、生境分布及化学成分的研究进展［J］．植物学通报，1999，16（5）：561-566.

[10] 卓娅，刘杰龙，古巴诺娃，等．天山雪莲生态适应特性及人工繁殖的研究［J］．新疆师范大学学报：自然科学版，1993，13（2）：81-84.

[11] 黄继红．雪莲的生物学特性研究［D］．乌鲁木齐：新疆农业大学，2004.

[12] 简令成，吴素萱．植物抗寒性的细胞学研究——小麦越冬过程中细胞结构的变化［J］．植物学报，1965，13：1-15.

[13] 李萍，艾秀莲，王志方，等．雪莲 PBP 基因表达载体的构建［J］．生物技术，2006，16（2）：11-13.

[14] 杨华庚，林位夫．低温胁迫对油棕幼苗光合作用及叶绿素荧光特性的影响［J］．中国农学通报，2009，25（24）：506-509.

[15] 陈世茹，于林清，易津．低温胁迫对紫花苜蓿叶片叶绿素荧光特性的影响［J］．草地学报，2011，19（4）：41- 46.

[16] Yordanov I, Velikova V. Photoinhibition of photosystem I［J］. Bulgarian Journal of Plant Physiology, 2000, 26: 70-92.

[17] Hutchison R S, Groom Q, Ort D R. Differential effects of chilling induced photooxida-

tion on the redox regulation of photosynthesis enzymes [J]. Biochemistry, 2000, 39: 6679-6688.

[18] Yuji Suzuki, Maki Ohkubo, Hanako Hatakeyama, et al. Increased Rubisco Content in Transgenic Rice Transformed with the "Sense" rbcS Gene [J]. Plant Cell Physiol, 2007, 48 (4): 626-637.

[19] 杨晶. 新疆雪莲 rbcs2 基因低温光合作用保护机制的研究 [D]. 石河子: 石河子大学, 2014.

[20] 张琦, 伍红, 张娥. 五种药用雪莲花中总黄酮及微量元素的测定和比较研究 [J]. 华西药学杂志, 1997, 12 (3): 145 -148.

[21] 国家中医药管理局《中华本草》编委会. 中华本草·维吾尔药卷 [M]. 上海: 科学技术出版社, 2005.

[22] 贾丽华, 郭雄飞, 贾晓光, 等. 天山雪莲的开发与应用 [J]. 新疆中医药, 2016, 34 (1): 126-128.

第二章　天山雪莲的化学成分研究

20 世纪 80 年代初，兰州大学贾忠建教授最早开始了天山雪莲［*Saussurea involucrata*（Kar. et Kir.）Sch. -Bip.］的化学成分研究。此后，多位研究者对天山雪莲进行了化学分析，从中分离得到了多种类型的化学成分，包括黄酮类、倍半萜内酯及其苷类、生物碱类、挥发油类、多糖类、神经酰胺类、蛋白质及氨基酸类和其他类型化合物。对天山雪莲的化学成分的研究也逐步深入，为明确天山雪莲的活性成分及其作用机制提供了坚实的研究基础。在今后的研究中，随着研究手段和技术方法的进步，天山雪莲的化学成分研究也将更为系统深入。

第一节　黄酮类化合物

黄酮类化合物作为植物中分布最为广泛的一类成分，对植物的生长、发育、开花和结果以及抵御异物的侵袭起着重要的作用，同时因其分布广，部分成分含量高，也是较早被人类发现的一类天然产物。黄酮类化合物是天山雪莲中的重要化学成分，具有祛痰和类似维生素 P 的作用，能降低毛细血管通透性，且具有抗病毒、抑制醛糖还原酶的作用。目前，从天山雪莲中分离鉴定出 36 个黄酮类化合物，包括黄酮及其苷类化合物 21 个；黄酮醇及其苷类化合物 14 个，色原酮 1 个。目前对天山雪莲药材的品质优劣评价，以及对治疗风湿性关节炎等疾病的雪莲注射液、雪莲口服液等成药质量标准的建立，都是以天山雪莲总黄酮类成分为依据。

一、黄酮及其苷类化合物

1983 年，贾忠建等人报道了天山雪莲的化学成分研究，将天山雪莲全草粉末用 70%乙醇浸泡数日，滤液蒸除溶剂后，依次用石油醚、乙醚、乙酸乙酯、正丁醇萃取。乙醚部位先后用 1%硼酸水溶液、5%碳酸氢钠水溶液及 5%碳酸钠水溶液萃取。5%碳酸钠水溶液中和后得到浅黄色沉淀，得率约 0.01%；沉淀经过聚酰胺柱层析，得到黄色针状化合物 1 和化合物 2。化合物 1 的颜色反应为：加入盐酸锌粉显砖红色，加入盐酸镁粉显橘红色，加入三氯化铁显棕绿色，加入三氯化铝显黄色，遇氨蒸气显黄色，加入氢氧化钠显鲜黄色，加入硫酸显黄色，为黄酮化合物的典型颜色反应；进而通过红外光谱、质谱、紫外光谱和核磁共振氢谱；以及乙酰化产物的质谱数据和熔点确定了化合物 1 为 4′，5，7-三羟基-3′，6-二甲氧基黄酮（棕矢车菊素，4′，5，7-trihydroxy-3′，6-dimethoxyflavone，jaceosidin，1）。化合物 2 同样显示有黄酮化合物的典型颜色反应；通过红外光谱、质谱、紫外光谱和核磁共振氢谱，以及乙酰化产物的质谱数据和熔点同样确定了化合物 2 的结构为 4′，5，7-三羟基-6-甲氧基黄酮，即高车前素（粗毛豚草素，hispidulin，2）。

2009 年，中国农业大学的 Y. J. Xu 等建立了高效液相色谱-电喷雾质谱联用（LC-ESI-MS）的方法，对 2004 年 3 月采自新疆天山的天山雪莲干燥地上部分中的两种黄酮类成分木犀草素（luteolin，3）和木犀草苷（luteolin-7-*O*-*β*-D-glucopyranoside，4）的含量进行了测定，其中木犀草素的含量为 0.20±0.013mg/g；而木犀草苷的含量则为 0.20±0.013mg/g。

华东师范大学 Qingcui Chu 等以一系列黄酮和黄酮醇的标准品为对照，通过使用电化学检测的高效毛细管电泳法，对天山雪莲中药理活性成分进行了分析，发现含有金合欢素（acacetin，5）和洋芹素（芹菜素，apigenin，6）等黄酮类成分，其中金合欢素的含量为 0.19×10^{-5}g/mL；而洋芹素的含量为 0.75×10^{-5}g/mL，但比较奇怪的是未检测到木犀草素。

2007 年，中国医学科学院药用植物研究所李燕等对天山雪莲干燥全草 95%乙醇提取物的氯仿、乙酸乙酯和正丁醇萃取部位进行了研究。其中乙酸乙酯部位经过硅胶柱层析、葡聚糖凝胶过滤和进一步硅胶反复柱层析，分离得到泽兰黄素（eupafolin，nepetin，7），并通过其光谱数据和理化性质鉴定了其结构，泽兰黄素为首次在该植物中分离得到。

Kusano 等从天山雪莲中分离得到了泽兰黄素，以及假荆芥属苷（nepetin-7-*O*-*β*-D-glucopyranoside，8）、5，6-二羟基-7，8-二甲氧基黄酮（5，6-dihydroxy-7，8-dimethoxyflavone，9）、高车前苷（hispidulin-7-*O*-*β*-D-glucopyranoside，10）、棕矢车菊素。

2010 年 Jian Qiu 等对采自新疆伊犁地区的天山雪莲全草及部分器官及其细胞

培养物进行分析，又从中发现了洋芹素 7-*O*-葡萄糖苷（apigenin-7-*O*-*β*-D-glucopyranoside，11）等多种黄酮类化合物，洋芹素 7-*O*-葡萄糖苷的含量为 0.003~0.016mg/g。

Linlin Jing 等利用 150L 70%乙醇对 10.0kg 干燥天山雪莲粗粉进行加热回流提取 3 次，提取物回收溶剂得到 2.4kg 浸膏，取 500g 浸膏混悬于 2.0L 水中；用石油醚、氯仿、乙酸乙酯和正丁醇萃取，减压回收溶剂得到相应的萃取部位。取石油醚萃取部位（35.0g）进行硅胶柱层析，石油醚-乙酸乙酯（10：0~1：2，*V/V*））洗脱，对各洗脱部位进行反复硅胶柱层析。从天山雪莲石油醚萃取部位分离并鉴定了 4 个黄酮类化合物，分别为荠黄酮（mosloflavone，12）、苏荠黄酮（moslosooflavone，13）、7-甲醚黄芩素（negletein，14）和 5,6-二羟基-7,8-二甲氧基黄酮，其中荠黄酮、苏荠黄酮、7-甲醚黄芩素 3 个黄酮类化合物为首次从天山雪莲中分离得到。

中国医学科学院药物研究所张金兰和靳洪涛等研究人员采用高效液相色谱方法和质谱树状图相似度过滤技术，对天山雪莲干燥地上部分粗粉的 75%乙醇提取部分进行质谱全扫描分析，确定了其中含有半齿泽兰素（eupatorin，15）、jaceosidin-7-*O*-*β*-D-glucopyranoside（16）、忍冬苷（lonicerin，17）、hispidulin-7-*O*-*β*-D-malonyl glucoside（18）、木犀草素 7-*O*-葡萄糖醛酸（luteolin-7-*O*-*β*-D-glucuronide，19）等 19 个黄酮类化合物。

T. Yi 等人开发了一种液相色谱与二极管阵列检测器和电喷雾电离质谱联用法（LC-ESI-DAD-MS），用于对天山雪莲中主要成分进行分析，并鉴定出香叶木苷（diosmetin-7-*O*-*β*-D-glucopyranoside，20）和日本椴苷（acacetin-7-*O*-*β*-D-glucopyranoside，21）等化合物。

天山雪莲已经分离得到的黄酮类化合物结构见图 2-1，黄酮苷类化合物结构见图 2-2。

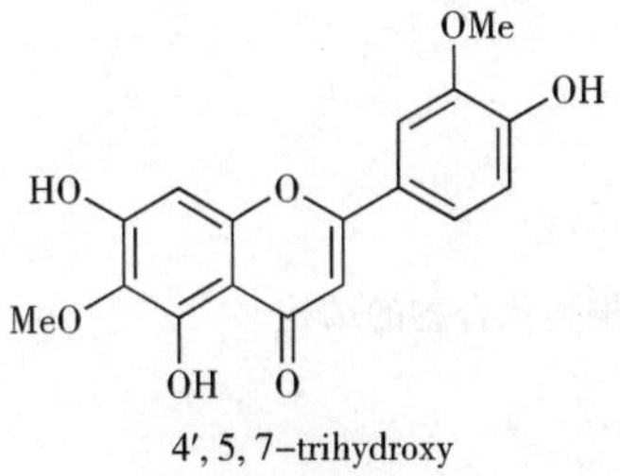

4′, 5, 7-trihydroxy 3′,6-dimethoxyflavone（1）

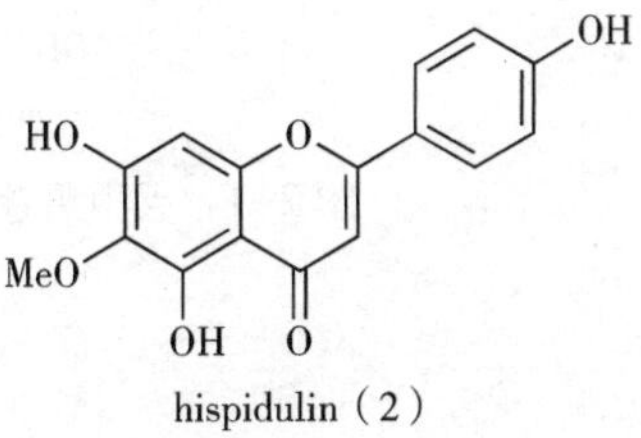

hispidulin（2）

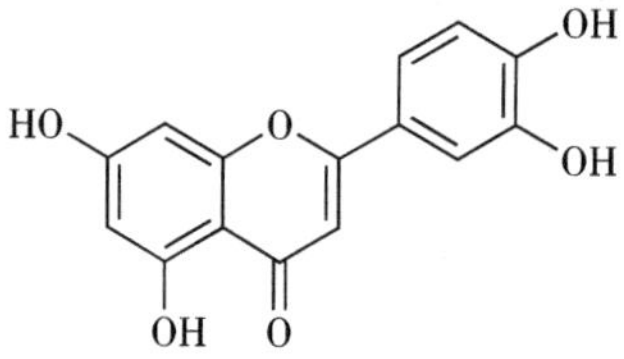

luteolin（3）

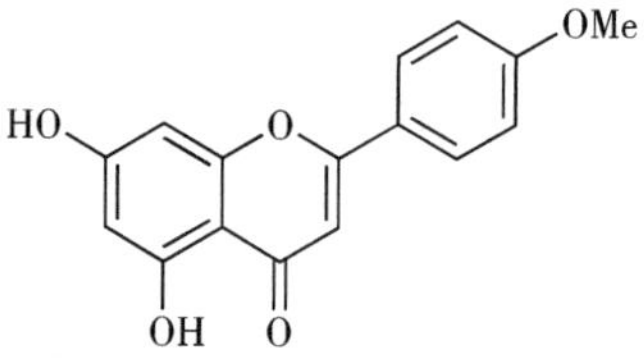

acacetin（5）

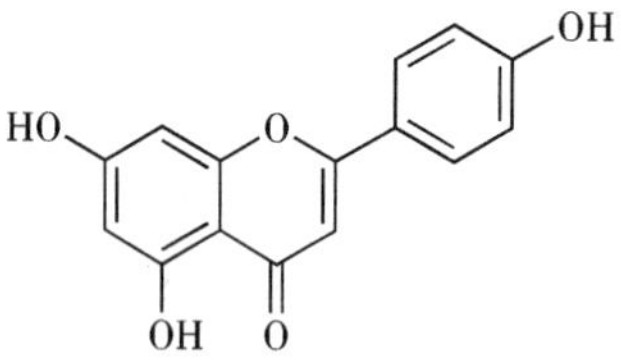

apigenin（6）

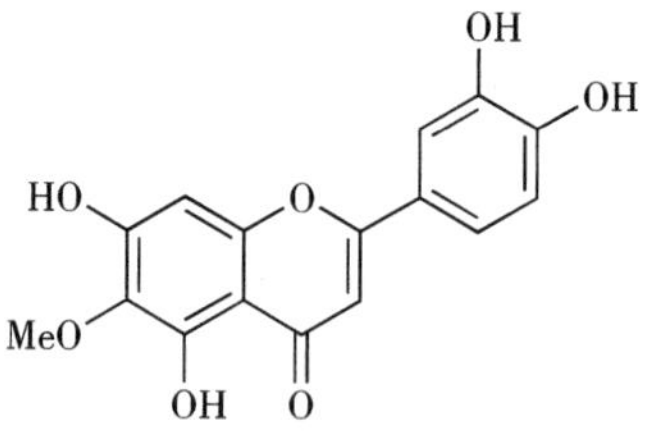

nepetin（7）

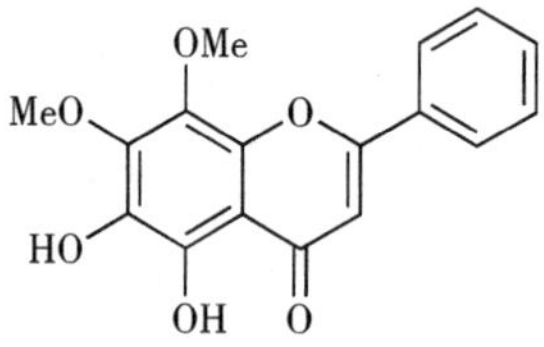

5,6-dihydroxy-7,8-dimethoxyflavone（9）

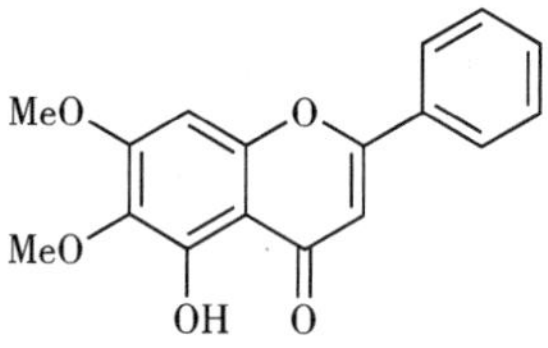

mosloflavone（12）

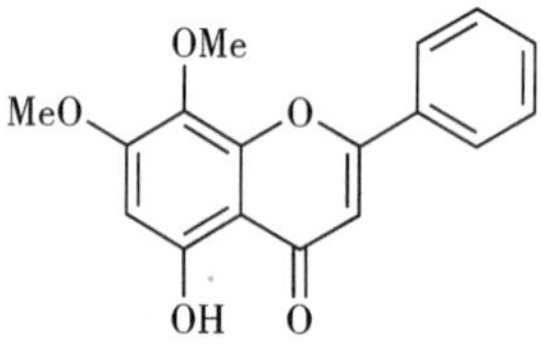

moslosooflavone（13）

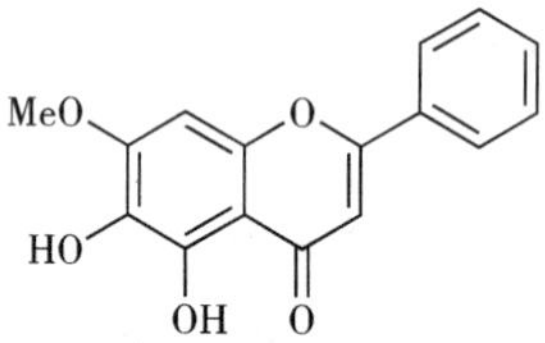

negletein（14）

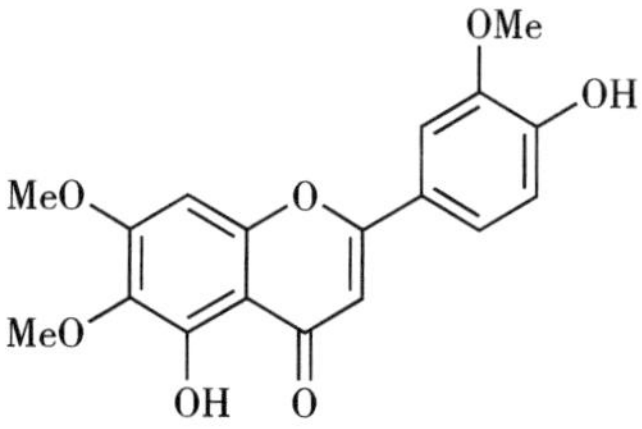

eupatorin（15）

图 2-1　天山雪莲中黄酮类化合物的结构

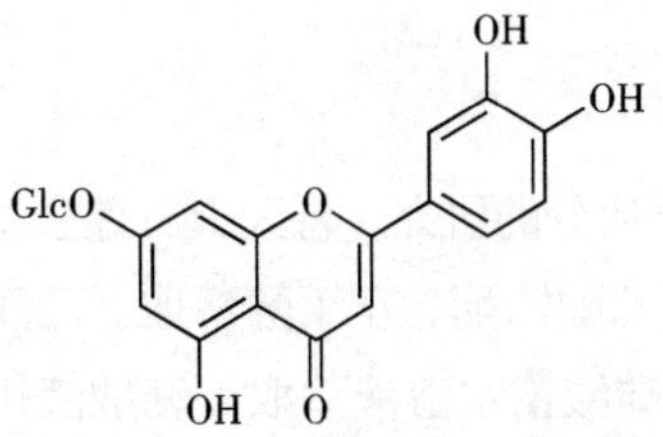

图 2-2　天山雪莲中黄酮苷类化合物的结构

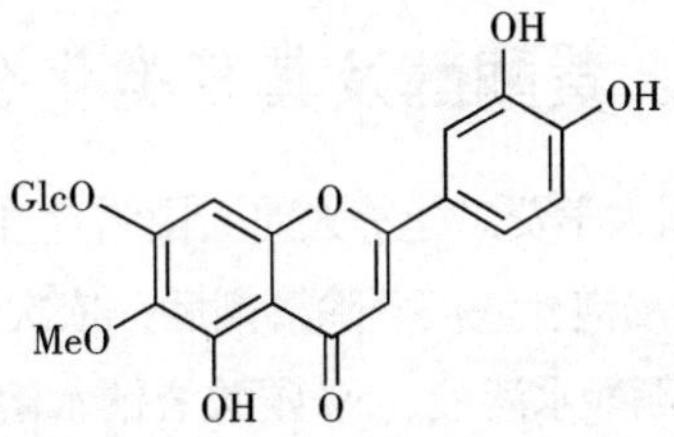

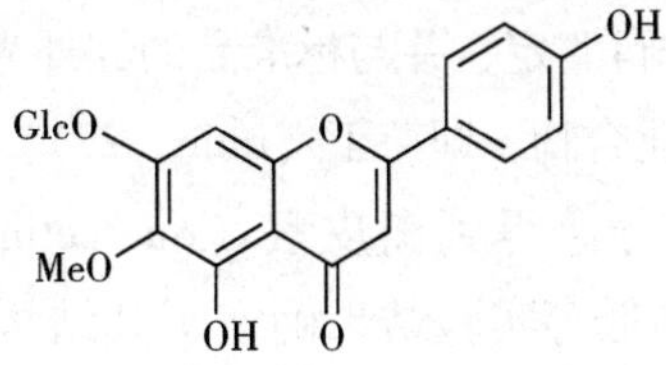

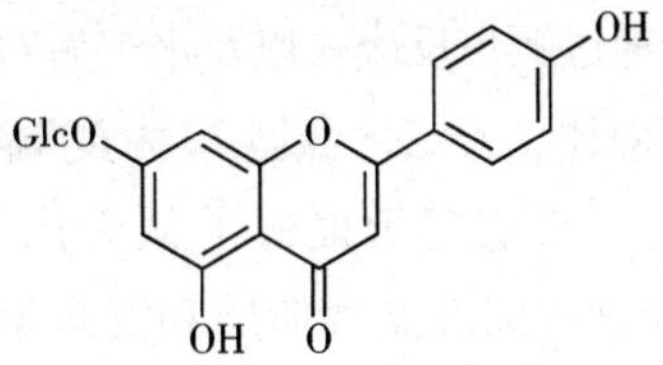

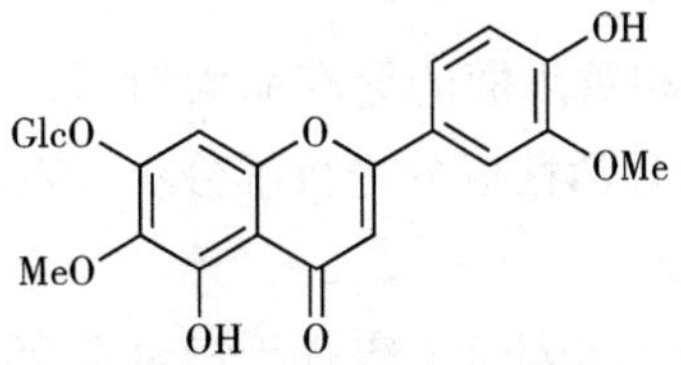

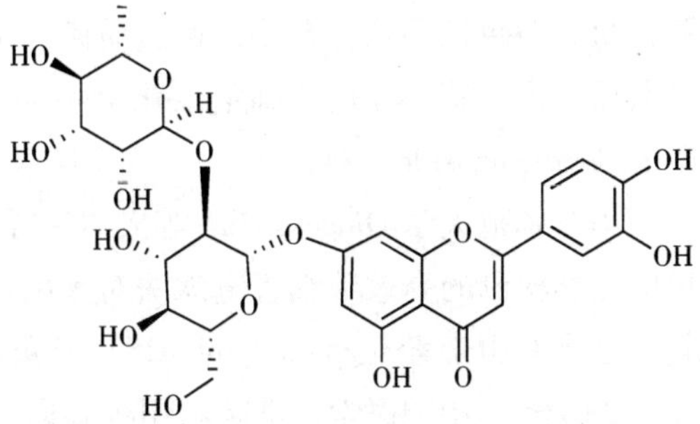

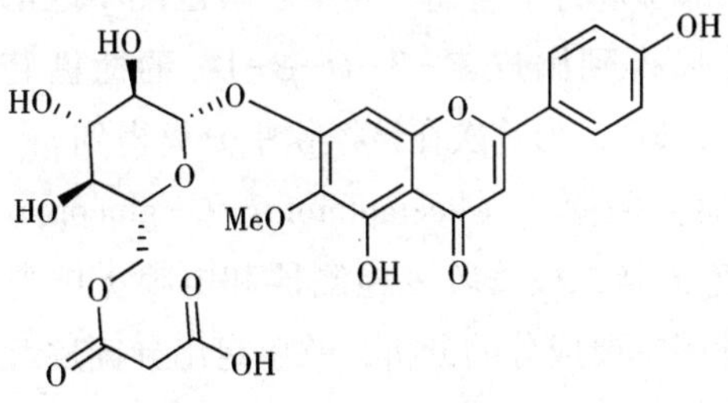

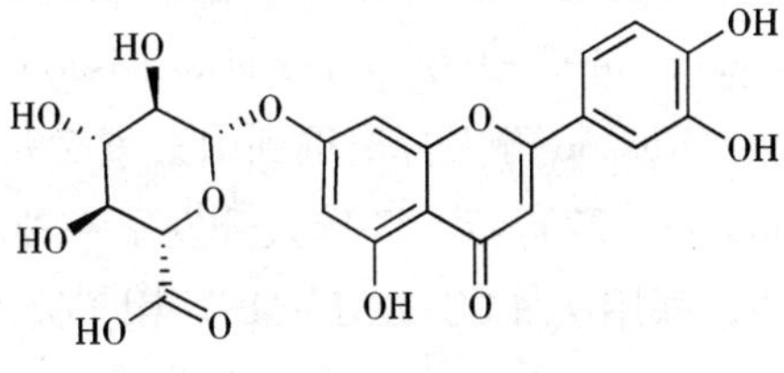

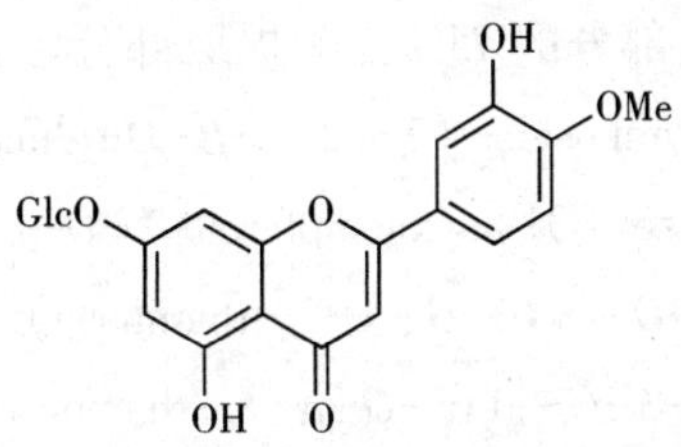

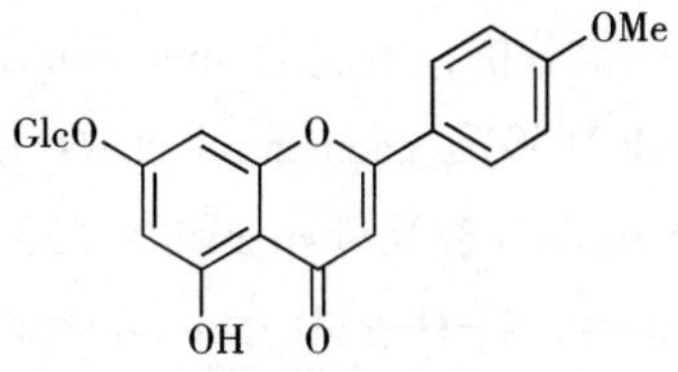

二、黄酮醇及其苷类化合物

兰州大学贾忠建等人对天山雪莲开展了化学成分的研究。将天山雪莲全草粉末用70%乙醇浸泡，滤液蒸除溶剂后，依次用乙醚、乙酸乙酯、正丁醇萃取。乙醚部位先后用1%硼酸水溶液、5%碳酸氢钠水溶液及5%碳酸钠水溶液萃取。硼酸液用盐酸中和，析出化合物23，鉴定为槲皮素，但未详述解析过程；从正丁醇部位得到化合物22，进一步通过颜色反应，以及水解后对苷元进行鉴定，并与标准品的红外光谱和紫外光谱进行对比，鉴定化合物22为黄酮醇苷类化合物，即芦丁（rutin，22）。

1983年，贾忠建等报道了从天山雪莲中分离得到槲皮素（quercetin，23），并通过熔点、与标准品共薄层和混合熔点不降低等实验结果确定了其结构。进而对天山雪莲浸膏的乙酸乙酯萃取物，采取聚酰胺柱层析，以水与甲醇不同比例洗脱，得到黄色结晶状化合物，通过质谱、水解后对苷元进行质谱检测，再结合核磁共振氢谱、紫外光谱，确定该化合物为槲皮素-3-*O*-鼠李糖苷（quercetin-3-*O*-α-L-rhamnoside，24）。

华东师范大学Qingcui Chu等人以一系列黄酮和黄酮醇的标准品为对照，通过电化学检测的高效毛细管电泳法对天山雪莲中药理活性成分进行了分析，发现其中还含有山柰素（kaempferol，25）等黄酮类成分。

2007年，中国医学科学院药用植物研究所李燕等人对天山雪莲干燥全草95%乙醇提取物的氯仿、乙酸乙酯和正丁醇萃取部位进行了研究。其中乙酸乙酯萃取部位经过硅胶柱层析和葡聚糖凝胶过滤，分离得到槲皮素-3-*O*-β-D-葡萄糖苷（quercetin-3-*O*-β-D-glucoside，isoquercitrin，26），为首次在该植物中分离得到。

Kusano等人分离得到山柰素7-*O*-吡喃葡萄糖苷（kaempferol 7-*O*-glucopyranoside，27）。T. Yi等人开发了一种液相色谱与二极管阵列检测器和电喷雾电离质谱联用法（LC-DAD-MS）用于天山雪莲中主要成分的分析，并鉴定出异槲皮苷（isoquercitroside，28），山柰素3-*O*-鼠李糖苷（kaempferol-3-*O*-α-L-rhamnoside，29）等其他化合物。Zhixin Jia等人对天山雪莲地上部分的75%乙醇提取部分进行质谱全扫描分析，确定了quercetin 3-*O*-β-D-xylopyranosyl-（1→2）-β-D-glucopyranoside（30），kaempferol-3-*O*-β-D-glucofuranose（31），kaempferol-7-*O*-α-L-rhamnoside（32），hyperoside（33），quercetin-3-*O*-（6′-*O*-α-L-rhamnose）-β-D-glucose-4′-*O*-β-D-glucoside（34），quercetin-3-*O*-（6′-*O*-α-L-rhamnose）-β-D-glucose-7-*O*-β-D-glucoside（35）和色原酮5，7-dihydroxy-4H-chromen-4-*O*ne（36）等19个黄酮类化合物，结构见图2-3、图2-4。

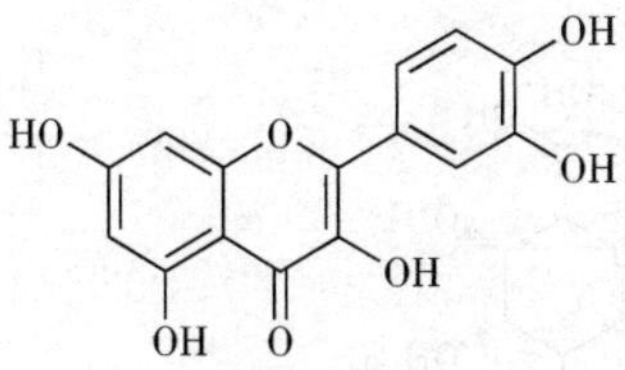

quercetin（23） 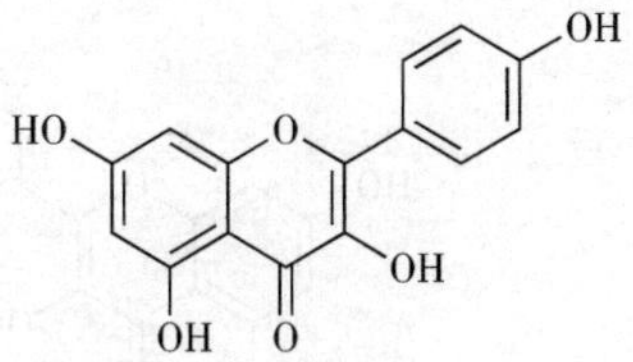　　kaempferol（25）

图 2-3　天山雪莲中黄酮醇类化合物的结构

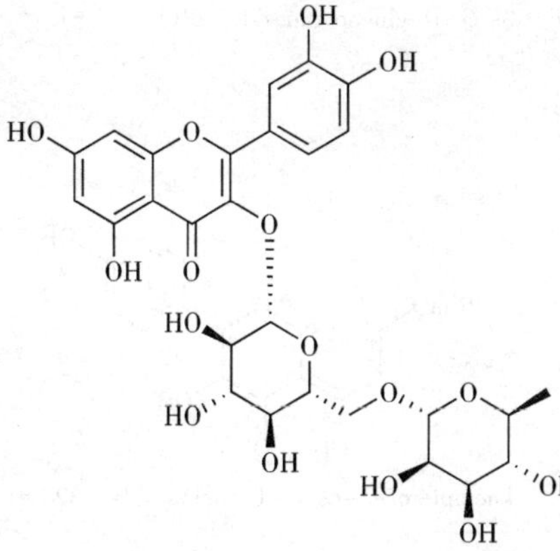

rutin（22）

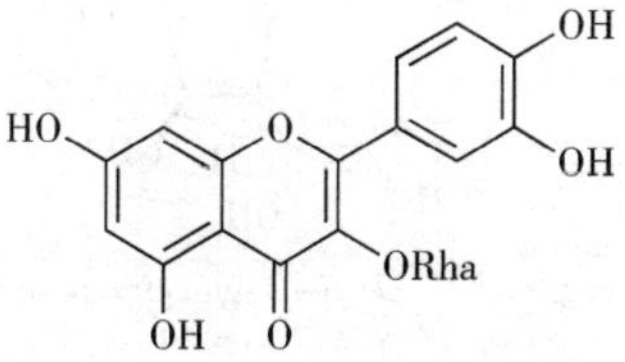

quercetin-3-*O*-α-L-rhamnoside（24）

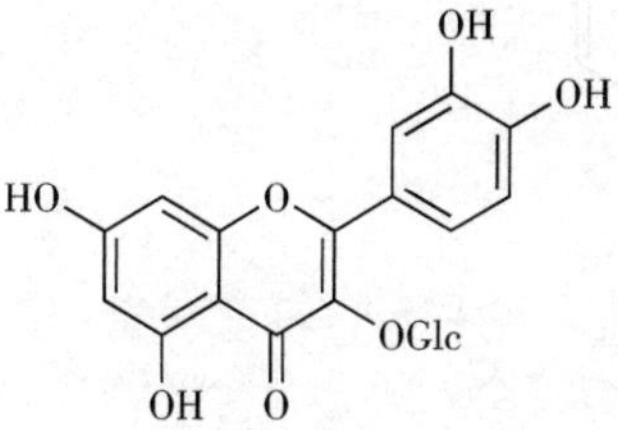

quercetin-3-*O*-β-D-glucoside（26）

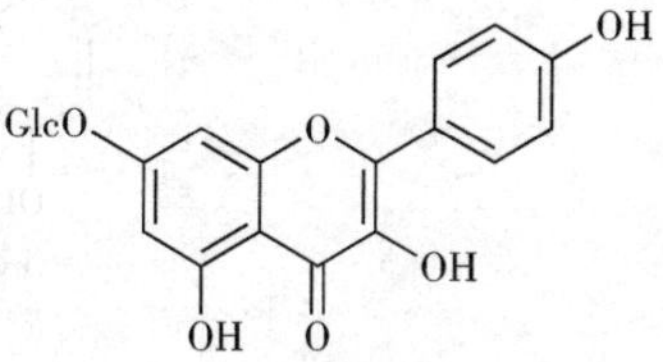

kaempferol-7-*O*-glucopyranoside（27）

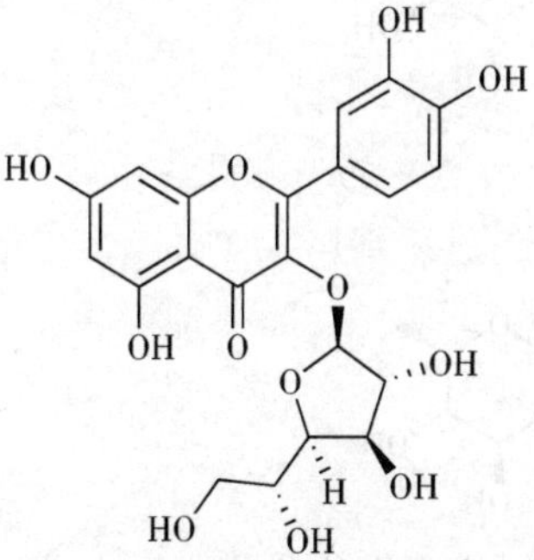

isoquercitroside（28）

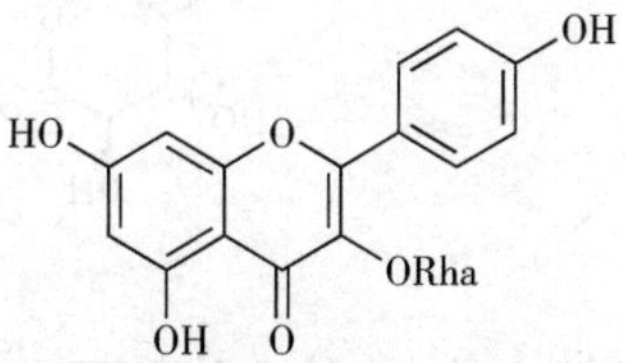

kaempferol-3-*O*-α-L-rhamnoside（29）

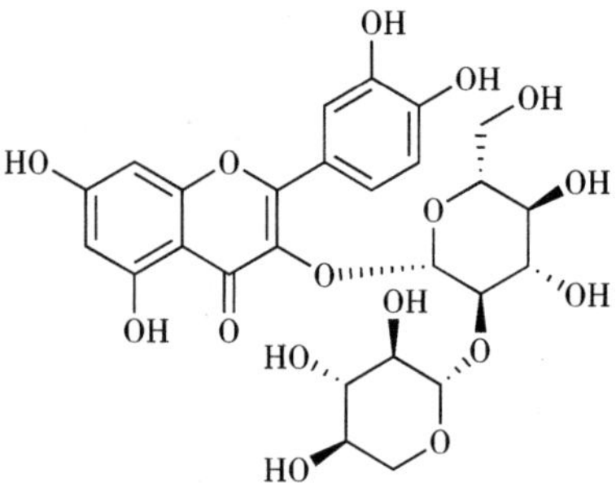

quercetin 3-*O*-β-D-xylopyranosyl-(1→2)-β-D-glucopyranoside（30）

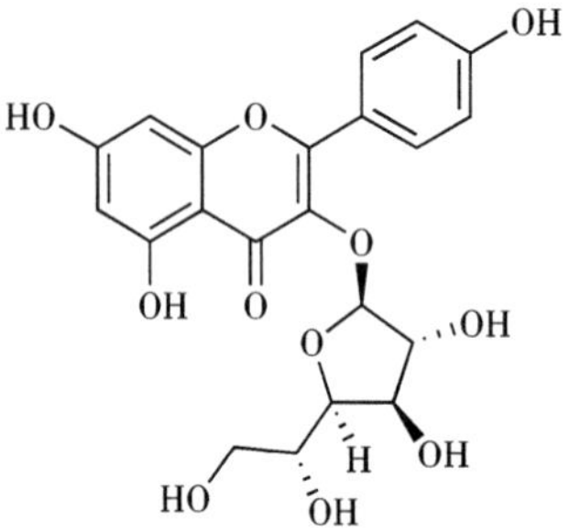

kaempferol-3-*O*-β-D-glucofuranose（31）

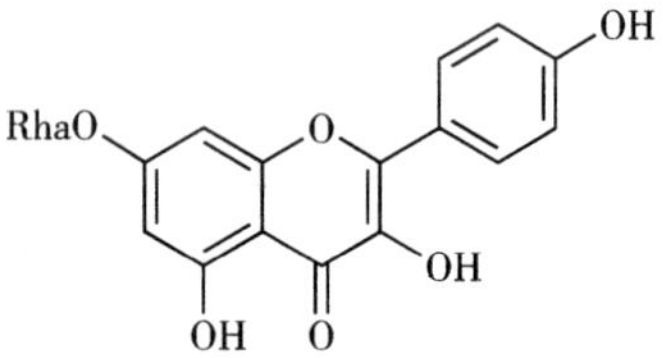

kaempferol-7-*O*-α-L-rhamnoside（32）

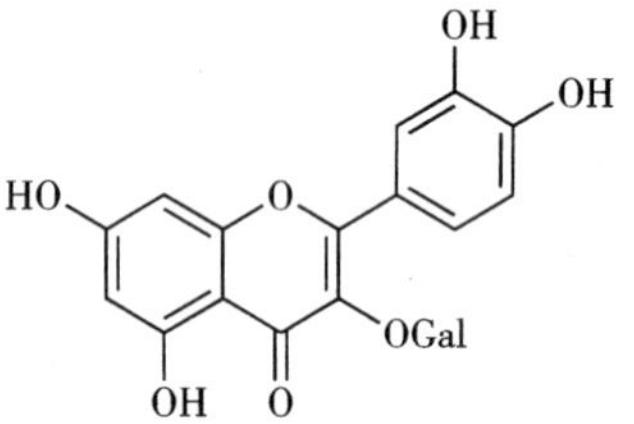

hyperoside（33）

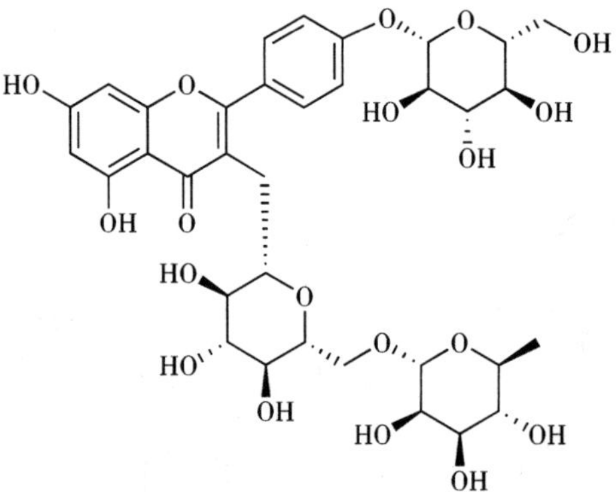

quercetin-3-*O*-（6′-*O*-α-L-rhamnose）-β-D-glucose-4′-*O*-β-D-glucoside（34） quercetin-3-*O*-（6′-*O*-α-L-rhamnose）-β-D-glucose-7-*O*-β-D-glucoside（35）

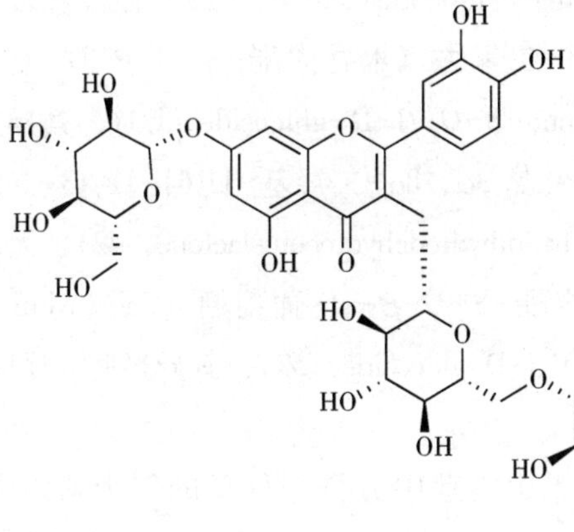

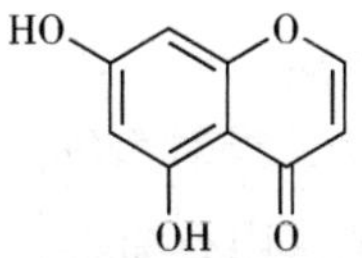

5,7-dihydroxy-4H-chromen-4-*O*ne（36）

图 2-4　天山雪莲中黄酮醇苷类化合物的结构

第二节　倍半萜内酯及其苷类化合物

从天山雪莲中分离得到了 26 个倍半萜内酯及其苷类化合物。雪莲内酯为从中分离得到的第一个倍半萜内酯。其中化合物 37～55 为倍半萜内酯类，化合物 56～62 为倍半萜内酯苷类。

1986 年，王惠康、林章代等人用 7kg 的天山雪莲，经 95%乙醇提取后通过重结晶与反复硅胶柱色谱的方法，分离得到了无色针晶雪莲内酯（xuelianlactone，38）。

1989 年，Yu Li、Zhong Jian jia 等人从天山雪莲中分离得到了 7 个愈创木内酯类化合物，其中 4 个为新化合物，并且通过 X 射线衍射确定了化合物的绝对构型。用乙醇对所购买天山雪莲地上部分进行提取后，通过减压蒸馏得到浸膏，分别用石油醚、乙醚、乙酸乙酯、正丁醇萃取。石油醚、乙酸乙酯、正丁醇部位分别进行硅胶柱层析，在低极性部位得到的 3 个化合物分别为去氢木香内酯（dehydrocostuslactone，39）、二氢去氢木香内酯（dihydrodehydrocotuslactonem，40），与从石油醚-乙醚部位分离得到 8α-羟基-11βH-11,13-二氢去氢木香内酯（8αhydroxy-11βH-11,13-dihydrodehy-drocotuslactone，41）。在极性较大部位得到的 4 个化合物分别为 11βH-11,13-二氢去氢木香内酯-8-O-β-D-葡萄糖苷（11βH-11,13-dihydrodehydrocotuslactone-8-O-β-D-glucoside，60），其异羟肟酸反应呈阳性，Molish 反应呈阳性。无色针晶 3α，8α-二羟基-11βH-11,13-二氢去氢木香内酯（3α，8α-dihydroxy-11βH-11,13-dihydrodehydrocotuslactone，42）、无色针晶 3α-羟基-11βH-11,13-二氢去氢木香内酯-8-O-β-D-葡萄糖（3α-hydroxy-11βH-11,13-dihydrodehydrocotuslactone-8-O-β-D-glucoside，59），其异羟肟酸反应呈阳性，Molish 反应呈阳性。

1989 年，王奇光等人从天山雪莲中分得一种新的倍半萜内酯 β-葡萄糖苷，为无色透明针状。通过 X 射线单晶衍射的方法确定了其分子结构与晶体结构，为大苞雪莲内酯-8-O-β-D-葡萄糖苷（involucratolactone-8-O-β-D-glucopyranoside，57）。

2007 年 Yan Li 等人用 75L 的 95%乙醇对 5.0kg 干重的天山雪莲药材粗粉提取 3 次，得到 950g 浸膏后，用水混悬，依次用石油醚、氯仿、乙酸乙酯和正丁醇萃取，氯仿部位与正丁醇部位分别通过硅胶柱色谱、凝胶柱色谱等分离手段，得到了 3 种倍半萜内酯及其苷类化合物，其中 11β，13-dihydrodehydrocostuslactone-8-O-[6′-O-acetyl-β-D-glucoside]（62）为新化合物，两个已知化合物分别为 11βH-11,13-dihydrodehydrocotuslactone-8-O-β-D-glucoside（60）与 3α-hydroxy-11βH-11,13-dihydrodehydrocotuslactone-8-O-β-D-glucoside（59）。

2010 年，Chen Ri-Dao 等人对 1.4kg 天山雪莲的地上干燥部分进行提取，得到浸膏 205g，用水混悬后分别用石油醚、乙酸乙酯、正丁醇萃取，其中石油醚部位（40.28g）通过反复硅胶柱色谱、半制备高效液相色谱、MCI 柱色谱、凝胶柱色谱，得到了 2 个倍半萜类化合物。其中一个新化合物为 11βH-2α-hydroxy-eudesman-4（15）-en-12，8β-olide（48），已知化合物为 11αH-2α-hydroxy-eudesman-4（15）-en-12，8β-olide（49）。

2011 年，Wan Xiao 等人用 95%乙醇对天山雪莲地上部分进行回流提取，所得浸膏用水混悬后分别用石油醚、乙酸乙酯、正丁醇萃取，所得乙酸乙酯部位（60.0g）用硅胶柱色谱进行分离（洗脱剂为二氯甲烷：甲醇梯度洗脱）得到 10 个流份，第二流份利用制备高效液相色谱得到 9 个倍半萜类化合物，并通过 UV、IR、HRESIMS、1D 与 2D NMR 分析技术确定了化合物的平面结构，运用计算 CD 的方法确定了化合物的立体构型，其中有 3 个新化合物。分别为 sausinlactones A

[（*1S*，*3S*，*5S*，*6S*，*7S*，*11S*）-3-hydroxyl-11,13-dihydrodehydrocostuslactone，50]；sausinlactones B [（*1S*，*3S*，*5S*，*6S*，*7S*，*11R*）-3-hydroxyl-11，13-dihydrodehydrocostuslactone，51]；sausinlactones C [（*1S*，*3S*，*5S*，*6S*，*7S*，*8S*，*11S*）-3-hydroxyl-11，13-dihydrodehydrocostuslactone，52]；3α，8α-二羟基-11βH-11，13-二氢去氢木香内酯（3α，8α-dihydroxy-11βH-11，13-dihydrodehydrocotuslactone，42）；8α-羟基-11βH-11，13-二氢去氢木香内酯（8α-hydroxy-11βH-11，13-dihydrodehy-drocotuslactone，41）；11β，13-dihydrodehydrocostuslactone-8-*O*-β-D-glucoside（60）；11β，13-dihydrodehydrocostuslactone-8-*O*-[6′-*O*-acetyl-β-D-glucoside]（62）；11α，13-dihydroglucozaluzanin C（61）；japonicolactone（53）。结构见图 2-5、图 2-6。

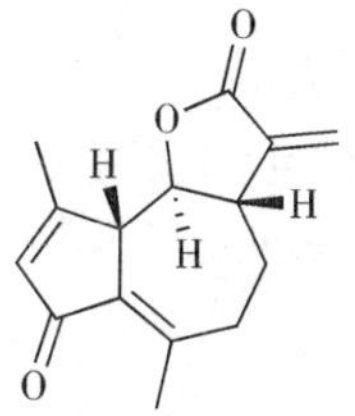

愈创木内酯
guaianolide（37）

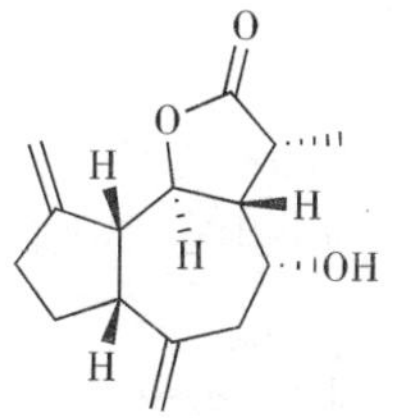

雪莲内酯
xuelianlactone（38）

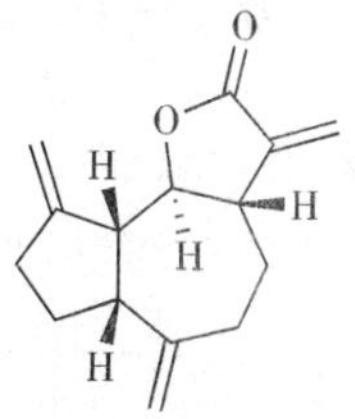

去氢木香内酯
dehydrocostuslactone（39）

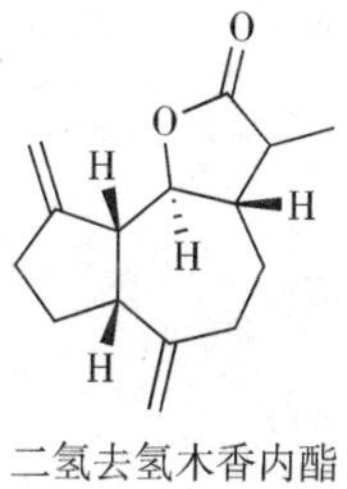

二氢去氢木香内酯
dihydrodehydrocotuslactonem（40）

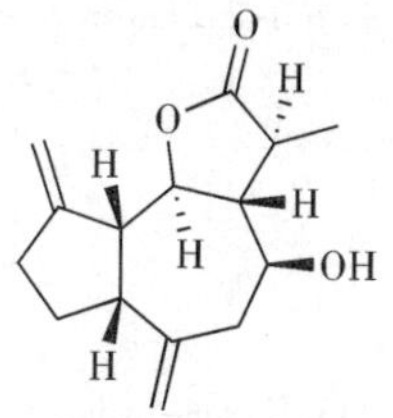

8α-羟基-11βH-11，13-二氢去氢木香内酯
8α-hydroxy-11βH-11,13-dihydrodehy-drocotuslactone（41）

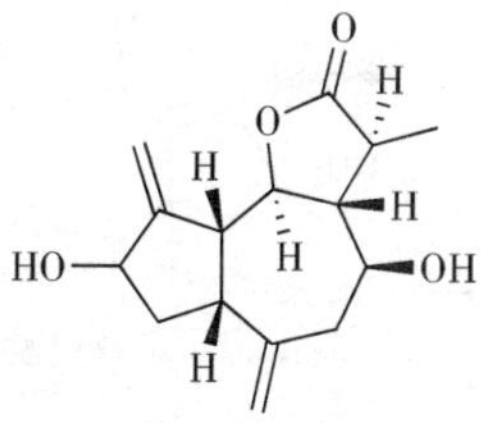

3α，8α-二羟基-11βH-11，13-二氢去氢木香内酯
3α,8α-dihydroxy-11βH-11，13-dihydrodehydrocotuslactone（42）

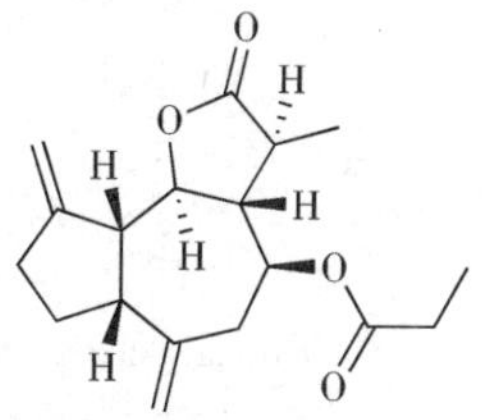

8α-丙酰氧基去氢木香内酯
8α-propionyloxy-dehydrocostuslactone（43）

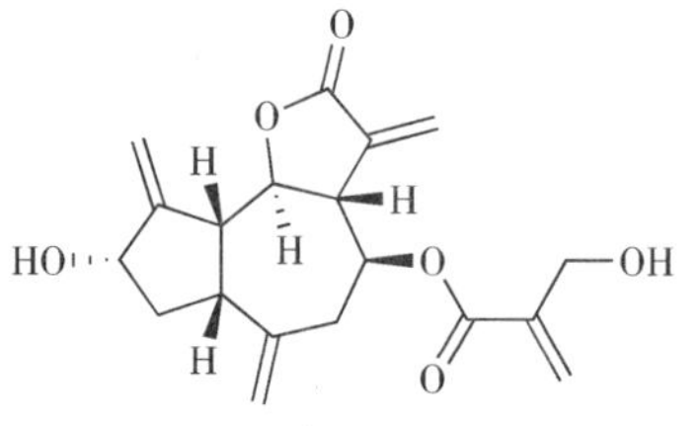

洋蓟苦素
cynaropicrin（44）

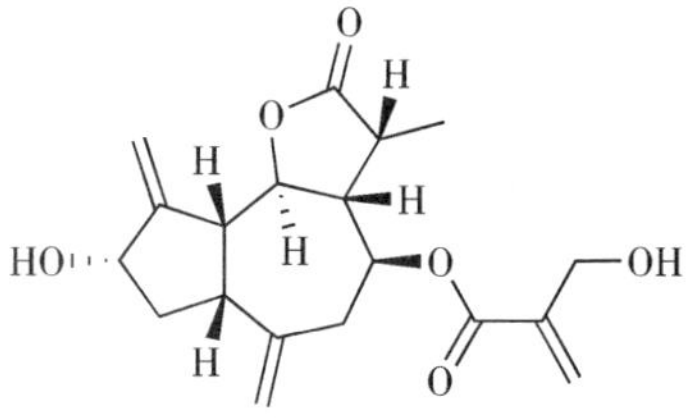

11 α，13–二氢洋蓟苦素
11 α，13–dihydrocynaropicrin（45）

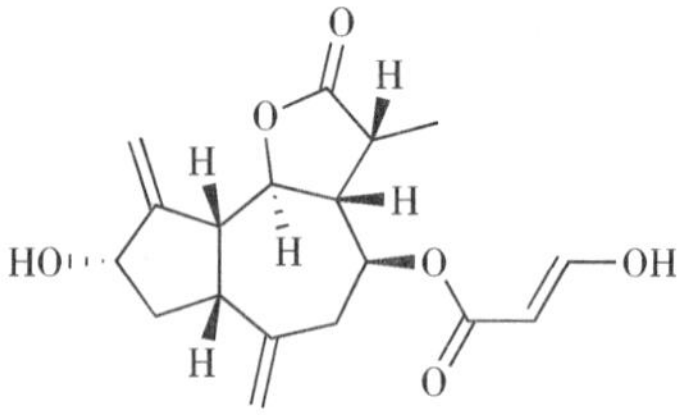

11 α，13–二氢去酰洋蓟苦素–（4–羟基巴豆酸酯）
11 α，13–dihydrodesacylcynaro–picrin–（4–hydroxytiglate）（46）

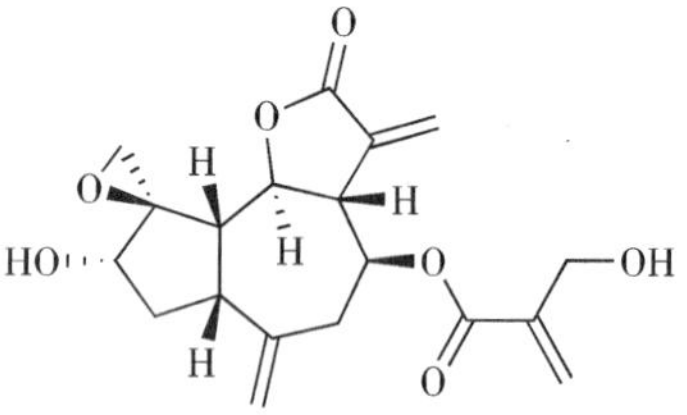

伽氏矢车菊素
janerin（47）

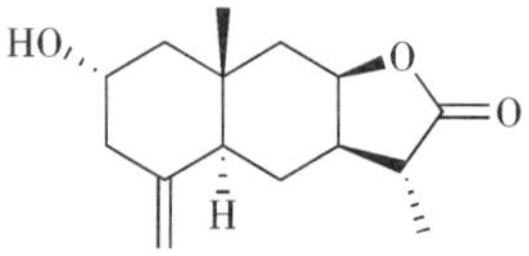

11 βH–2 α –hydroxyeudesman–4（15）–en–12,8 β –olide（48）

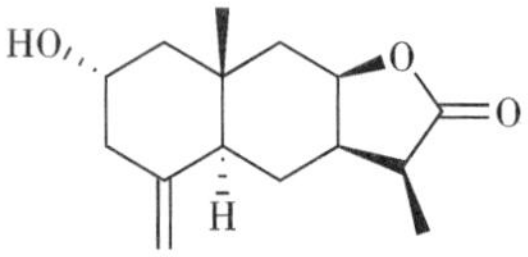

11 αH–2 α –hydroxyeudesman–4（15）–en–12,8 β –olide（49）

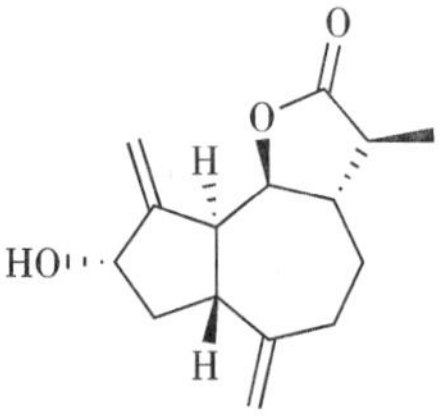

sausinlactones A（50）

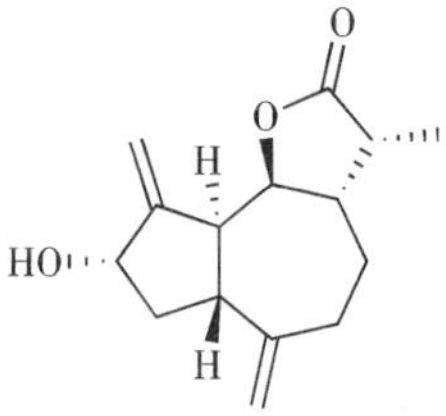

sausinlactones B（51）

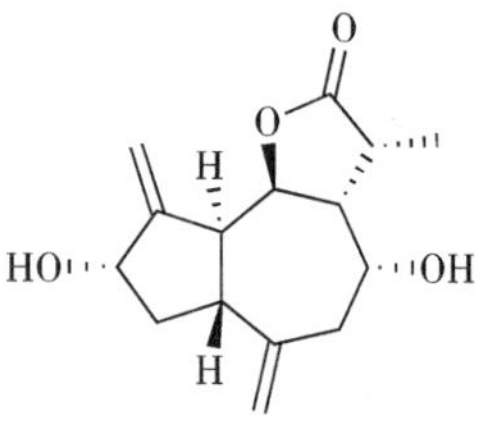

sausinlactones C（52）

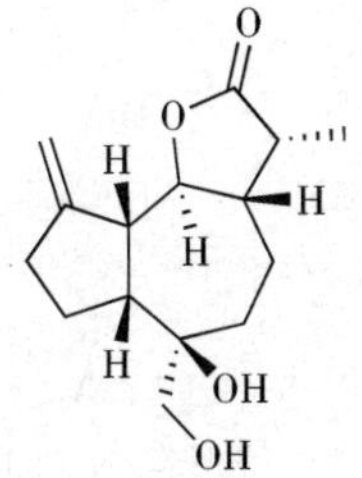

japonicolactone（53）

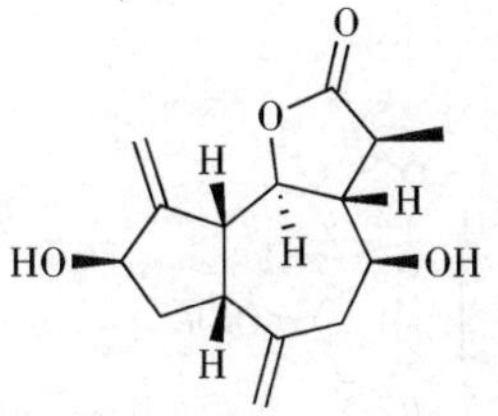

11,13-dihydrodesacylcynaropicrin（54）

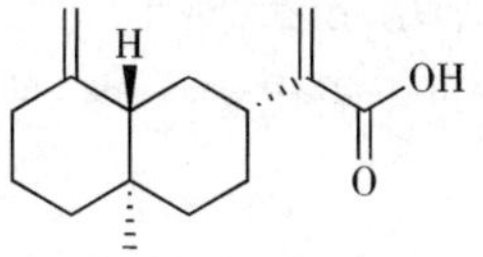

costic acid（55）

图 2-5　天山雪莲中倍半萜内酯类化合物的结构

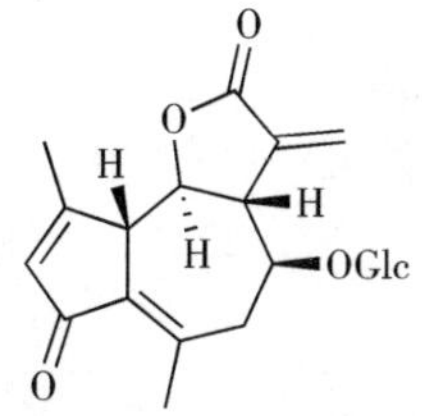

愈创木内酯-β-葡萄糖苷
guaianolide-8-O-β-D-glucopyranoside（56）

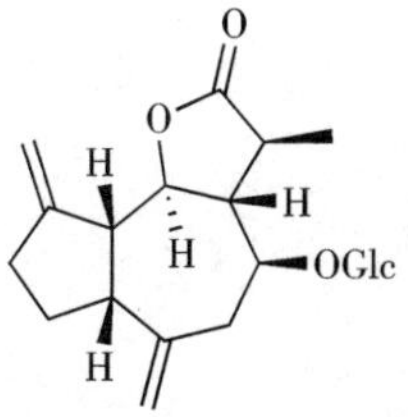

大苞雪莲内酯-8-*O*-β-D-葡萄糖苷
involucratolactone-8-*O*-β-*D*-glucopyranoside（57）

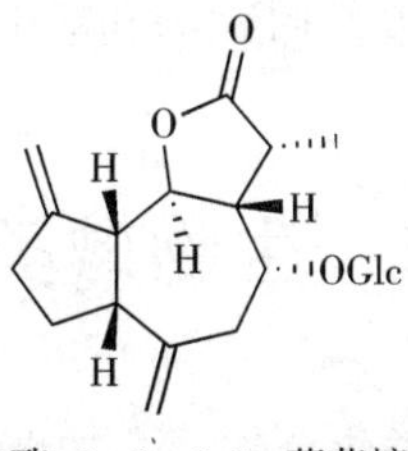

雪莲内酯-8-*O*-β-D-葡萄糖苷
xuelianlactone-8-*O*-β-D-glucopyranoside（58）

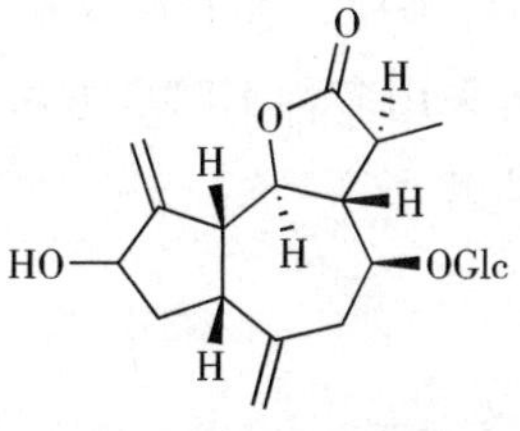

3α-羟基-11βH-11,13-二氢去氢木香内酯-8-*O*-β-D-葡萄糖苷
3α-hydroxy-11βH-11，13-dihydrodehydrocotuslactone-8-*O*-β-D-glucoside（59）

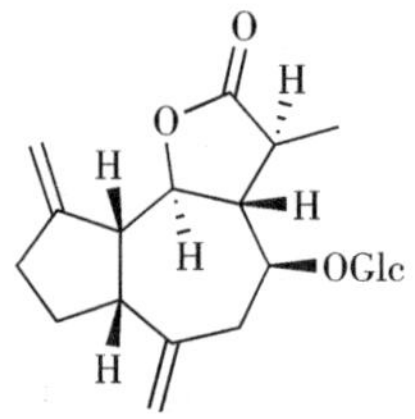

11βH-11,13-二氢去氢木香内酯-8-O-β-D-葡萄糖苷
11βH-11,13-dihydrodehydrocotuslactone-8-O-β-D-glucoside（60） 11α,13-dihydroglucozaluzanin C（61）

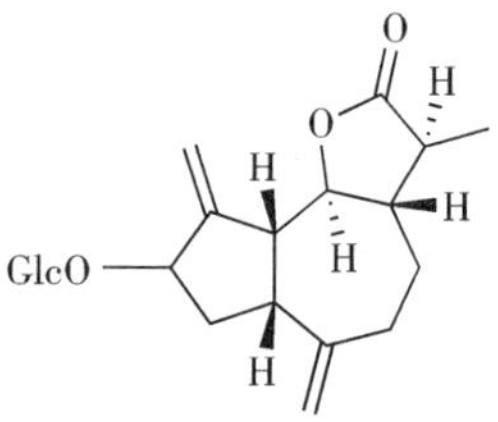

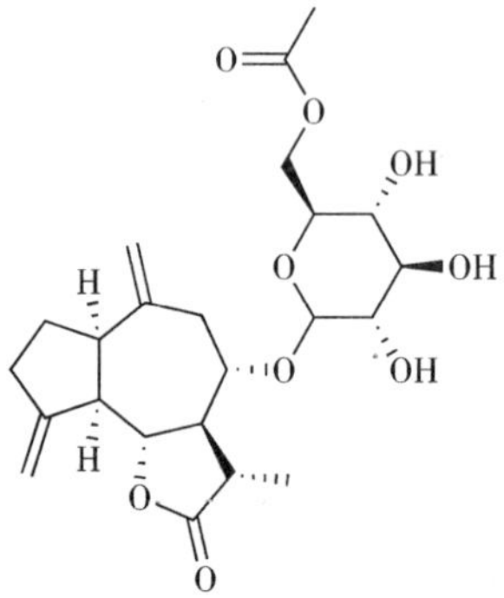

11β,13-dihydrodehydrocostuslactone-8-O-[6′-O-acetyl-β-D-glucoside]（62）

图 2-6　天山雪莲中倍半萜内酯苷类化合物的结构

第三节　生物碱类化合物

天山雪莲中还含有生物碱类化合物，主要为大苞雪莲碱（13-脯氨酸取代的二氢去氢广木香内酯，involucratine，63），此外尚有综述性文献中总结天山雪莲成分，还含有秋水仙碱（colchicine，64），经查阅文献，并未检索到天山雪莲中分离得秋水仙碱的报道。也有学者采用多种 HPLC 方法进行天山雪莲中秋水仙碱的含量测定，结果未检测到秋水仙碱。

结构见图 2-7。

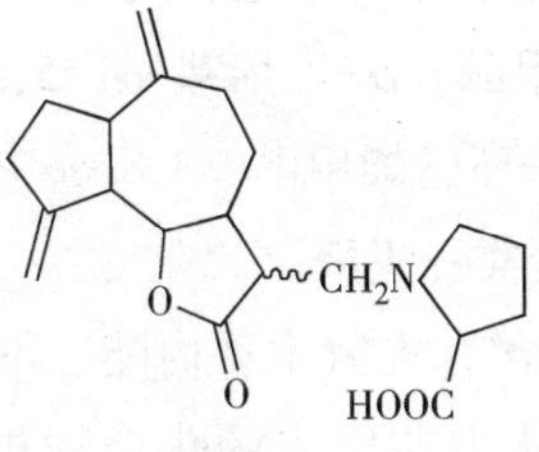

大苞雪莲碱
involucratine（63）

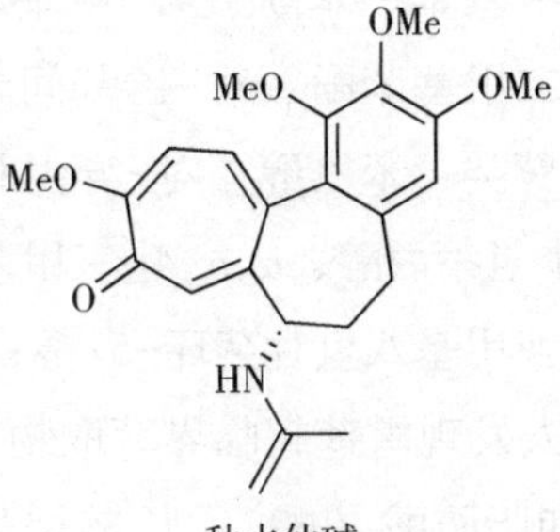

秋水仙碱
colchicine（64）

图 2-7　天山雪莲中生物碱类化合物

第四节　挥发油类化合物

通过 GC-MS 联用技术来分析鉴定天山雪莲药用部分的挥发油成分，其主要类型有烷烃、烯烃、醇类、有机酸类、酯类、酮类、醛类、芳香类内酯类等。

贾忠建等人对天山雪莲全草中挥发油成分进行研究，先采用气相色谱法使挥发油成分得到良好分离，经气相色谱-质谱鉴定出其中 24 种成分。①烷烃：正十六碳烷、正十七烷、正十八烷、正十九烷、正二十烷；②烯烃：倍半萜烯、正十五碳烯、1-十七碳烯、十七碳二烯；③酮类：三甲基十五烷酮（6,10,14-三甲基-2-十五烷酮）、三甲基四氢苯并呋喃酮（4,4,7-三甲基-5,6,7,7-四氢苯并呋喃酮）；④酯类：月桂酸乙酯（十二酸乙酯）、正十三烷酸乙酯、正十五烷酸乙酯、棕榈酸甲酯、肉豆蔻酸（十四烷酸）乙酯、软脂酸乙酯（十六酸、棕榈酸乙酯）、邻苯二甲酸二丁酯；⑤芳香类：2,6-二叔丁基苯醌、6-二甲基-4-异丙基萘（二甲基异丙基萘）；⑥内酯类：二氢去氢广木香内酯。（表 2-1）

卢光明等人对天山雪莲花中挥发油成分进行研究，先采用气相色谱法使挥发油成分得到良好分离，经气相色谱-质谱-计算机联用仪鉴定了其中 39 种成分。①烷烃：2,2,3,4-四甲基戊烷、正戊基环丙烷、4,6-二甲基十一烷、壬烷基环丙烷、2,6,11-三甲基十二烷、1,1,3-三甲基-3,5-双异丙烯基环己烷、二十五烷、二十七烷；②烯烃：3,5,5-三甲基-1-己烯、3-羟基-β-碳烯、3,12-二乙基十四碳-2,5,9-三烯；③酮类：5,6,7,7A-4H-4,4,7A-三甲基-2（4H）-苯并呋喃酮、2,3-二苯基环己烯酮；④酯类：邻-羟基苯甲酸苄基酯、邻-苯二甲酸丁基异丁酯。⑤有机酸类：庚酸、辛酸、癸酸、十二酸（月桂酸）、十六酸；⑥芳香类：1,2,3-三甲基苯、苯酚、对-甲基苯酚、2,6-丁基-4-甲基苯酚、3,5-二甲基苯酚、2,5-二甲基苯酚、对-乙基间苯二酚、苯并噻唑、芘、N-苯基-α萘胺、β-甲基蒽；⑦醇类：苯乙醇、对-异丙基苯甲醇、α-乙烯基-α，5,5,8A-四甲基-2-亚甲基-α-十氢萘丙醇、α,α,4-三甲基-3-环己烯甲醇、3,8,8-三甲基-6-亚甲基1H-3A、7-亚甲基八氢甘菊环-5-醇；⑧醛类：壬醛。

张富昌等人发现雪莲超临界萃取物主要含有去氢木香内酯、不饱和（脂肪）酸（酯）、饱和脂肪酸（酯）、长链烷烃。从中鉴定出的化合物包括：①烷烃：十六碳烷（n-hexadecane）、2-甲基十七碳烷（2-methyl heptadecane）、二十碳烷（n-eicosane）、二十一碳烷（n-heneicosane）、二十二烷（n-docosane）、二十三烷（n-tricosane）、methyl palustrate isomer、二十四烷（n-tetracosane）；②烯烃：3-二十碳烯（3-eicosene，E）；③酯类：棕榈酸甲酯（hexadecanoic acid methyl ester）、棕榈酸乙酯（hexadecanoic acid ethyl ester）、十八酸乙酯（octadecanoic acid ethyl ester）、9-十八碳烯酸乙酯（oleic acid ethyl ester）、亚油酸乙酯（ethyl linoleate）、油酸（oleic acid）、9，12-十八碳二烯酸甲酯（9，12-octadecadienoic acid methyl ester）、亚麻酸甲酯（methyl linolenate）、11,14,17. 二十碳三烯酸甲酯（11,14,17-eicosatrienoic acid methyl ester）、邻苯二甲酸二辛酯（di-2-ethyl-hexyl phthalate）；④有机酸类：十四酸（n-tetradecanoic）、棕榈酸（hexadecanoic acid）；⑤内酯类：去氢木香内酯（dehydrocostuslactone）；⑥醇类：9,12,15-十八碳三烯-1-醇（9,12,15-trienoatel-*O*ctadecanol）、月桂烯醇（myrcenol）、植物醇（phytol）。接着，Kameoka H 等人也对天山雪莲地上干燥部分的挥发油进行了研究，并通过气相色谱、核磁共振波谱、红外光谱、紫外光谱法确定了 45 个化学成分，包括：①有机酸：乙酸（acetic acid）、2-甲基丙酸（2-methylpropanoic acid）、戊酸（pentanoic acid）、己酸（hexanoic acid）、庚酸（heptanoic acid）、辛酸（octanoic acid）、壬酸（nonanoic acid）、癸酸（decanoic acid）、月桂酸（lauric acid）、棕榈酸（palmiticacid）、十四酸（肉豆蔻酸，myristic acid）、十五酸（pentadecanoic acid）；②酯类：庚酸甲酯（methyl heptanoate）、n-乙酸丙酯（n-propyl acetate）、棕榈酸甲酯（methyl palmitate）；③烷烃：环十二烷（cyclododecene）、二十五（碳）烷（pentacosane）、二十七（碳）烷（heptacosane）、二十一烷（heneicosane）、二十三（碳）烷（tricosane）；④烯烃：环已二烯（cyclohexadecane）、十二烯（1-dodecene）、十六四烯（hexadecatetraene）、雅槛蓝（树）油烯（eremophilene）；⑤醛类：苯乙醛（phenylacetaldehyde）、2-糠醛

(2-furaldehyde)；⑥醇类：2-糠醇（2-furfuryl alcohol）、苄醇（benzyl alcohol）、2-苯乙醇（2-phenethyl alcohol）、α-杜松醇（α-cadinol）、p-木香醇（p-costol）、T-依兰油醇（T-muurolol）、氧化红没药醇B（bisabolol oxide B）、5，10-pentadecadiyn-1-ol、2-甲基-5-异丙基-2-环已烯-1-醇（2-methyl-5-isopropyl-2-cyclohexen-1-ol）、神经醇异构体（nerolidol isomer）；⑦酮类：p-紫香酮（p-ionone）、香柏酮（nootkatone）、六氢法尼酰丙酮（hexahydrofarnesylacetone）、1，5-di-t-butyl-3，3-dimethylbicyclo-［3，1，0］hexan-2-one；⑧芳香类：1-丁基戊苯（1-butylpentyl benzene）、麝香草酚（thymol）；⑨内酯类：二氢猕猴桃内酯（dihydroactinidiolide）、二氢去氢木香内酯（dihydrodehydrocostus lactone）、去氢木香内酯（dehydrocostus lactone）。其中棕榈酸（21.29%）、二氢去氢木香内酯（16.86%）、乙酸正丙酯（10.96%）、月桂酸（8.48%）和去氢木香内酯（7.83%）为主要成分。

挥发油化合物类型见表2-1。

表2-1　天山雪莲挥发油中各类型化合物

类型	化合物名称
烷烃	正十六碳烷；正十七烷；正十八烷；正十九烷；正二十烷（n-eicosane）；二十一碳烷（n-heneicosane）；二十二烷（n-docosane）；二十三烷（n-tricosane）；methyl palustrate isomer；二十四烷（n-tetracosane）；二十五（碳）烷（pentacosane）；二十七（碳）烷（heptacosane）；2，2，3，4-四甲基戊烷；4，6-二甲基十一烷；2，6，11-三甲基十二烷；2-甲基十七碳烷（2-methyl heptadecane）；正戊基环丙烷；壬烷基环丙烷；1，1，3-三甲基-3，5-双异丙烯基环已烷；环十二烷（cyclododecene）
烯烃	雅槛蓝（树）油烯（eremophilene）；十二烯（1-dodecene）；正十五碳烯；十六烷四烯（hexadecatetraene）；1-十七碳烯；十七碳二烯；3-二十碳烯［3-eicosene，(E)］；3，5，5-三甲基-1-已烯；3-羟基-β-碳烯；3，12-二乙基十四碳-2，5，9-三烯；环已二烯（cyclohexadecane）
有机酸类	乙酸（acetic acid）；2-甲基丙酸（2-methylpropanoic acid）；戊酸（pentanoic acid）；已酸（hexanoic acid）；庚酸（heptanoic acid）；辛酸（octanoic acid）；壬酸（nonanoic acid）；癸酸（decanoic acid）；月桂酸，（lauric acid）；十四酸（肉豆蔻酸，myristic acid）；十五酸（pentadecanoic acid）；棕榈酸（palmiticacid）；油酸（十八碳烯酸）(oleic acid)
酯类	月桂酸乙酯（十二酸乙酯）；正十三烷酸乙酯；肉豆蔻酸乙酯（十四烷酸乙酯）；正十五烷酸乙酯；棕榈酸甲酯（methyl palmitate）；棕榈酸乙酯（ethyl palmitate）；十八酸乙酯（octadecanoic acid，ethyl ester）；9-十八碳烯酸乙酯（oleic acid，ethyl ester）；9，12-十八碳二烯酸甲酯（9，12-octadecadienoic acid，methyl ester）；亚油酸（十八碳二烯酸）乙酯（ethyl linoleate）；亚麻酸（十八碳三烯酸）甲酯（methyl linolenate）；11，14，17-二十碳三烯酸甲酯（11，14，17-eicosatrienoic acid，methyl ester）；庚酸甲酯（methyl heptanoate）；n-乙酸丙酯（n-propyl acetate）；邻苯二甲酸二丁酯；邻-苯二甲酸丁基异丁酯；邻苯二甲酸二辛酯（di-2-ethylhexyl phthalate）；邻-羟基苯甲酸苄基酯

续表

类型	化合物名称
醇类	对-异丙基苯甲醇；α，α，4-三甲基-3-环己烯甲醇；苄醇（benzyl alcohol）；2-苯乙醇（2-phenethyl alcohol）；α-乙烯基-α，5，5，8A 四甲基-2-亚甲基-α-十氢萘丙醇；3，8，8-三甲基-6-亚甲基 1H-3A，7-亚甲基八氢甘菊环-5-醇；月桂烯醇（myrcenol）；9，12，15-十八碳三烯-1-醇（9，12，15-trienoatel-octadecanol）；植物醇（phytol）；2-糠醇（2-furfuryl alcohol）；α-杜松醇（α-cadinol）；p-木香醇（p-costol）；T-依兰油醇（T-muurolol）；氧化红没药醇 B（bisabolol oxide B）；5，10-pentadecadiyn-1-ol；2-甲基-5-异丙基-2-环己烯-1-醇（2-methyl-5-isopropyl-2-cyclohexen-1-ol）；神经醇异构体（nerolidol isomer）
酮类	三甲基十五烷酮（6，10，14-三甲基-2-十五烷酮）；三甲基四氢苯并呋喃酮（4，4，7-三甲基-5，6，7，7-四氢苯并呋喃酮）；5，6，7，7A-4H-4，4，7A-三甲基 2（4H）-苯并呋喃酮；2，3-二苯基环己烯酮；p-紫香酮（p-ionone）；香柏酮（nootkatone）；六氢法尼酰丙酮（hexahydrofarnesylacetone）；1，5-di-t-butyl-3，3-dimethylbicyclo-[3，1，0] hexan-2-one
醛类	壬醛；苯乙醛（phenylacetaldehyde）；2-糠醛（2-furaldehyde）
芳香类	1-丁基戊苯（1-butylpentyl benzene）；1，2，3-三甲基苯；1，6-二甲基-4-异丙基萘（二甲基异丙基萘）；苯并噻唑；芘；β-甲基蒽；2，6-二叔丁基苯醌；N-苯基-α 萘胺；苯酚，对-甲基苯酚；2，6-丁基-4-甲基苯酚；3，5-二甲基苯酚；2，5-二甲基苯酚；对-乙基间苯二酚；麝香草酚（thymol）
内酯类	二氢猕猴桃内酯（dihydroactinidiolide）；二氢去氢木香内酯（dihydrodehydrocostus lactone）；去氢木香内酯（dehydrocostus lactone）；二氢去氢广木香内酯

第五节　多糖类化合物

多糖（polysaccharides）又称为多聚糖，即聚合度超过 10 的聚糖，包括植物多糖、动物多糖以及微生物多糖三大来源，它是由糖碳键连结起来的醛糖或酮糖组成的天然大分子物质，是所有生命有机体的重要组成部分，并与维持生命所需的多种生理功能有关。

天山雪莲中分离得到的多糖类成分共 7 个。

从人工培育的天山雪莲中得到 2 种主要的多糖成分，根据分子质量分别称为 CSIP1-2 和 CSIP2-3，CSIP1-2 和 CSIP2-3 的分子质量分别接近 163. 5kDa 和 88. 6kDa。CSIP1-2 是由葡萄糖（glucose）、半乳糖（galactose）、木糖（xylose）、鼠李糖（rhamnose）、阿拉伯糖（arabinose）、半乳糖醛酸（galacturonic acid），通过分子比例 1. 65∶0. 39∶0. 06∶8. 33∶1. 76∶40. 43 组成的；CSIP2-3 是由葡萄糖、半乳糖、木糖、鼠李糖、阿拉伯糖和半乳糖醛酸通过分子比例 0. 76∶

0. 66∶0. 11∶5. 59∶0. 32∶44. 66 组成的。用热水浸提醇沉法从天山雪莲中提取水溶性粗多糖 XL。此粗多糖经分离纯化得多糖 XL_1、XL_2、XL_3，气相色谱分析表明新疆天然雪莲多糖 XL_1、XL_2、XL_3 和 XL_{31} 均为阿拉伯糖（Ara）、鼠李糖（Rha）、木糖（Xyl）、半乳糖（Gal）、葡萄糖（Glc）、半乳糖醛酸（GalA）六种单糖组成的酸性杂多糖，但单糖的摩尔比不同。

通过采用热水提取乙醇沉淀获得雪莲水溶性粗多糖，经酸性乙醇分级和 DEAE-SephadexA-25 纯化得多糖 XL_{31}。纸层析、醋酸纤维薄膜电泳和 Sepharose CL-4B 柱层析纯度鉴定表明 XL_{31} 为均一多糖，分子量约为 170kD。其单糖组成为阿拉伯糖（Ara）、鼠李糖（Rha）、木糖（Xyl）、半乳糖（Gal）、葡萄糖（Glc）、半乳糖醛酸（GalA），摩尔比为 11∶4∶1∶18∶3∶9。多糖 XL_{31} 主链由 Ara、Gal、GalA 构成，其中 Ara 主要以 β-（1-4）或 β-（1-5）糖苷键连接，在 3-*O* 处有分支，Gal 主要以 β-（1-6）及 β-（1-4）糖苷键连接，β-（1-6）糖苷键连接在 3-*O* 和 4-*O* 处，有分支，β-（1-4）糖苷键连接在 2-*O*、3-*O* 和 6-*O* 处，有分支；GalA 以 α-（1-4）糖苷键连接。支链由 Xyl、Rha、Glc 构成，其中 Xyl 以（1-4）或（1-5）糖苷键连接；Rha 以（1-2，4）糖苷键连接；Glc 以（1-4）糖苷键连接。末端残基为 GalA、Gal、Ara、Xyl、Rha、Glc。雪莲多糖 XL_{31} 是一新结构多糖，为首次从新疆雪莲中分离得到。

第六节 神经酰胺类化合物

神经酰胺是由神经鞘氨醇长链碱基与脂肪酸组成的一种神经鞘氨脂质。神经酰胺（ceramide）也是以神经酰胺为骨架的一类磷脂，主要有神经酰胺磷酸胆碱和神经酰胺磷酸乙醇胺，磷脂是细胞膜的主要成分，角质层中 40% ~50% 的皮脂由神经酰胺构成，神经酰胺也是细胞间基质的主要部分，在保持角质层水分的平衡中起着重要作用。神经酰胺具有很强的缔合水分子能力，它通过在角质层中形成网状结构维持皮肤水分。天山雪莲中分离得到的神经酰胺类成分共 7 个，编号为 65~71。结构见图 2-8。

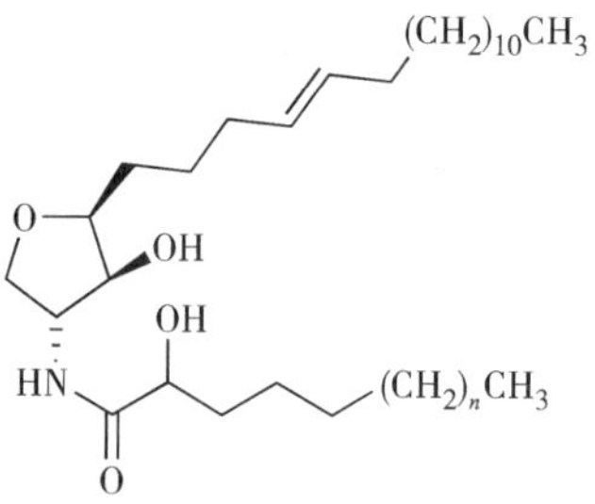

$(CH_2)_{10}CH_3$
OH
OH
HN
$(CH_2)_nCH_3$
O

65, n=13
66, n=14
67, n=15
68, n=16
69, n=17
70, n=18
71, n=19

图 2-8　天山雪莲中神经酰胺类化合物的结构

2009 年，Wei Wu 报道了从天山雪莲地上部分中分得的一些新的神经酰胺和 9 个已知化合物。他们将雪莲地上部分 8.0kg 以乙醇（75%）在室温下提取 3 次，减压蒸发溶剂后悬浮于水中并用石油醚、乙酸乙酯和正丁醇依次萃取。将乙酸乙酯萃取物 92g，进行硅胶柱色谱（200~300 目，1kg），以 CH_2Cl_2/MeOH（100：0，50：1，30：1，25：1，20：1，10：1，5：1，*V/V*）梯度洗脱，得到 7 个组分；组分 3 进一步经硅胶柱色谱（200~300 目），以 CH_2Cl_2/MeOH（35：1，*V/V*）洗脱，得到 65~71（15mg），其他组分经硅胶柱层析得到了 9 个已知化合物。新化合物结构通过光谱测定方法和微型化学降解鉴定出来，并发现它们是同系物的混合物。65~71 的高分辨质谱正离子模式（HR-ESIMS）显示有 7 个准分子离子峰且分子量依次相差 14 个单位（*m/z* 742.6683，728.6346，714.6407，700.6173，686.6133，672.5927 和 658.5787 $[M+nCH_2+Na]^+$），说明 65~71 为一系列同系物的混合物。通过 ^{1}H NMR、^{13}C NMR 质谱及 HMQC、^{1}H-^{1}H COSY、HMBC 相关信号推测 65~71 混合物可能为含四氢呋喃环的神经酰胺类似物。再通过化学降解的方法来确定两条烷基链的长度，将 65~71 混合物（2mg）与 0.9mol/L HCl 在 80% MeOH-H_2O（2.0mL）中于50℃下反应 6 小时，得到的产物浓缩后经硅胶柱层析（200~300 目）以 CH_2Cl_2洗脱得到脂肪酸甲酯（A，0.8mg），再以 MeOH 洗脱得到鞘氨醇（B，0.9mg）。B 的 HR-ESIMS（正离子模式）准分子离子峰为 362.3231（$[M+Na]^+$），说明其分子式为 $C_{21}H_{40}O_2N$（$C_{21}H_{40}O_2NNa$，362.3235）。因此 A 中的 n 值可确定为 13~19。再通过 ROESY 相关信号确定化合物相对构型为 rel-（3R，4S，5S）-3-[（2R）-2-hydroxynonadecanoyl-pentacosanoylamino] -4-hydroxy-5- [（4E）-heptadecane-4-ene] -2，3，4，5-tetrahydrofuran。

第七节　蛋白质及氨基酸类化合物

表 2-2　天山雪莲各部位 18 种氨基酸含量（g/100g）

名称	花	花瓣	叶	茎	根	根须
天门冬氨酸	1.45	1.08	0.95	0.73	0.65	0.46
苏氨酸	0.48	0.44	0.39	0.35	0.33	0.23
丝氨酸	0.53	0.33	0.37	0.27	0.34	0.25
谷氨酸	2.18	1.21	1.35	1.33	0.94	0.88
甘氨酸	0.57	0.27	0.32	0.20	0.22	0.17
丙氨酸	0.75	0.35	0.42	0.26	0.29	0.24
半胱氨酸	0.18	0.08	0.10	0.06	0.08	0.06
缬氨酸	0.63	0.39	0.47	0.36	0.37	0.28
蛋氨酸	0.20	0.13	0.14	0.11	0.12	0.09
异亮氨酸	0.53	0.29	0.37	0.26	0.28	0.21 根须
亮氨酸	0.74	0.41	0.61	0.30	0.38	0.35
酪氨酸	0.43	0.21	0.27	0.18	0.22	0.10
苯丙氨酸	0.54	0.22	0.54	0.22	0.32	0.25
赖氨酸	0.61	0.38	0.64	0.29	0.32	0.21
组氨酸	0.26	0.12	0.23	0.12	0.11	0.07
精氨酸	0.92	0.36	0.46	0.41	0.32	0.21
脯氨酸	0.57	0.83	0.94	0.84	0.20	0.21
色氨酸	0.11	0.06	0.07	0.09	0.07	0.05
合计	11.68	7.16	8.64	6.38	5.56	4.32

分析表 2-2 可知，雪莲各部位均含有 18 种氨基酸，必需氨基酸分别占花、花瓣、叶、茎、根、根须中氨基酸总量的 32.6%、32.40%、37.38%、31.03%、39.39%、38.66%；必需氨基酸与非必需氨基酸的比值分别是 0.49、0.48、0.60、0.45、0.65、0.63；雪莲各部位必需氨基酸平均值最高的是亮氨酸，其次是缬氨酸和赖氨酸，分别占总氨基酸平均值的 6.45%、5.76%、5.62%；必需氨基酸中支链氨基酸（异亮氨酸、亮氨酸、缬氨酸）平均值之和占总必需氨基酸

平均值的 47.64%，占总氨基酸平均值的 16.60%。非必需氨基酸平均值最高的是谷氨酸，其次是天门冬氨酸和脯氨酸，分别占总氨基酸平均值的 18.11%、12.21%、8.23%。

第八节 其他类型化合物

一、香豆素类化合物

目前从天山雪莲中分离得到了 12 个香豆素类化合物。

Qingcui Chu 等人运用毛细管电泳法对天山雪莲的粗提物进行了研究，并与标准品进行比较，确定天山雪莲中含有伞形酮（umbelliferone，72）。

杨峻山等人应用柱色谱法，从天山雪莲乙醇提取物的乙酸乙酯萃取部位中分得 8 个香豆素类化合物，为蛇床子内酯（osthol，73）、佛手内酯（bergapten，74）、异茴芹内酯（isopimpinellin，75）、爱得尔庭（edultin，76）、叶鞘二醇二乙酸酯（vaginidiol diacetate，77）、别异因波拉托内酯（alloisoimperatorin，78）、噢洛内酯（oroselol，79）、花椒香豆素（xanthotoxol，80）。

2016 年，Qi-Lei Chen 等人利用 UPLC-DAD-QTOF-MS 技术，比较了绵头雪兔子、水母雪兔子和天山雪莲 3 种雪莲药材。结果：未在雪莲花中检测到茵芋苷（skimmin，81）、东莨菪苷（scopolin，82）和东莨菪内酯（scopoletin，83）。

结构见图 2-9。

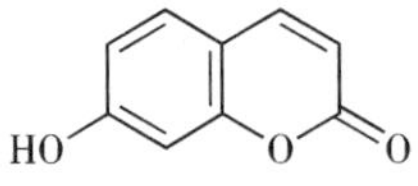

HO O O

伞形酮umbelliferone（72）

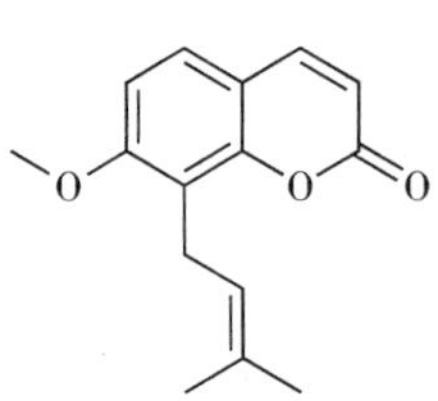

O O O

蛇床子内酯 osthol（73）

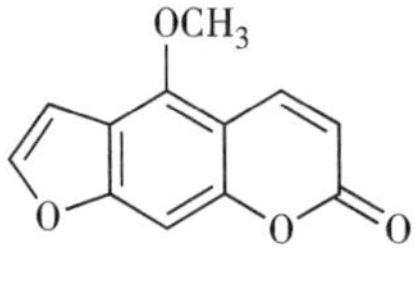

OCH_3 O O O

佛手内酯bergapten（74）

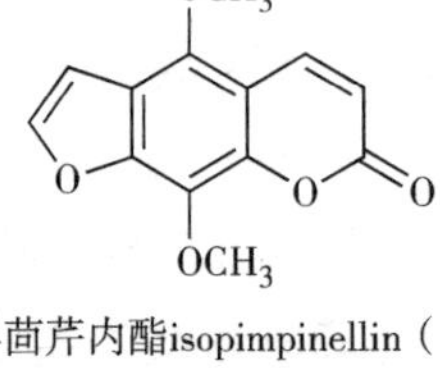

OCH_3 O O O OCH_3

异茴芹内酯isopimpinellin（75）

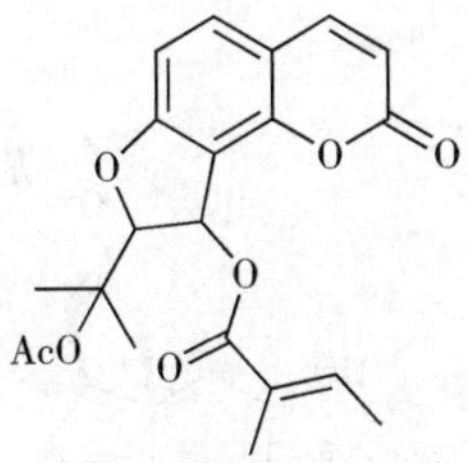

爱得尔庭edultin（76） 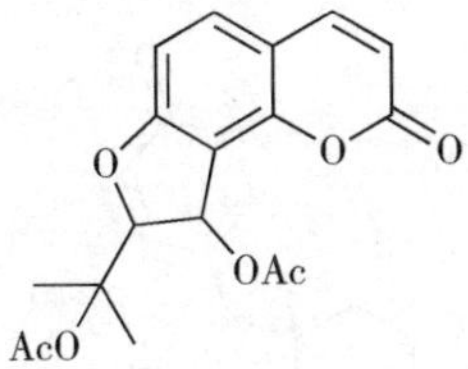　　叶鞘二醇二乙酸酯 vaginidiol diacetate（77）

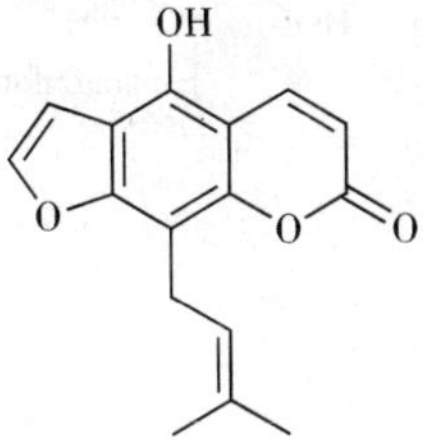

别异因波拉托内酯alloisoimperatorin（78） 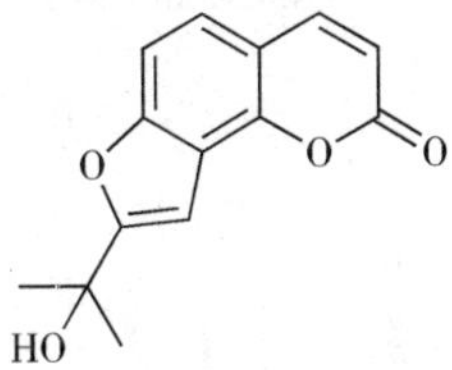　　噢洛内酯oroselol（79）

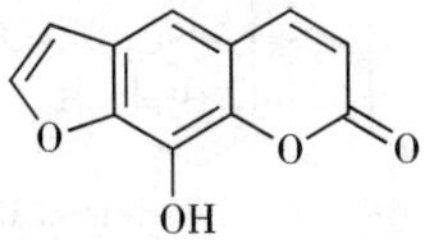

花椒香豆素xanthotoxol（80） 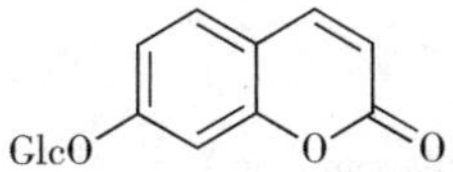　　茵芋苷 skimmin（81）

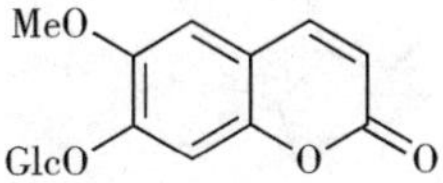

东莨菪苷scopolin（82） 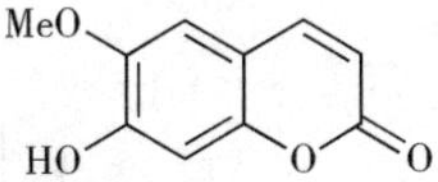　　东莨菪内酯scopoletin（83）

图 2-9 天山雪莲中香豆素类化合物的结构

二、甾体类化合物

已从天山雪莲中分离得到了 7 个甾体类成分，包括 bufotalin（84），gamma-bufotalin（85），telocinobufagenin（86）等。中国医学科学院药物研究所陈日道等人从天山雪莲中分离得到了 8 个化合物，其中甾体包括 3-*O*-*β*-D-glucosyl-*β*-sitosterol（daucosterol，87），*β*-sitosterol（88），3-*O*-（6′-*O*-palmitoyl-*β*-D-glucosyl）-*β*-sitosterol（89），3-*O*-（6′-*O*-linoleoyl-*β*-D-glucosyl）-*β*-sitosterol（90）。Wu Wei 等人也从天山雪莲中分离得到了 *β*-sitosterol（88）和 3-*O*-*β*-D-glucosyl-*β*-sitosterol daucosterol（87）。

结构见图 2-10。

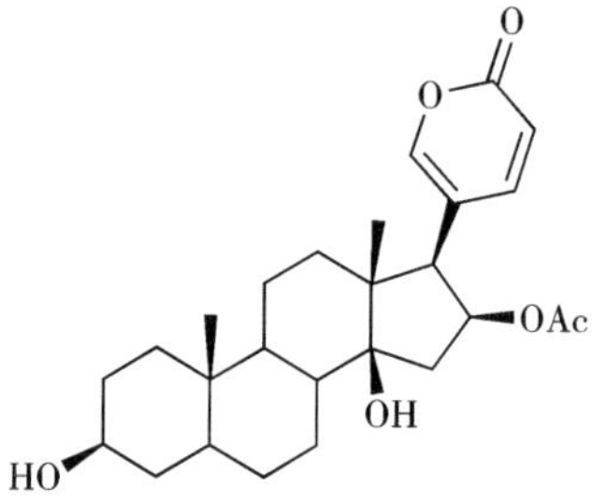

Bufotalin（84）

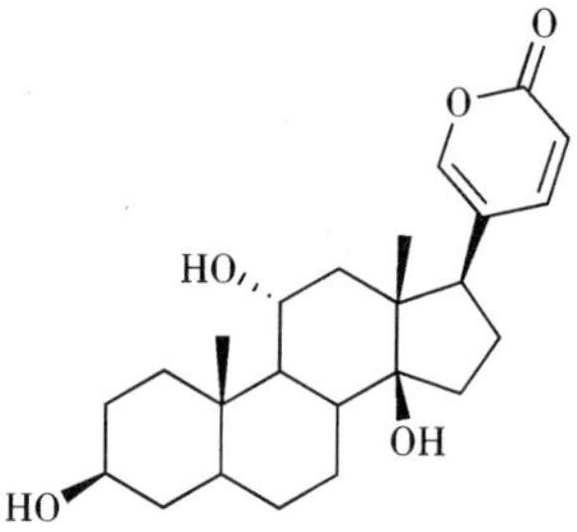

gammabufotalin（85）

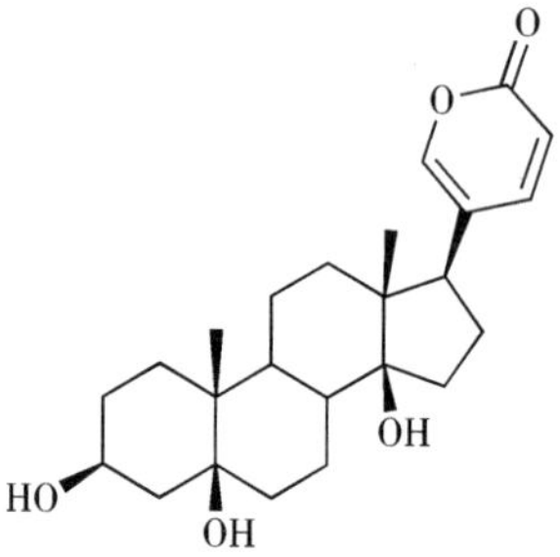

telocinobufagenin（86）

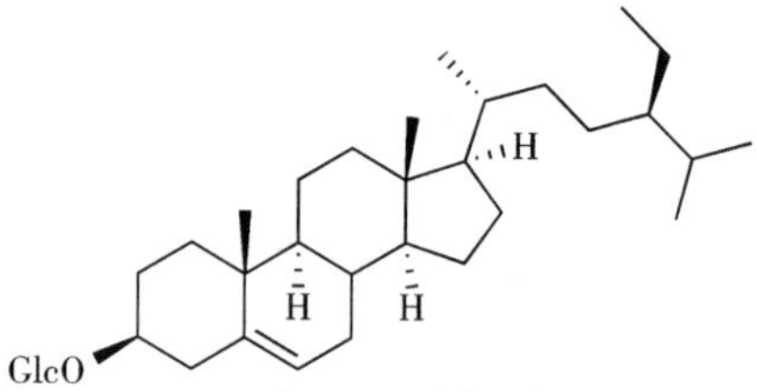

daucosterol（87）

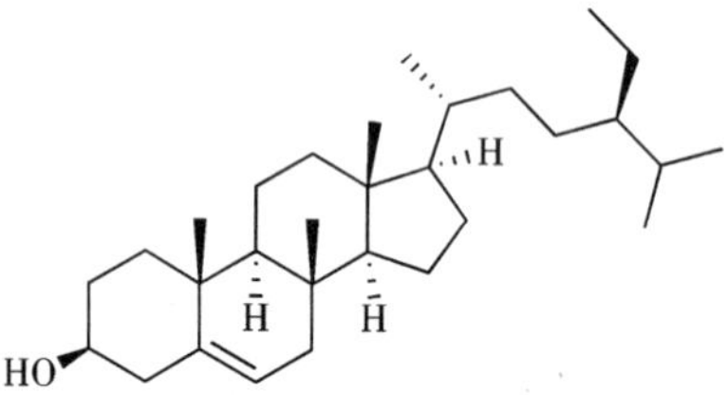

β-sitosterol（88）

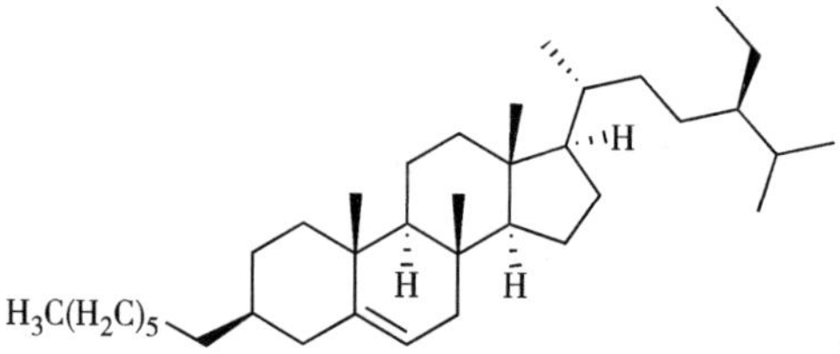

3-*O*-（6′-*O*-palmitoyl-*β*-D-glucosyl）-*β*-sitosterol（89）

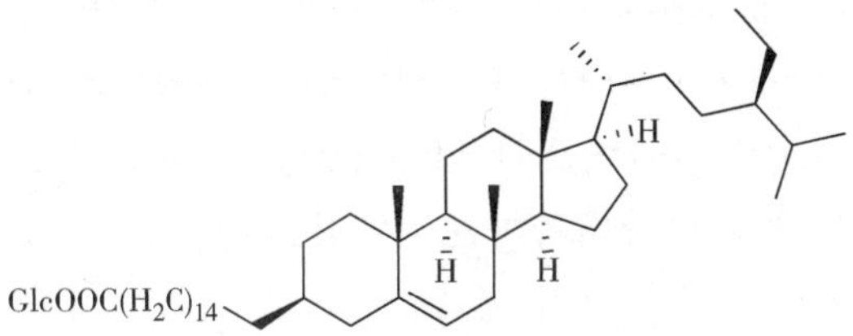

GlcOOC(H_2C)$_{14}$

3-*O*-（6′-*O*-linoleoyl-β-D-glucosyl）- β-sitosterol（90）

图 2-10　天山雪莲中甾体类化合物的结构

三、木脂素类化合物

木脂素（Lignin）是一种广泛存在于植物体中的无定形的、分子结构中含有氧代苯丙醇或其衍生物结构单元的芳香性高聚物。木质素是 3 种苯丙烷单元通过醚键和碳碳键相互连接形成的具有三维网状结构的生物高分子，存在于木质组织中，主要作用是通过形成交织网来硬化细胞壁，为次生壁主要成分。

木脂素同时含有多种活性官能团，如羟基、羰基、羧基、甲基及侧链结构。其中羟基在木脂素中存在较多，以醇羟基和酚羟基两种形式存在，而酚羟基的多少又直接影响木脂素的物理性质和化学性质，如能反映出木脂素的醚化和缩合程度，同时能衡量木脂素的溶解性能和反应能力；在木脂素的侧链上，有对羟基安息香酸、香草酸、紫丁香酸、对羟基肉桂酸、阿魏酸等酯型结构存在，这些酯型结构存在于侧链的 α 位或 γ 位。在侧链 α 位除了酯型结构外，还有醚型连接，或作为联苯型结构的碳-碳联结。同酚羟基一样，木脂素的侧链结构也直接关系它的化学反应性。

木脂素主要位于纤维素纤维之间，起抗压作用。在木本植物中，木脂素占 25%，是世界上第二位含量丰富的有机物（纤维素是第一位）。由于自然界中木脂素与纤维素、半纤维素等往往相互连接，形成木脂素-碳水化合物复合体（Lignin-Carbohydrate Complex），故目前没有办法分离得到结构完全不受破坏的原本木脂素。

从天山雪莲中分离得到了 5 个木质素类成分。2010 年，中国科学院新疆物理化学技术研究所 Yi-Dong Liu 等人用甲醇将干燥的天山雪莲种子室温下提取 3 次，浓缩后的提取物混悬于水中后，以氯仿萃取，氯仿层浓缩后以石油醚洗涤，除去易溶于石油醚的成分后得到氯仿可溶部位，以氯仿甲醇洗脱经反复硅胶柱层析、凝胶柱层析等方法分得 3 个新木脂素类化合物：arctigenin-4-*O*-（6″-*O*-acetyl-β-D-glucoside）（93），arctigenin-4-*O*-（2″-*O*-acetyl-β-D-glucoside）（94），arctigenin-4-*O*-（3″-*O*-acetyl-β-D-glucoside）（95）和两个已知化合物（91，92），并通过 1D、2D NMR 和质谱分析等方法鉴定其结构。

结构见图 2-11。

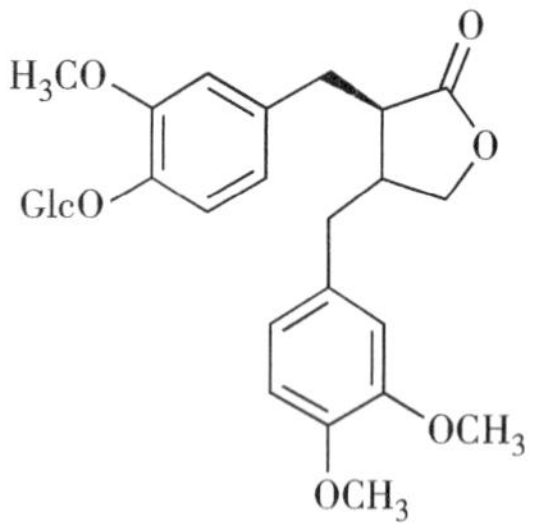

牛蒡子苷arctiin（91）

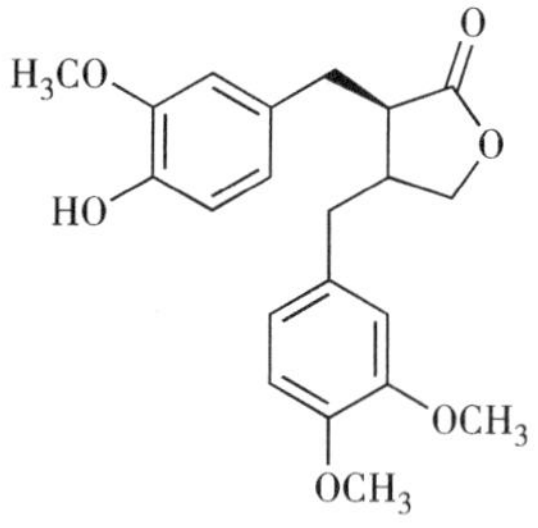

牛蒡子苷元arctigenin（92）

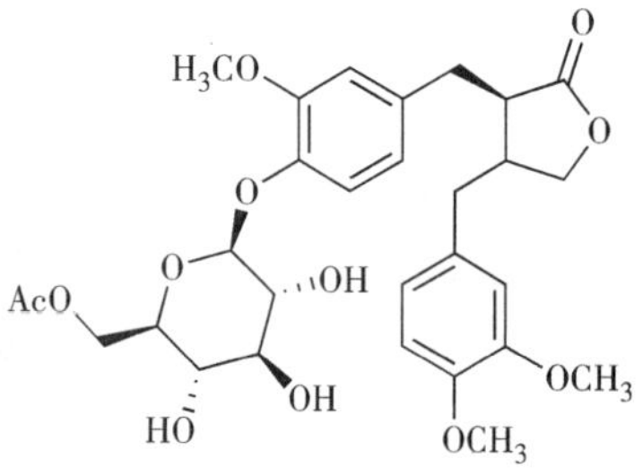

arctigenin-4-*O*-（6″-*O*-acetyl-β-D-glucoside）（93）

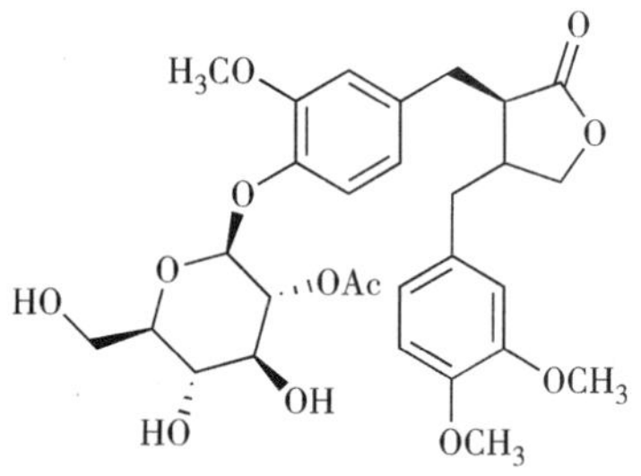

arctigenin-4-*O*-（2″ -*O*-acetyl-β-D-glucoside）（94）

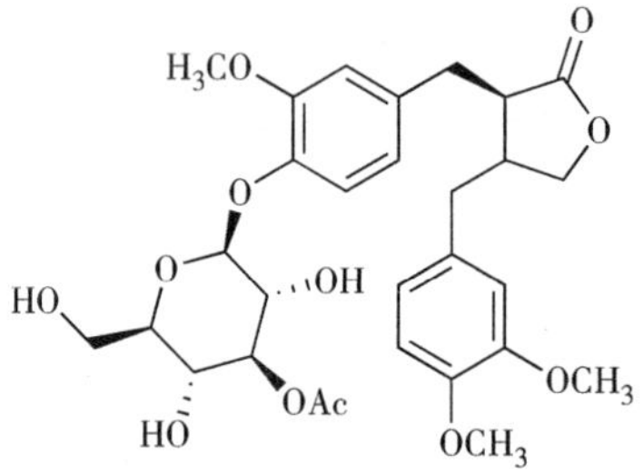

arctigenin-4-*O*-（3″-*O*-acetyl-β-D- glucoside）（95）

图 2-11　天山雪莲中木脂素类化合物的结构

四、咖啡酰奎宁酸类及酚酸类化合物

1. 咖啡酰奎宁酸类化合物

2009 年，香港浸会大学的 Tao Yi 等人用 70% 甲醇室温下对不同地区来源的天山雪莲（SI）样品粉末超声溶解 0.5 小时，重复两次后得到的提取液合并后定量，以滤膜（0.2μm）过滤。采用液相色谱-二极管阵列检测器和电喷雾电离质谱联用的方法（LC-DAD-MS），对其中的主要成分进行定性和定量分析，并对所开发的方法进行了全面验证，通过分析 11 个 SI 样品证实了该方法的独特性能。通过在线 ESI-MS 和与文献、标准化合物中的已知数据相比较，确定了 17 种化合物，其中酚酸类化合物包括绿原酸（5-caffeoylquinic acid，chlorogenic acid，96）、1，5-二咖啡酰奎宁酸（1，5-dicaffeoylquinic acid，97）。

2010 年，中国医学科学院药物研究所陈日道等人用 95%乙醇对天山雪莲细胞培养物进行回流提取 5 小时，共 4 次。减压蒸干溶剂后的提取物混悬于水中，依次用石油醚、乙酸乙酯和正丁醇萃取，正丁醇部分经过大孔树脂柱色谱，反复硅胶柱色谱等方法分离得到了 1，5-二咖啡酰奎宁酸等化合物。后来，他们又对雪莲再生苗细胞培养物和雪莲草本植物中的主要的苯丙素类化合物进行了系统的比较性研究。基于 HPLC-DAD/ESI-MS^n和 HPLC-ESI-IT-TOF/MS 分析共鉴定出了 17 种成分。其中，通过比较样品与标准品、文献的保留时间，UV、MS 和 MS^n光谱，明确鉴定了 13 种成分，包括 3-咖啡酰奎宁酸（3-caffeoylquinic acid，98）、4-咖啡酰奎宁酸（4-caffeoylquinic acid，99）、绿原酸、1，3-二咖啡酰奎宁酸（1，3-dicaffeoylquinic acid，100）、1，4-二咖啡酰奎宁酸（1，4-dicaffeoylquinic acid，101）、1，5-二咖啡酰奎宁酸（1，5-dicaffeoylquinic acid）、4，5-二咖啡酰奎宁酸（4,5-dicaffeoylquinic acid，102）、1，5-dicaffeoyl-3-succinoylquinic acid（103）、1,5-dicaffeoyl-4-succinoylquinic acid（104）、1，5-dicaffeoyl-3，4-disuccinoylquinicacid（105）等。其他 4 种成分根据其紫外光谱和 MS^n碎裂模式初步归属为 dicaffeoyl-maloyl-quinic acid、dicaffeoyl-succinoylquinic acid、tricaffeoyl-maloyl-quinic acid。

2014 年，中国医学科学院药物研究所 Jia Zhixin 等人将天山雪莲地上部分的 75%乙醇浸泡提取物混悬于水中，用石油醚萃取脱脂，水部位再通过反复柱层析以富集低浓度的苯丙烷类成分，并通过 HPLC-HRMS-MS^n对其中的化合物进行检测，将检测到的化合物基于质谱树状图相似度过滤技术（MTSF）与候选结构的匹配进行表征，并通过精确分子量、多阶段分析、碎片模式和与文献资料进行比较进一步确证，共鉴定出 38 种化合物，包括绿原酸、异绿原酸 B（isochlorogenic acid B，4,5-dicaffeoylquinicacid）、ethyl 4,5-dicaffeoylquinate（106）、异绿原酸 C（isochlorogenic acid C，3,4-*O*-dicaffeoyl-quinicacid，107）、异绿原酸 A（isochlorogenic acid A，3,5-*O*-dicaffeoyl-quinic acid，108）等，其中 106～108 为首次在雪莲中确定。

2014 年，大连理工大学 Zou Xiaowei 等用 70%乙醇对天山雪莲细胞培养物进行加热回流提取，提取物减压蒸干溶剂后混悬于水中，以石油醚、乙酸乙酯、正丁醇依次萃取，正丁醇部位经 NKA-9 树脂柱层析、MCI 柱层析、制备 HPLC 等方法分离得到了 2 个新的酚酸类化合物：1，5-*O*-dicaffeoyl-3-*O*-（4-maloyl）-quinic acid（109）和 3，5-di-*O*-caffeoyl-1-*O*-（2-*O*-caffeoyl-4-maloyl）-quinic acid（110），并通过 2D NMR 和 MS 鉴定了结构。随后，又从中分离鉴定了一些多酚类成分，包括一个新化合物 1，3-di-*O*-caffeoyl-5-*O*-（1-methoxyl-2-*O*-caffeoyl-4-maloyl）-quinic acid（111）和一些已知化合物。其中 1-咖啡酰奎宁酸（1-*O*-caffeoyl-quinic acid，112）、3,4-*O*-dicaffeoyl-quinicacid 和 3,5-*O*-dicaffeoyl-quinic acid 均为首次从天山雪莲中分得。

2016 年，香港浸会大学 Chen Qilei 等人开发了一种超高效液相色谱-二极管阵列检测器-四极杆飞行时间质谱联用（UPLC-DADQTOF-MS）方法，对绵头雪兔子、水母雪兔子和天山雪莲样品进行物种分析和总体质量评估，鉴定出 25 种成分，其中天山雪莲里鉴定的苯丙素类包括绿原酸、1,5-二咖啡酰奎宁酸、3,5-二咖啡酰奎宁酸、4,5-二咖啡酰奎宁酸。

结构式见图 2-12。

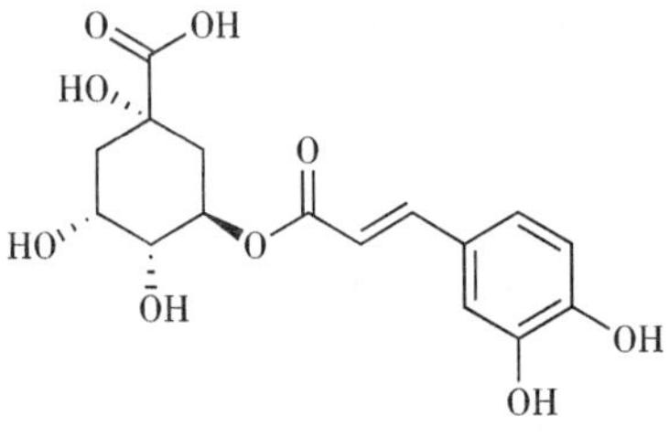

绿原酸 5-caffeoylquinic acid（96）

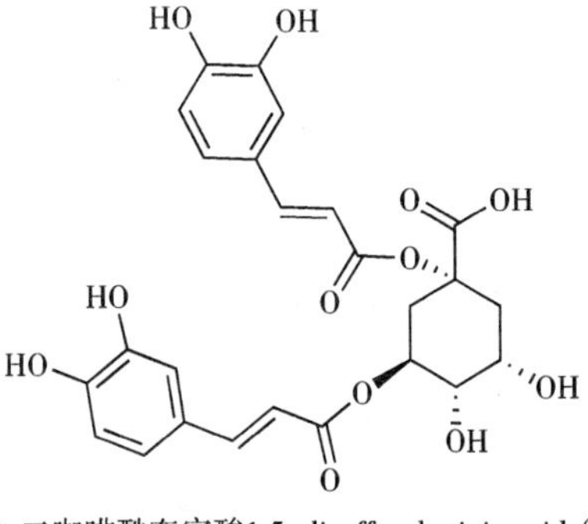

1,5-二咖啡酰奎宁酸1,5-dicaffeoylquinic acid（97）

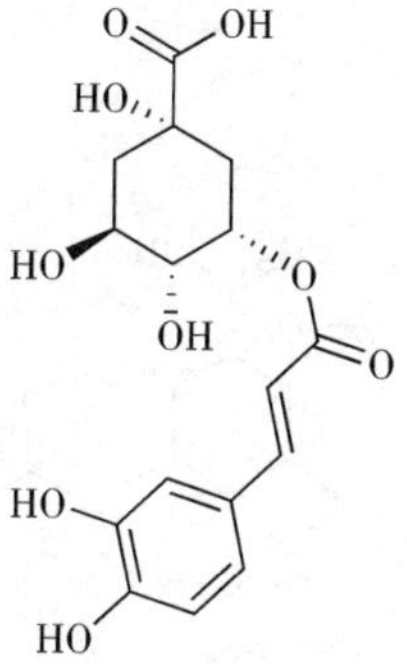

3-咖啡酰奎宁酸3-caffeoyquinic acid（98）

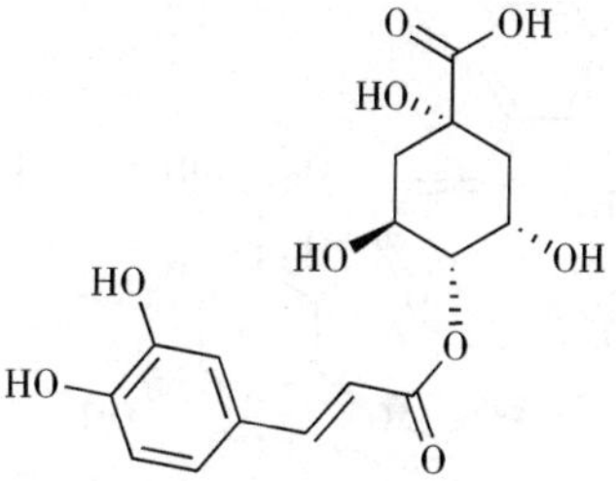

4-咖啡酰奎宁酸4-caffeoylquinic acid（99）

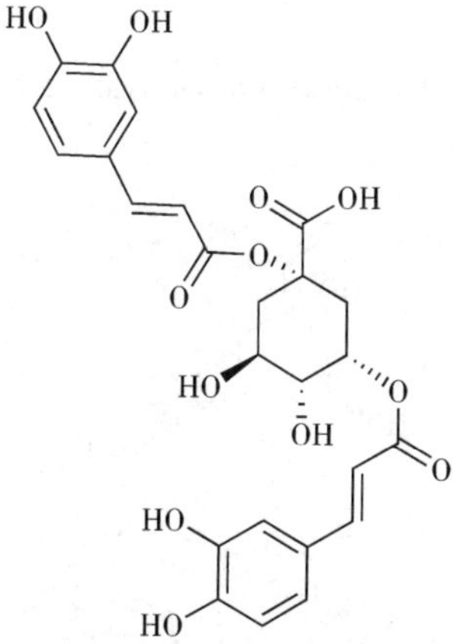

1,3-二咖啡酰奎宁酸1, 3-dicaffeoylquinic acid（100）

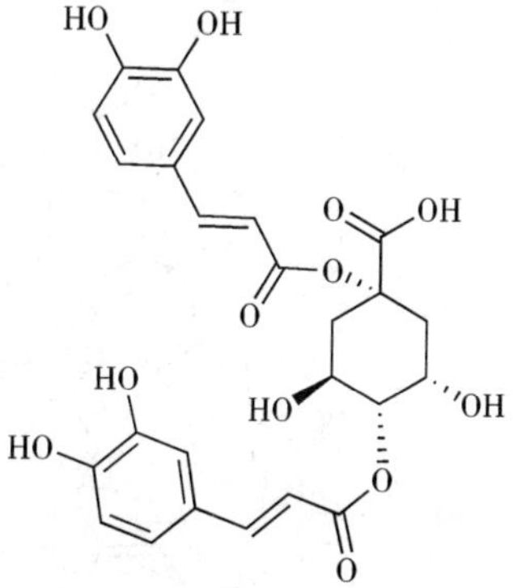

1,4-二咖啡酰奎宁酸1,4-dicaffeoylquinic acid（101）

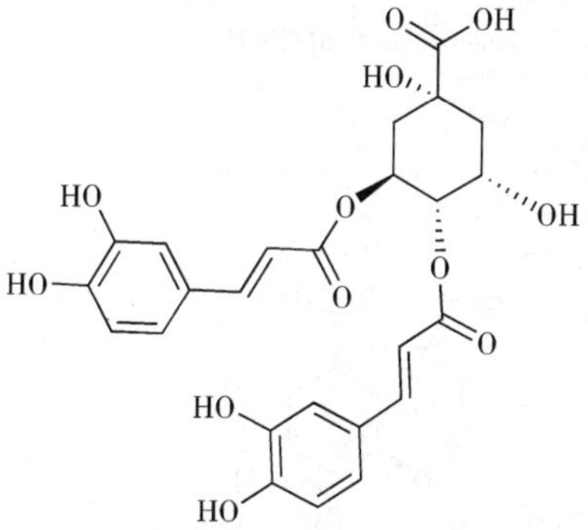

4,5-二咖啡酰奎宁酸4,5-dicaffeoylquinic acid（102）

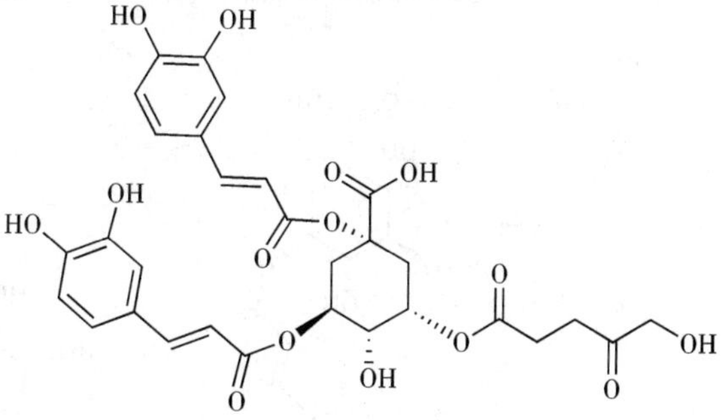

1,5-dicaffeoyl-3-succinoylquinic acid（103）

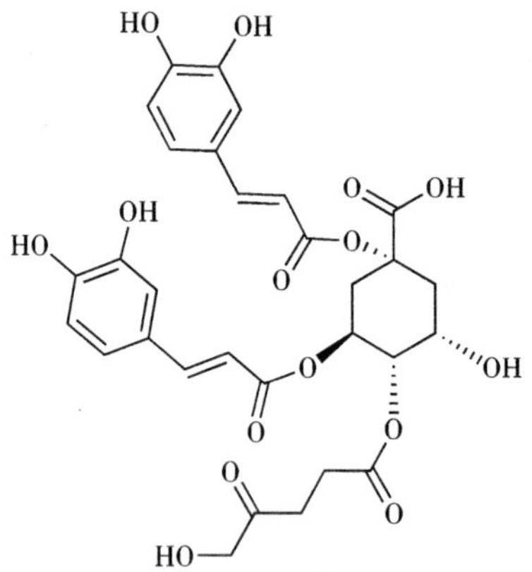

1,5-dicaffeoyl-4-succinoylquinic acid（104）

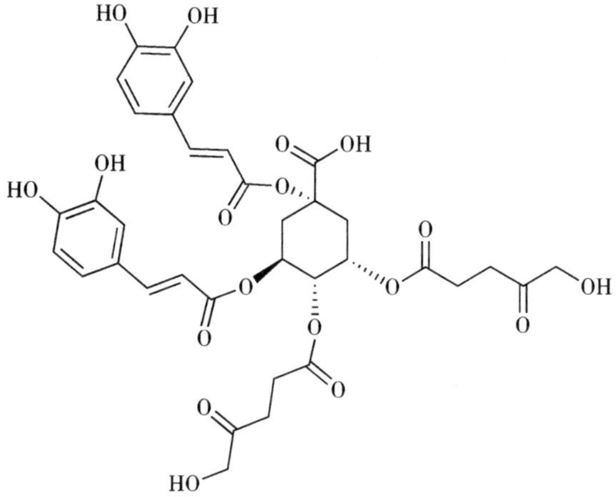

1,5-dicaffeoyl-3,4-disuccinoylquinic acid（105）

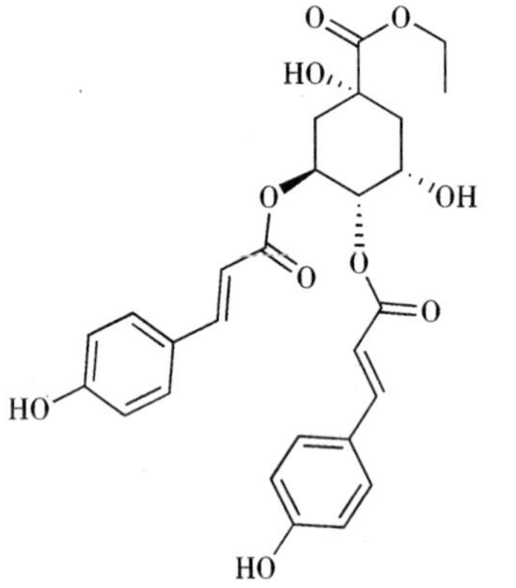

ethyl 4,5-dicaffeoylquinate（106）

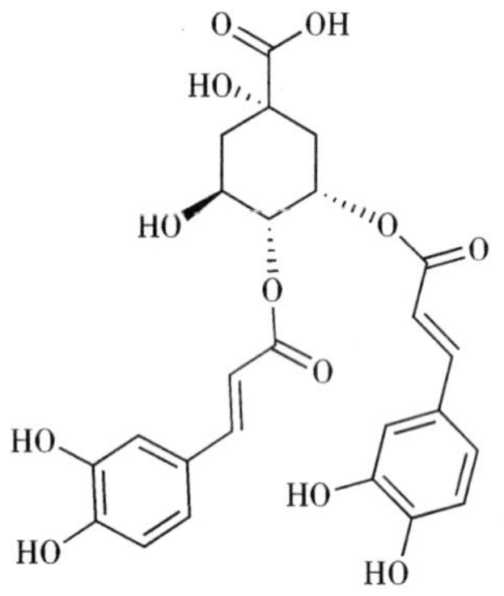

异绿原酸C isochlorogenic acid C（107）

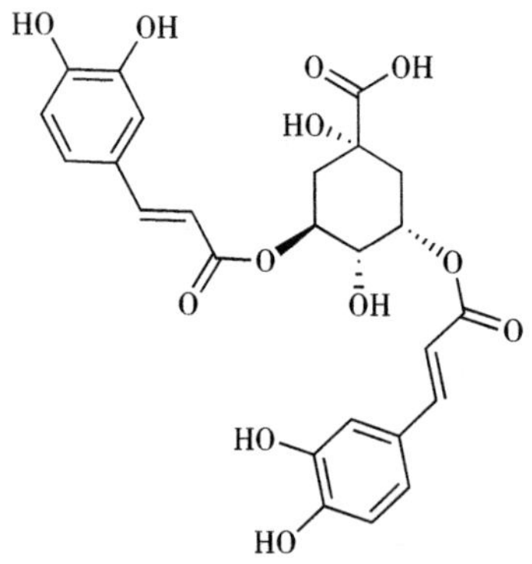

异绿原酸A isochlorogenic acid A（108）

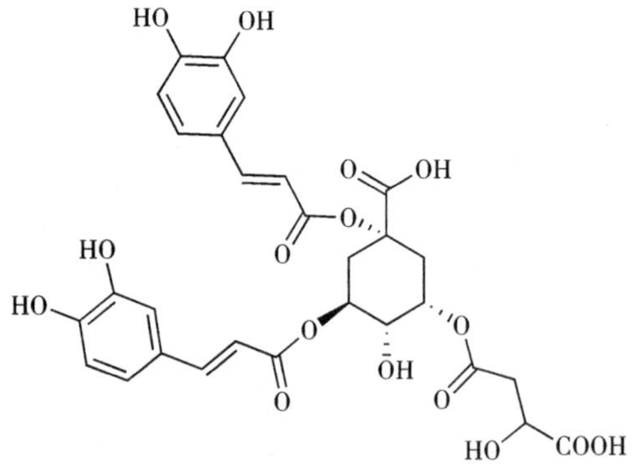

1,5-*O*-dicaffeoyl-3-*O*-（4-maloyl）-quinic acid（109）

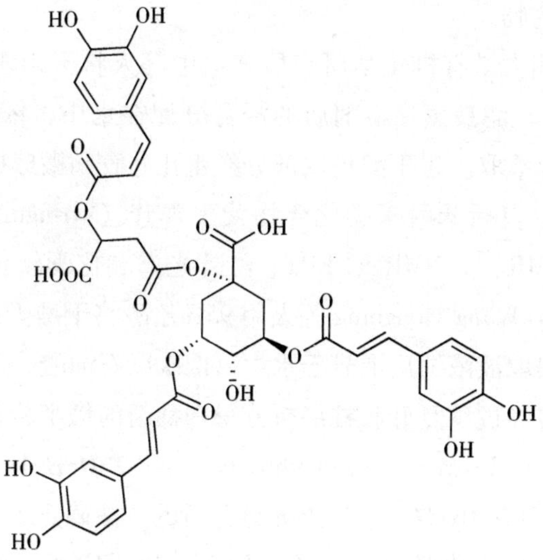

3,5-di-*O*-caffeoyl-1-*O*-（2-*O*-caffeoyl-4-maloyl）-quinic acid（110）

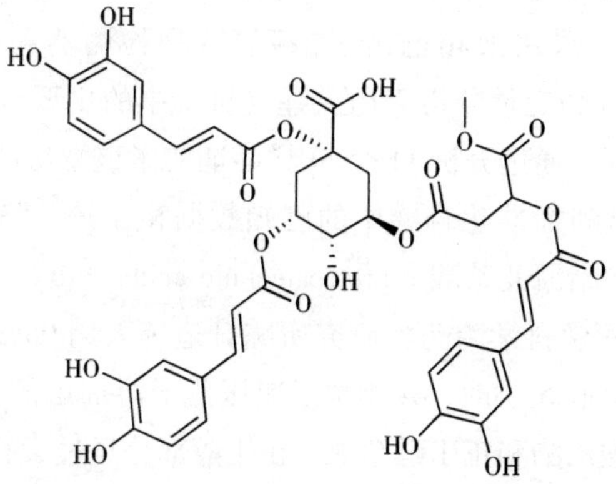

1,3-di-*O*-caffeoyl-5-*O*-（1-methoxyl-2-*O*-caffeoyl-4-maloyl）-quinic acid（111）

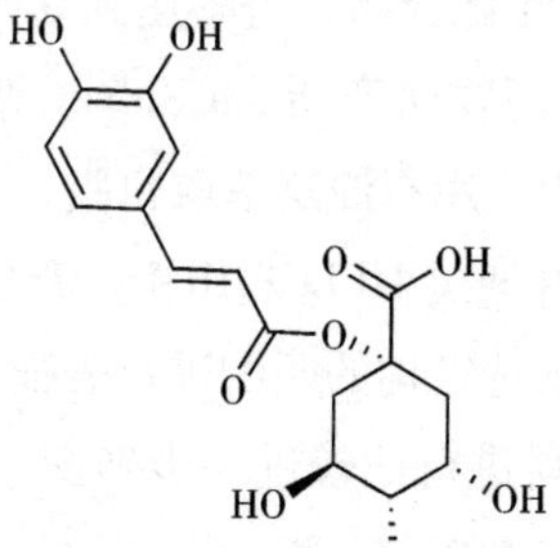

1-咖啡酰奎宁酸1-*O*-caffeoyl-quinic acid（112）

图 2-12　天山雪莲中咖啡酰奎宁酸类化合物的结构

2. 酚酸类化合物

1990 年，兰州大学有机化学研究所宋治中等人将天山雪莲地上部分粉末以 70%乙醇浸泡数日，滤液蒸除溶剂后的浸膏分配在水中，依次用石油醚、乙醚、乙酸乙酯、正丁醇萃取。正丁醇提取部分经粗孔硅胶和微球硅胶柱层析分离纯化得到 2 个化合物，包括苯丙素类化合物紫丁香苷（syringin，113），并通过 MS（El、FAB）、^{1}H NMR、^{13}C NMR、DEPT、红外光谱和化学转化等方法鉴定上述化合物结构。2007 年 Wang Hongbing 等人用 95%乙醇将干燥天山雪莲全草粉末于室温下渗透浸泡，提取液浓缩后混悬于水中，依次以石油醚、乙酸乙酯、正丁醇萃取，乙酸乙酯部位经过反复硅胶柱层析分得一种新的倍半萜化合物和一种新的苯酚苷类化合物 benzyl 2-hydroxy-6-methoxybenzoate 2-*O*-*β*-D-glucoside（114），并通过 MS、1D 和 2D NMR 波谱、红外光谱分析的方法确定了它们的结构。

2009 年，香港浸会大学 Tao Yi 等人用 70%甲醇室温下对不同地区来源的天山雪莲（SI）样品粉末超声溶解 0.5h，重复两次后得到的提取液合并后定量，以 0.2μm 滤膜过滤。采用液相色谱-二极管阵列检测器和电喷雾电离质谱法（LC-DAD-MS）定性和定量分析天山雪莲（SI）中的主要成分，并对所开发的方法进行了全面验证，通过分析 11 个 SI 样品证实了该方法的独特性能。通过在线 ESI-MS 和与文献和标准化合物中的已知数据相比较，确定了 17 种化合物，其中酚酸类化合物包括原儿茶酸（protocatechuic acid，115）等。

2010 年，中国医学科学院药物研究所陈日道等人用 95%乙醇对天山雪莲细胞培养物进行回流提取 5 小时，共 4 次。减压蒸干溶剂后的提取物混悬于水中，依次用石油醚、乙酸乙酯和正丁醇萃取，正丁醇部分经过大孔树脂柱色谱、反复硅胶柱色谱等方法分离得到紫丁香苷、党参苷（tangshenoside Ⅲ，116）等化合物，其中紫丁香苷为分得的主要化合物，得率达到 0.3%。

2014 年，中国医学科学院药物研究所 Jia Zhixin 等人将天山雪莲地上部分的 75%乙醇浸泡提取物混悬于水中，用石油醚萃取脱脂，水部位再通过反复柱层析以富集低浓度的苯丙烷类成分，并通过 HPLC/HRMS/MS^{n} 对其中化合物进行检测，将检测到的化合物基于 MTSF 与候选结构的匹配进行表征，并通过精确分子量、多阶段分析、碎片模式和与文献资料进行比较进一步确证，共鉴定出 38 种化合物，包括 syringin 4-*O*-glucoside（117）、2，6-dimethoxy-4-［（1E）-1-propen-1-yl］phenol（118）、（E）-4，5-dihydroxy-6-（hydroxymethyl）-2-（4-（3-hydroxyprop-1-en-1-yl）-2，6-dimethoxyphenoxy）tetrahydro-2H-pyran-3-yl formate、(E) -4，5-dihydroxy-6-（hydroxymethyl）-2-（4-（3-hydroxyprop-1-en-1-yl）-2，6-dimethoxyphenoxy）tetrahydro-2H-pyran-3-yl 4-hydroxy-3-*O*xobutanoate、4，5 - bis （E） - 3 - （3，4 - dihydroxyphenyl） - acryloyl） oxy） - 1 - hydroxycyclohex-2-enecarboxylic acid 等，且上述 5 个化合物均为首次在雪莲中确定。

随后，大连理工大学 Zou Xiaowei 等人用 70% 乙醇对天山雪莲细胞培养物进行加热回流提取，提取物减压蒸干溶剂后混悬于水中，以石油醚、乙酸乙酯、正丁醇依次萃取，正丁醇部位经 NKA-9 树脂柱层析、MCI 柱层析、制备 HPLC 等方法分离得到了一个新化合物和一些已知化合物。其中咖啡酸（caffeic acid，119），阿魏酸（ferulic acid，120），肉桂酸（cinnamic acid，121），奎宁酸（quinic acid，122），3-*O*-反式阿魏酰基奎宁酸（3-*O*-feruloyl-quinic acid，123），5-*O*-香豆酰奎宁酸（5-*O*-p-coumaroyl-quinic acid，124），咖啡酸甲酯（caffeic acid methyl ester，125）均为首次从天山雪莲中分得。

2016 年，香港浸会大学 Chen Qilei 等人开发了一种超高效液相色谱-二极管阵列检测器-四极杆飞行时间质谱联用（UPLC-DADQTOF-MS）的方法，对绵头雪兔子、水母雪兔子和天山雪莲样品进行物种分析和总体质量评估，同时鉴定出 25 种成分，其中，天山雪莲里鉴定的苯酚类包括云杉苷（picein，126）、对羟基苯乙酮（4-hydroxyacetophenone，127）、紫丁香苷等。

结构式见图 2-13。

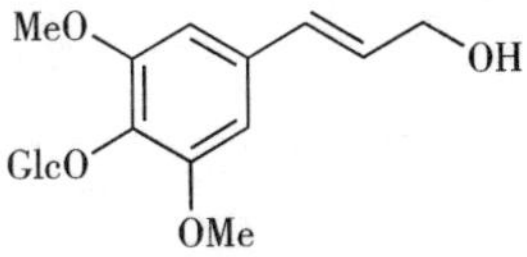

紫丁香苷
syringin（113）

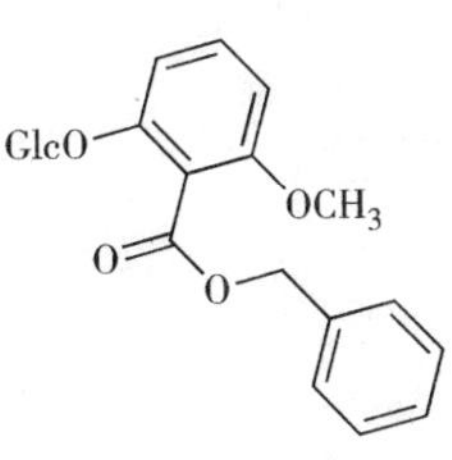

benzyl 2-hydroxy-6-methoxybenzoate
2-*O*-*β*-D-glucoside（114）

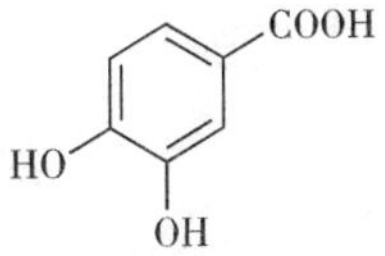

原儿茶酸
protocatechuic acid（115）

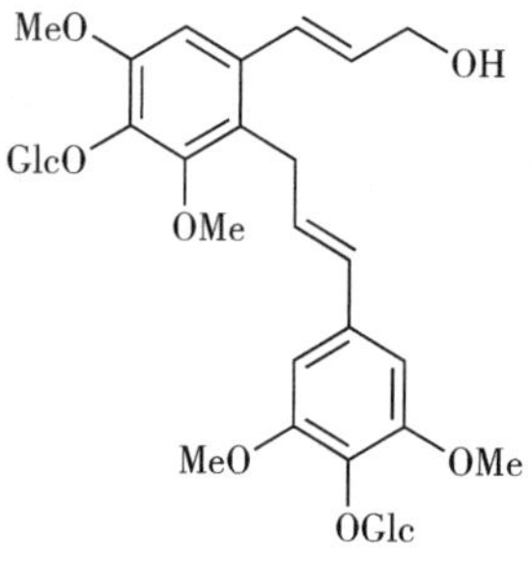

党参苷
tangshenoside Ⅲ（116）

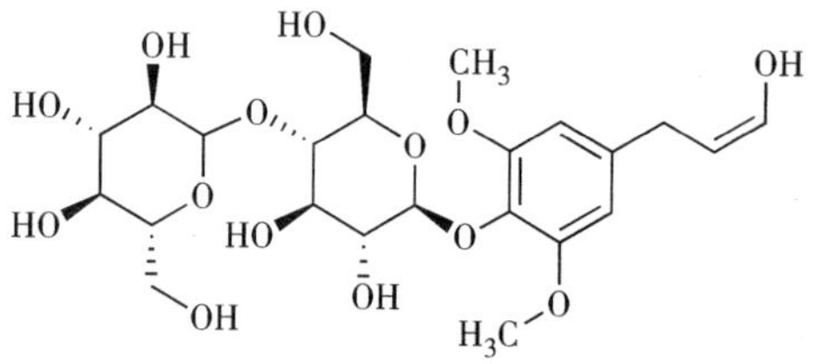

syringin 4-*O*-D-glucoside（117）

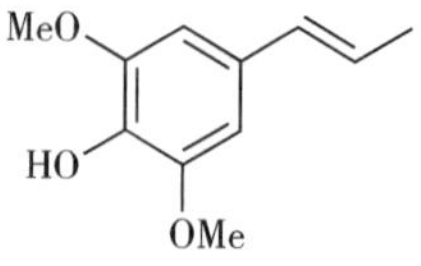

2,6-dimethoxy-4-[（1E）-1-propen-1-yl] phenol（118）

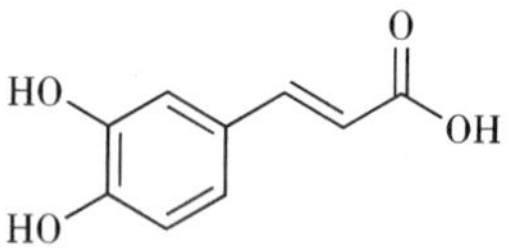

咖啡酸
caffeic acid（119）

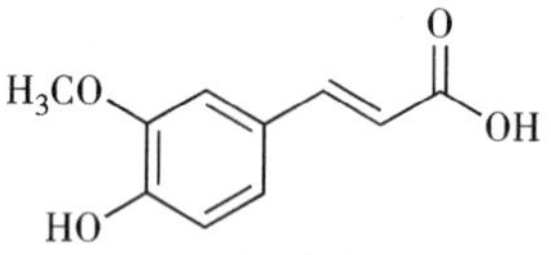

阿魏酸
ferulic acid（120）

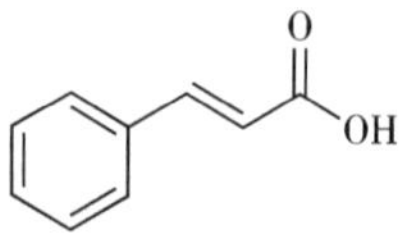

肉桂酸
cinnamic acid（121）

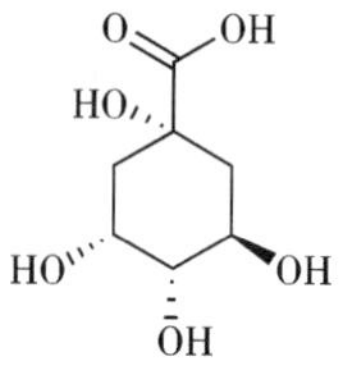

奎宁酸
quinic acid（122）

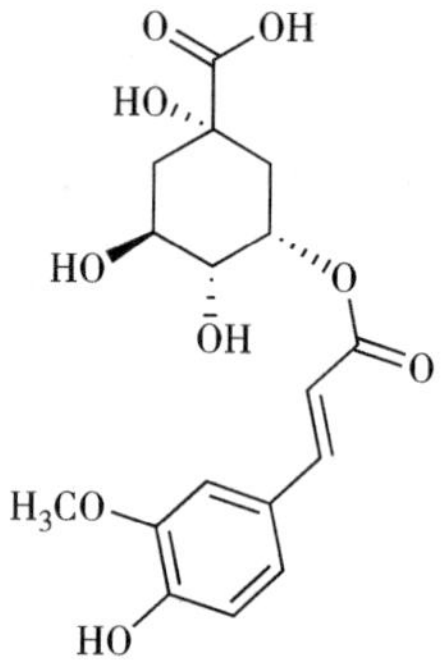

3-*O*-反式阿魏酰基奎宁酸
3-*O*-feruloyl-quinic acid（123）

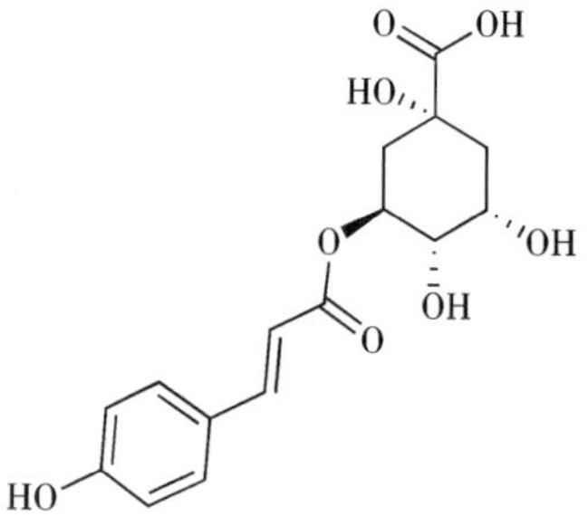

5-*O*-香豆酰奎宁酸
5-*O*-p-coumaroyl-quinic acid（124）

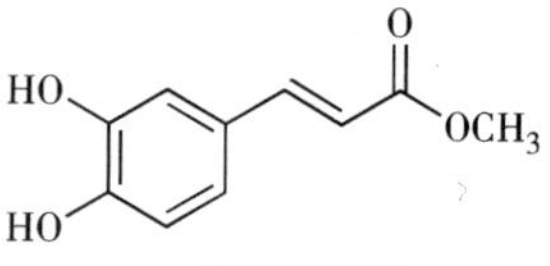

咖啡酸甲酯
caffeic acid methyl ester（125）

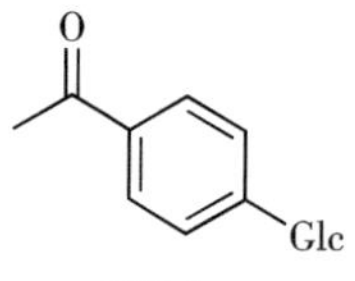

云杉苷
picein（126）

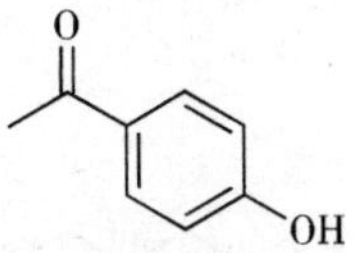

O
OH

对羟基苯乙酮
4-hydroxyacetophenone（127）

图 2-13　天山雪莲中酚酸类化合物的结构

五、新近发现的化合物和微量元素

1990 年，兰州大学有机化学研究所宋治中等人将天山雪莲地上部分粉末以 70%乙醇浸泡数日，滤液蒸除溶剂后的浸膏分配在水中，依次用石油醚、乙醚、乙酸乙酯、正丁醇萃取。正丁醇提取部分经粗孔硅胶和微球硅胶柱层析分离纯化得到 2 个化合物，包括正丁基-β-D-吡喃果糖苷（n-butyl-β-D-fructopyranoside, 128）和一个苯丙素类化合物，并通过 MS（ El、FAB ）、^{1}H-NMR、^{13}C-NMR、DEPT、红外光谱和化学转化等方法鉴定上述化合物结构，其中 128 为自然界首次发现。

2010 年，陈日道等人从天山雪莲细胞培养物分离得到了一个新的桉叶烷型倍半萜和 14 个已知化合物，包括β-谷甾醇β-sitosterol、棕榈酸 palmitic acid、二十六烷酸 hexacosanoic acid、亚油酸 linoleic acid、亚油酸单酰甘油 linoleic acid monoacylglycerol,（2S，3S，4R）-2-tetracosanoylamino-1，3，4-octadecanetriol、（2S，3S，4R，11E）-1，3，4-trihydroxy-2［（20R）-20-hydroxytetracosanoyl-amino］-loctadecene 和苄醇苷等。

2014 年，Jia Z. 等人将天山雪莲地上部分经 75%乙醇提取物，通过柱层析对部分提取物中微量成分进行富集。并通过 HPLC/HRMS/MS^n对其中化合物进行检测，检测到的化合物基于 MTSF 与候选结构的匹配进行表征，并通过精确的分子量、多阶段分析和碎片模式和与文献资料进行比较进一步确证，共鉴定出 38 种化合物，其中包括 2 个鞘脂类化合物 D-erythro-sphingosine（129）、（2*S*，3*R*）-2-amino-1，3-octadecanediol（130）。结构式见图 2-14。

雪莲中还含有一些微量元素。用质子激发荧光分析天山雪莲的花蕊、花瓣、花茎，测出了 Ca、Cu、Fe、K、Mn、Pb、Rb、Se、Zn 10 种微量元素，这些微量元素的存在和含量与传统功效有关，也为药用部位的适时采集及合理利用提供了参考。

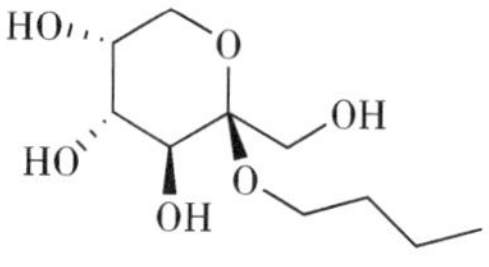

n-butyl-β-D-fructopyranoside（128） 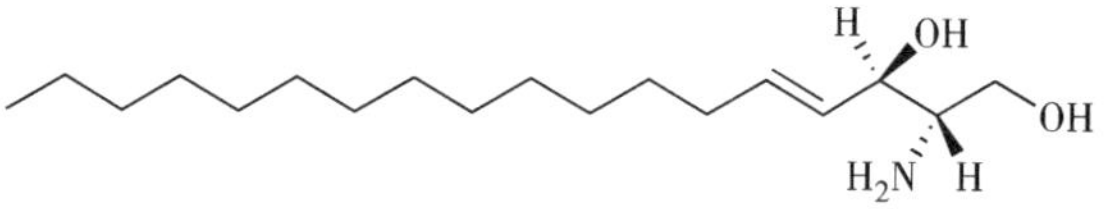　　D-erythro-sphingosine（129）

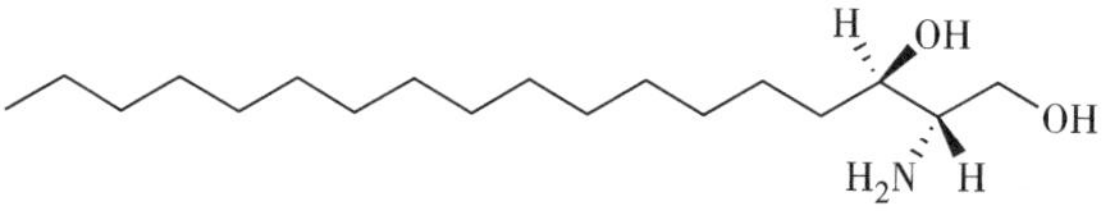

（2S,3R）-2-amino-1,3-octadecanediol（130）

图 2-14　天山雪莲中其他类化合物的结构

（吉腾飞，王佳佳，针擘）

参考文献

[1] 谭敦炎. 封面植物简介——雪莲［J］. 西北植物学报，2008，28（3）：587-587.

[2] 贾忠建，李瑜，杜枚，等. 新疆雪莲化学成分的研究（Ⅰ）［J］. 高等学校化学学报，1983，4（5）：581-584.

[3] Y. J. Xu, D. X. Zhao, C. X. Fu, et al. Determination of flavonoid compounds from Saussurea involucrata by liquid chromatography electrospray ionisation mass spectrometry［J］. Natural product research，2009，23（18）：1689-1698.

[4] Qingcui Chu, Liang Fu, Yuhua Cao, et al. Electrochemical profiles of herba *saussureae involucrata* by capillary electrophoresis with electrochemical detection［J］. Phytochemical Analysis，2006，17（3）：176-183.

[5] 李燕，郭顺星，王春兰，等. 新疆雪莲黄酮类化学成分的研究［J］. 中国药学杂志，2007，42（8）：575-577.

[6] Katsumi Kusano, Tsukasa Iwashina, Junichi Kitajima, et al. Flavonoid diversity of *Saussurea* and *Serratula* species in Tien Shan Mountains［J］. Natural Product Communications，2007，2（11）：1121-1128.

[7] Tsukasa Iwashina, Sergey V Smirnov, Oyunchimeg Damdinsuren, et al. *Saussurea* species from the Altai Mountains and adjacent area, and their flavonoid diversity［J］. Bull. Natl. Mus. Nat. Sci., Ser. B. 2010，36（4）：141-154.

[8] Lin-Lin Jing, Xiao-Fei Fan, Peng-Cheng Fan, et al. 5, 6-Dihy-droxy-7, 8-dimethoxyflavone [J]. Acta crystallographica. Section E, Structure reports online, 2013, 69 (Pt7): O1096.

[9] Jian Qiu, Xiaofeng Xue, et al. Quality evaluation of snow lotus (*Saussurea*): quantitative chemical analysis and antioxidant activity assessment [J]. Plant cell reports. 2010, 29 (12): 1325-1337.

[10] Wai-I Chik, Lin Zhu, Lan-Lan Fan, et al. *Saussurea involucrata*: A review of the botany, phytochemistry and ethnopharmacology of a rare traditional herbal medicine [J]. Journal of ethnopharmacology, 2015, 172: 44-60.

[11] Linlin Jing, Lei He, Pengcheng Fan, et al. Chemical Constituents of *Saussurea involucrata* with Anti-Hypoxia Activity [J]. Chemistry of Natural Compounds, 2016, 52 (3): 487-489.

[12] Z. Jia, C. Wu, H. Jin, et al. Identification of the chemical components of *Saussurea involucrata* by high-resolution mass spectrometry and the mass spectral trees similarity filter technique [J]. Rapid communications in mass spectrometry. 2014, 28 (21): 2237-51.

[13] Tao Yi, Hu-Biao Chen, Zhong-Zhen Zhao, et al. Identification and determination of the major constituents in the traditional Uighur medicinal Plant *Saussurea involucrata* by LC-DAD-MS [J]. Chromatographia. 2009, 69 (5-6): 537-542.

[14] 贾忠建，李瑜，杜枚，等．新疆雪莲化学成分的研究 [J]．兰州大学学报，1980，3：16.

[15] 宋治中，贾忠建．新疆雪莲化学成分的研究（Ⅵ）[J]．中草药，1990，21 (12)：4-5.

[16] 赵爱华，魏均娴．倍半萜类化合物生理活性研究进展 [J]．天然产物研究与开发，1995，7 (4)：65-70.

[17] 陈晓亚，于宗霞，洪高洁，等．植物倍半萜生物合成调控 [D]．生态文明建设中的植物学：现在与未来——中国植物学会第十五届会员代表大会暨八十周年学术年会论文集——大会报告，2013.

[18] 王惠康，林章代，何侃，等．新疆雪莲化学成分的研究 [J]．药学学报，1986 (9)：680-682.

[19] Li Y, Jia Z J. Guaianolides from *Saussurea involucrata* [J]. Phytochemistry, 1989, 28 (12): 3395-3397.

[20] 王奇光，李瑜．大苞雪莲内酯的分子结构和晶体结构［J］．高等学校化学学报，1989，10（7）：772-774.

[21] Li Y, Wang C, Guo S, et al. Three guaianolides from *Saussurea involucrata* and their contents determination by HPLC. ［J］. Journal of Pharmaceutical & Biomedical Analysis, 2007, 44（1）: 288.

[22] Ri-Dao Chen, Jian-Hua Zou, Jing-Ming Jia, et al. Chemical constituents from the cell cultures of *Saussurea involucrata* ［J］. Journal of Asian Natural Products Research, 2010, 12（2）: 119-123.

[23] Xiao W, Li X, Li N, et al. Sesquiterpene lactones from *Saussurea involucrata* ［J］. Fitoterapia, 2011, 82（7）: 983-987.

[24] 陈发菊，杨映根．我国雪莲植物的种类，生境分布及化学成分的研究进展［J］．植物学通报，1999，16（5）：561-566.

[25] 赵莉，王晓玲．新疆雪莲的化学成分，药理作用及其临床应用［J］．西南民族大学学报：自然科学版，2003，29（4）：424.

[26] 翟科峰，王聪，高贵珍，等．天山雪莲的研究进展［J］．湖北农业科学，2009，(11)：2869-2873.

[27] 贾忠建，李瑜，杜枚，等．大苞雪莲挥发油成分的研究［J］．兰州大学学报，1986，22（3）：100-105.

[28] 卢光明，刘学志．云南雪莲挥发油化学成分的 GC-MS 分析［J］．国外分析仪器技术与应用，1989，(3)：25-26.

[29] 张富昌，赵文军，刘明灯，等．新疆雪莲的超临界萃取及气相色谱-质谱分析［J］．时珍国医国药，2007，18（8）：1821-1823.

[30] Hiromu Kameoka, Masashi Mizutani, Mitsuo Miyazawa, et al. Components of the essential oil of Saussurea involucrata (Kar. et Kir.) ex Maxim ［J］. Journal of Essential Oil Research, 1992, 4（4）: 325-327.

[31] 赵国华，陈宗道，李志孝，等．活性多糖的研究进展［J］．食品与发酵工业，2001，27（7）：45-48.

[32] 刘春兰，邓义红，杜宁，等．新疆雪莲水溶性多糖的分离纯化及生物活性研究［J］．中药材，2008，31（1）：101-104.

[33] 刘春兰，邓义红，杜宁，等．新疆雪莲水溶性多糖的分离纯化及组成分析［J］．天然产物研究与开发，2009，21（1）：99-103.

[34] 刘春兰，邓义红，王文蜀，等．雪莲水溶性多糖 XL_{31} 的分离纯化及其结构分析

[J]．应用基础与工程科学学报，2009，17（2）：248-256.
[35] 闫鹏飞，郝文辉，高婷．精细化学品化学［M］．北京：化学工业出版社，2004：267.
[36] 野尻浩，石田耕一，姚雪秋，等．神经酰胺类似物对改善敏感肌肤的有用性［C］．中国化妆品学术研讨会，2012：104-108.
[37] Wu W, Qu Y, Gao H, et al. Novelceramides from aerial parts of Saussurea involucrata Kar. et. Kir [J]. Archives of pharmacal research, 2009, 32 (9): 1221-1225.
[38] 张敏，乔坤云，郭辉．新疆雪莲的氨基酸组成［J］．特产研究，2002，24（3）：42-43.
[39] 孙宝国，日用化工，福平，等．香料与香精［M］．北京：中国石化出版社，2000：121-123.
[40] 孔令雷，胡金凤，陈乃宏．香豆素类化合物药理和毒理作用的研究进展［J］．中国药理学通报，2012，28（2）：165-168.
[41] 周家驹，谢桂荣，严新建．中药抗癌活性成分［M］．北京：科学出版社，2012：403.
[42] 杨倩，彭妍．天然香豆素类药物抗肿瘤作用研究进展［J］．池州学院学报，2013，(3)：49-52.
[43] 李林虎，陈莉，夏玉凤．抗肿瘤香豆素类化合物的研究进展［J］．中国药科大学学报，2013，44（4）：374-379.
[44] 杨峻山，谢凤指，刘庆华，等．新疆雪莲的香豆素类化学成分的研究［J］．中国药学杂志，2006，41（23）：1774-1776.
[45] Qi-Lei Chen, Lin Zhu, Yi-Na Tang, et al. Comparative evaluation of chemical profiles of three representative "snow lotus" herbs by UPLC - DAD - QTOF - MS combined with principal component and hierarchical cluster analyses [J]. Drug testing and analysis, 2017, 9 (8): 1105-1115.
[46] 马如鸿．天然甾体资源的开发和利用［J］．中国医药工业杂志，1985，(2)：41-45.
[47] 朱俊东，糜漫天．植物甾醇降低血胆固醇作用的研究进展［J］．重庆医学，2006，35（19）：1798-1800.
[48] 徐洋，蔺占兵，马庆虎．木质素与人类生活［J］．植物杂志，2002，(4)：40-41.
[49] 丁娜．木质素-环氧树脂的合成及其性能研究［D］．吉林：吉林大学，2014.

[50] 张帆，黄平平，郭明辉．木质素酚羟基含量提高方法研究进展 [J]．西南林业大学学报：自然科学，2014，(6)：98-103.

[51] Xiaowei Zou, Dan Liu, Yaping Liu, et al. Isolation and characterization of two new phenolic acids from cultured cells of *Saussurea involucrata* [J]. Phytochemistry Letters, 2014, 7 (1): 133-136.

[52] Xiao-Wei Zou, Dan Liu, Ya-Ping Liu, et al. A new polyphenol, 1, 3-di-*O*-caffeoyl-5-*O*- (1-methoxyl-2-*O*-caffeoyl-4-maloyl) -quinic acid, isolated from cultured cells of *Saussurea involucrata* [J]. Chinese Journal of Natural Medicines, 2015, 13 (4): 295-298.

[53] H. B. Wang, H. P. Zhang, G. M. Yao, et al. New sesquiterpene and phenolicglucosides from Saussurea involucrata [J]. Journal of Asian natural products research, 2007, 9 (6-8): 603-607.

[54] Leila Hammoud, Ramdane Seghiri, Samir Benayache, et al. A new flavonoid and other constituents from Centaurea nicaeensis All. var. walliana M [J]. Natural product research, 2012, 26 (3): 203-208.

[55] 王晓玲，李启发，丁立生．天山雪莲的化学成分研究 [J]．中草药．2007，38 (12)：1795-1797.

[56] Mitsuo Miyazawa, Masayoshi Hisama. Antimutagenic activity of flavonoids from *Chrysanthemum morifolium* [J]. Bioscience, biotechnology, and biochemistry, 2003, 67 (10): 2091-2099.

[57] Mingfu Wang, Jiangang Li, Meera Rangarajan, et al. Antioxidative phenolic compounds from Sage (*Salvia officinalis*) [J]. Journal of agricultural and food chemistry, 1998, 46 (12): 4869-4873.

[58] XC Weng, W Wang. Antioxidant activity of compounds isolated from *Salvia plebeia* [J]. Food Chemistry, 2000, 71 (4): 489-493.

[59] 冯旭，李耀华，梁臣艳，等．酸藤子化学成分研究 [J]．中药材，2013，(12)：1947-1949.

[60] 李清娟，陈卫平，樊俊红，等．多花蒿化学成分研究 [J]．中国现代应用药学，2014，31 (6)：706-710.

[61] 才谦，王灵芝，刘玉强，等．齿叶白鹃梅叶化学成分研究 [J]．中草药．2012，43 (4)：673-675.

[62] Yinrong Lu, L Yeap Foo. Flavonoid and phenolic glycosides from *Salvia officinalis*

[J]. Phytochemistry, 2000, 55 (3): 263-267.

[63] 安海洋，刘顺，单淇，等. 翻白草的化学成分研究 [J]. 中草药，2011，42 (7): 1285-1288.

[64] Z. O. Toshmatov, K. A. Eshbakova, H. A. Aisa. Glycoside Flavonoids from *Dracocephalum komarovii* [J]. Chemistry of Natural Compounds, 2018, 54 (2): 358-359.

[65] Hsiou - Yu Ding, Hang - Ching Lin, Che - Ming Teng, et al. Phytochemical and pharmacological studies on Chinese *Paeonia* species [J]. Journal of the Chinese Chemical Society, 2000, 47 (2): 381-388.

[66] Jae-Taek Han, Myun-Ho Bang, Ock-Kyoung Chun, et al. Flavonol glycosides from the aerial parts of *Aceriphyllum rossii* and their antioxidant activities [J]. Archives of pharmacal research, 2004, 27 (4): 390-395.

[67] 杨炳友，李婷，郭瑞，等. 洋金花叶化学成分研究（Ⅰ）[J]. 中草药，2013，44 (20): 2803-2807.

[68] 杨杰，王丽莉，周鑫堂，等. 黄花草木犀化学成分研究 [J]. 中草药，2014，45 (5): 622-625.

[69] Rosemary F Webby. A flavonoltriglycoside from *Actinidia arguta* var. giraldii [J]. Phytochemistry, 1991, 30 (7): 2443-2444.

[70] 程小伟，马养民，康永祥，等. 老鹳草化学成分研究 [J]. 中药新药与临床药理，2013，24 (4): 390-392.

[71] Hong-juan Huang, Tie-jun Ling, Hui-min Wang, et al. One new flavonoid from *Solanum rostratum* [J]. Natural product research, 2017, 31 (15): 1831-1835.

[72] 王秋红，刘玉婕，苏阳，等. 线叶菊抗感染有效部位化学成分的研究（Ⅰ）[J]. 中草药，2012，43 (1): 43-46.

[73] 先春，黄志金，周欣，等. 虎耳草的化学成分及生物活性研究 [J]. 天然产物研究与开发，2014，26 (1): 64-68.

[74] Jia Feng, Ying-Jin Jin, Jing-Jie Jia, et al. Sesquiterpene Lactones from *Artemisia capillaris* [J]. Chemistry of Natural Compounds, 2017, 53 (5): 978-979.

[75] ZM Dawa, Yan Zhou, Yang Bai, et al. Studies on chemical constituents of *Saussurea laniceps* [J]. China journal of Chinese materia medica, 2008, 33 (9): 1032-1035.

[76] Walaa Kamel Mousa, Adrian L Schwan, Manish N Raizada. Characterization of antifungal natural products isolated from endophytic fungi of finger millet (*Eleusine coracana*) [J]. Molecules, 2016, 21 (9): 1171.

[77] 申毅，邹建华，马英丽，等．雪莲内酯类成分的研究［J］．中国中药杂志，2009，34（24）：3221-3224.

[78] J Alberto Marco，Juan F Sanz，Remedios Albiach，et al. Bisabolene derivatives and sesquiterpene lactones from *Cousinia* species［J］. Phytochemistry. 1993，32（2）：395-400.

[79] Francois-Xavier Bernard，Serge Sable，Beatrice Cameron，et al. Glycosylated flavones as selective inhibitors of topoisomerase Ⅳ［J］. Antimicrobial agents and chemotherapy，1997，41（5）：992-998.

[80] M. Bruno，S. Bancheva，S. Rosselli，et al. Sesquiterpenoids in subtribe Centaureinae（Cass.）Dumort（tribe Cardueae，Asteraceae）：distribution，（13）C NMR spectral data and biological properties［J］. Phytochemistry，2013，95：19-93.

[81] J. M. Cha，W. S. Suh，T. H. Lee，et al. Phenolic Glycosides from *Capsella bursa-pastoris*（L.）Medik and Their Anti-Inflammatory Activity［J］. Molecules，2017，22（6）：1023.

[82] B. Csapi，Z. Hajdu，I. Zupko，et al. Bioactivity-guided isolation of antiproliferative compounds from *Centaurea arenaria*［J］. Phytotherapy research：PTR，2010，24（11）：1664-1669.

[83] M. Ye，H. Guo，H. Guo，et al. Simultaneous determination of cytotoxicbufadienolides in the Chinese medicine ChanSu by high-performance liquid chromatography coupled with photodiode array and mass spectrometry detections［J］. J Chromatogr B Analyt Technol Biomed Life Sci，2006，838（2）：86-95.

[84] 简龙海，闻宏亮，孙健，等．复方雪莲胶囊中大苞雪莲内酯及其β-D-葡萄糖苷和大苞雪莲碱的 LC-Q-TOFMS 法鉴别［J］．中国医药工业杂志，2013，44（9）：914-921.

[85] AM Moissenkov，AA Surkova，AV Lozanova，et al. Chemistry of natural compounds and bioorganic chemistry［J］. Russian Chemical Bulletin，1997，46（11）：1956-1960.

[86] GeorgesMassiot，Anne-Marie Morfaux，Louisette Le Men-Olivier，et al. Guaianolides from the leaves of *Centaurea incana*［J］. Phytochemistry，1985，25（1）：258-261.

[87] Xing Zhang，Min Ye，Yin-hui Dong，et al. Biotransformation of bufadienolides by cell suspension cultures of *Saussurea involucrata*［J］. Phytochemistry. 2011，72（14-15）：1779-1785.

[88] Zhenjia Zheng，Xiao Wang，Pengli Liu，et al. Semi-Preparative Separation of 10 Caf-

feoylquinic Acid Derivatives Using High Speed Counter-Current Chromatogaphy Combined with Semi-Preparative HPLC from the Roots of Burdock (Arctium lappa L.) [J]. Molecules, 2018, 23 (2): 429.

[89] 李瑜，贾忠建，朱子清. 新疆雪莲化学成分研究（V）[J]. 高等学校化学学报，1989，10 (9): 909-912.

[90] 何红平，刘复初. 秋水仙花生物碱 [J]. 云南植物研究，1999，21 (3): 364-368.

[91] 徐彦，吴春蕾，刘圆，等. 唐古特雪莲的化学成分研究 [J]. 中草药，2010，(12): 1957-1960.

[92] De Sá De Sousa Nogueira Tb, De Sá De Sousa Nogueira Rb, E Silva Da, et al. First chemical constituents from Cordiaexaltata Lam and antimicrobial activity of two neolignans [J]. Molecules, 2013, 18 (9): 11086-11099.

[93] M Naseri, H. R. Monsef-Esefehani, S Saeidnia, et al. Antioxidative Coumarins from the Roots of *Ferulago subvelutina* [J]. Asian Journal of Chemistry, 2013, 25 (4): 1875-1878.

[94] Yi Yang, Kangdi Zheng, Wenjie Mei, et al. Anti-inflammatory andproresolution activities of bergapten isolated from the roots of *Ficus hirta* in an *in vivo* zebrafish model [J]. Biochemical and biophysical research communications. 2018, 496 (2): 763-769.

[95] Prashant Joshi, Vinay Sonawane, Ibidapo S Williams, et al. Identification of karanjin isolated from Indian beech tree as potent CYP1 enzyme inhibitor with cellular efficacy via screening of a natural products repository [J]. Med Chem Comm, 2018, 9 (): 371-382.

[96] E. E. Shul'ts, T. N. Petrova, M. M. Shakirov, et al. Plant coumarins. Ⅸ. Phenolic compounds of *Ferulopsis hystrix* growing in Mongolia. Cytotoxic activity of 8, 9-dihydrofurocoumarins [J]. Chemistry of Natural Compounds, 2012, 48 (2): 211-217.

[97] Constantinos Kofinas, Ioanna Chinou, Anargiros Loukis, et al. Flavonoids and bioactive coumarins of *Tordylium apulum* [J]. Phytochemistry, 1998, 48 (48): 637 - 641.

[98] E. S. Waight, T. K. Razdan, B. Qadri, et al. Chromones and coumarins from *Skimmia laureola* [J]. Phytochemistry. 1987, 26 (7): 2063-2069.

[99] Wei He, Bang-Le Zhang, Si-Yuan Zhou, et al. Facile Total Synthesis of Xanthotoxol [J]. Synthetic Communications. 2007, 37 (3): 361-367.

[100] Jeannette Bjerre, Erik Holm Nielsen, Mikael Bols. Hydrolysis of Toxic Natural Glu-

cosides Catalyzed by Cyclodextrin Dicyanohydrins [J]. European Journal of Organic Chemistry, 2010, 2008 (4): 745-752.

[101] Kh. Sh. Kamoldinov, K. A. Eshbakova, H. A. Aisa. Fatty Acids and Coumarins of *Fraxinus syriaca* [J]. Chemistry of Natural Compounds, 2018, (3): 1-2.

[102] Y. K. Lee, H. J. Bang, J. B. Oh, et al. Bioassay-Guided Isolated Compounds from Morinda officinalis Inhibit Alzheimer's Disease Pathologies [J]. Molecules, 2017, 22 (10): 1638.

[103] Laetitia Moreno Y. Banuls, Ernst Urban, Michel Gelbcke, et al. Structure - activity relationship analysis of bufadienolide-induced in vitro growth inhibitory effects on mouse and human cancer cells [J]. Journal of natural products. 2013, 76 (6): 1078-1084.

[104] Liselotte Krenn, Roland Ferth, Wolfgang Robien, et al. Bufadienolide aus Urginea maritima sensu strictu1 [J]. Planta medica, 1991, 57 (6): 560-565.

[105] Venkatanambi Kamalakkannan, Angela A Salim, Robert J Capon. Microbiome-mediated biotransformation of cane toad bufagenins [J]. Journal of Natural Products, 2017, 80 (7): 2012-2017.

[106] Yin Sim Tor, Latifah Saiful Yazan, Jhi Biau Foo, et al. Induction of apoptosis in MCF-7 cells via oxidative stress generation, mitochondria-dependent and caspase-independent pathway by ethyl acetate extract of *Dillenia suffruticosa* and its chemical profile [J]. PLoS One. 2015, 10 (6): e0127441.

[107] Shuo Xu, Ming-Ying Shang, Guang-Xue Liu, et al. Chemical constituents from the rhizomes of *Smilax glabra* and their antimicrobial activity [J]. Molecules, 2013, 18 (5): 5265-5287.

[108] Shigetoshi Kadota, Nzunzu Lami, Yasuhiro Tezuka, et al. Constituents of the Roots of *Boerhaavia diffusa* L. Ⅰ: Examination of Sterols and Structures of New Rotenoids, Boeravinones A and B [J]. Chemical and Pharmaceutical Bulletin, 1989, 37 (12): 3214-3220.

[109] Hong Xin, Yang-Liu Xia, Jie Hou, et al. Identification and characterization of human UDP-glucuronosyl transferases responsible for the in-vitroglucuronidation of arctigenin [J]. Journal of Pharmacy and Pharmacology, 2015, 67 (12): 1673-1681.

[110] Y. D. Liu, H. A. Aisa. Three new lignans from the seeds of *Saussurea involucrata* [J]. Journal of Asian natural products research, 2010, 12 (10): 828- 833.

[111] 滕荣伟，周志宏，王德祖，等．白花刺参中的咖啡酰基奎宁酸成分［J］．波谱学杂志，2002，19（2）：167-174.

[112] 孙昱，马晓斌，刘建勋．野菊花心血管活性部位化学成分的研究［J］．中国中药杂志，2012，（1）：61-65.

[113] Michael Sefkow, Alexandra Kelling, Uwe Schilde. First efficient syn-theses of 1-, 4-, and 5-caffeoylquinic acid [J]. European Journal of Organic Chemistry, 2001, (14): 2735-2742.

[114] IreneDini, Gian Carlo Tenore, Antonio Dini. New polyphenol derivative in Ipomoea batatas tubers and its antioxidant activity [J]. Journal of agricultural and food chemistry, 2006, 54 (23): 8733-8737.

[115] YoshihikoMaruta, Jun Kawabata, Ryoya Niki. Antioxidative caffeoylquinic acid derivatives in the roots of burdock (*Arctium lappa* L.) [J]. Journal of agricultural and food chemistry, 1995, 43 (10): 2592-2595.

[116] Ying Wang, Matthias Hamburger, JosephGueho, et al. Cyclohexanecarboxylic-Acid Derivatives from *Psiadia trinervia* [J]. Helvetica chimica acta, 1992, 75 (1): 269-275.

[117] 陈日道，邹建华，贾景明，等．天山雪莲悬浮细胞培养物中紫丁香苷的分离及含量测定［J］．药学学报，2009，44（4）：436-439.

[118] Lee Eunju, Kim Jusun, Kim Hyunpyo, et al. Phenolic constituents from the flower buds of *Lonicera japonica* and their 5-lipoxygenase inhibitory activities [J]. Food Chemistry, 2010, 120 (1): 134-139.

[119] Masamichi Yuda, Kazuhiro Ohtani, Kenji Mizutani, et al. Neolignan glycosides from roots of *Codonopsis tangshen* [J]. Phytochemistry, 1990, 29 (6): 1989-1993.

[120] Hee-Juhn Park, Won-Tae Jung, Purusotam Basnet, et al. Syringin 4-O-β-glucoside, a new phenylpropanoid glycoside, and costunolide, a nitric oxide synthase inhibitor, from the stem bark of *Magnolia sieboldii* [J]. Journal of natural products, 1996, 59 (12): 1128-1130.

[121] Ai-Lan Lee, Steven V Ley. The synthesis of the anti-malarial natural productpolysphorin and analogues using polymer-supported reagents and scavengers [J]. Organic & biomolecular chemistry, 2003, 1 (22): 3957-3966.

[122] 毕跃峰，郑晓珂，冯卫生，等．卷柏中化学成分的分离与结构鉴定［J］．药学学报，2004，39（1）：41-45.

[123] 张健，何晓伟，高璟春，等，滑叶山姜的化学成分研究［J］．中国药学杂志，2003，38（7）：502-503.

[124] 杨学东，徐丽珍，杨世林．蝉翼藤茎中有机酸成分的研究［J］．中国中药杂志，2001，26（4）：258-260.

[125] 王珏，王乃利，姚新生，等．小花鬼针草中酚酸类成分及其抑制组胺释放活性［J］．中国药物化学杂志，2006，16（3）：168-171.

[126] 杨秀伟，郭庆梅，张才煜，等．独活化学成分的进一步研究［J］．解放军药学学报，2008，24（5）：389-392.

[127] 张武岗，陈海芳，邵海华，等．白花檵木止血化学成分分析［J］．中国实验方剂学杂志，2017，23（5）：47-52.

[128] 郑丹，张晓琦，王英，等．滇桂艾纳香地上部分的化学成分［J］．中国天然药物，2007，5（6）：421-424.

[129] 李国柱，孟庆艳，罗碧，等．循环制备液相色谱分离芳香新塔花中的化学成分［J］．色谱，2014，33（1）：84-89.

[130] 李云森，罗士德，张勉，等．棉毛橐吾的化学成分［J］．中国中药杂志，2001，26（12）：835-837.

[131] Sanghee Kim, Sukjin Lee, Taeho Lee, et al. Efficient synthesis of D-erythro-Sphingosine and D-erythro-Azidosphingosine from D-ribo-Phytosphingo- sine via a cyclic sulfate intermediate［J］. The Journal of organic chemistry, 2006, 71（22）: 8661-8664.

[132] Regina C So, RachelNdonye, Douglas P Izmirian, et al. Straightforward synthesis of sphinganines via a serine-derived Weinreb amide［J］. The Journal of organic chemistry, 2004, 69（9）: 3233-3235.

[133] Topçu G, Öksüz S, Shieh H-L, et al. Cytotoxic and antibacterial sesquiterpenes from Inula graveolens［J］. Phytochemistry, 1993, 33（2）: 407-410.

第三章　天山雪莲的应用历史

雪莲盛产于新疆，是当地民族区域特色药物，雪莲又称雪莲花、大苞雪莲，全草可药用，性热，味甘微苦，入肝、脾、肾三经。《本草纲目拾遗》对其记载如下：“性大热，能补阴益阳，老人阳绝者，浸酒服，能令八十皆有子。治一切寒症。此物产于极冷之地，乃阴极阳生故也。”《本草纲目》《楚辞》《史记》《山海经》及《维吾尔药志》《新疆中药手册》中均有对雪莲功用的记载。古往今来，在新疆民间，雪莲家喻户晓，习用已久。维吾尔族用其全草治疗关节痛、小腹冷痛、妇女月经不调、赤白带等症。蒙古族用其地上部分治疗结核气喘、风湿腰痛、妇女月经不调、痛经、筋骨损伤等。哈萨克族用其治疗产后胎衣不下、肺寒咳嗽、麻疹不透、外伤出血等病症。现总结雪莲的应用历史如下。

一、痹病

雪莲最早记载于《本草纲目拾遗》：“治一切寒症。”痹病初期，感受风、寒、湿邪，若患者素体阳虚寒自内生，复感寒湿之邪，从阴化寒，而成为风寒湿痹。首先，雪莲性温、大热，可祛风、寒、湿邪而温经散寒止痛；其次，雪莲味甘微苦，甘能补能和能缓，故又能补肝肾、强筋骨，缓解疼痛，尤适宜于风湿痹证而寒湿偏盛，及风湿日久，肝肾亏损，腰膝软弱者。可以有效缓解类风湿关节炎、风寒湿关节炎及骨关节炎引起的疼痛，四肢寒冷，手脚麻木，无力等症状。临床可单用，或与五加皮、桑寄生、狗脊等同用，以增强药效。运用雪莲肌内注射针剂、中成药复方雪莲胶囊治疗类风湿关节炎，均可取得较好的临床疗效。现代药理研究也表明：雪莲花可调节人体免疫，疏通血管，对关节炎症有显著对抗作用。同时，雪莲生物碱能调节血管的通透性，改善血液循环而起到活血化瘀的作用。雪莲黄酮通过促进肾上腺皮质激素合成等途径而起到抗炎镇痛作用。

二、无子病

早在《周易》中就首次出现了“不育”之名。《黄帝内经》称男性不育症为“无子”。巢元方的《诸病源候论》提出无子病由虚劳精少、精清如水而冷、精不射出等原因引发。既有先天因素，又有后天因素；既有外伤，又有饮食情志劳伤；既有脏腑虚损之本，又有水饮痰湿、气滞血瘀之标。但肾阳虚衰是主要原因，在治疗上，应以温肾壮阳为主。朱排山《柑园小识》：雪莲生西藏，藏中积雪不消，暮春初夏，生于雪性大热，能除冷疾，助阳道，豪家争致之，以治房中之药。可单用，或与冬虫夏草泡酒服（《高原中草药治疗手册》）；或与当归、枸杞子共同以水煎服（《新疆中草药》），均有较好的临床疗效。

三、消渴肾病

消渴肾病病机为消渴病日久，肾体受损，肾用失司，肾元虚衰所致。消渴肾病的发病因素除与长期高血糖有关外，与素体肾亏、情志郁结、饮食失宜等亦密切相关。《素问・水热穴论》：“勇而劳甚，则肾汗出，肾汗出逢于风，内不得入于脏腑，外不得越于皮肤，客于玄府，行于皮里，传为肿。”故本病病位在肾，肾主水，水液的输化有赖于肾阳的蒸化、开阖作用。久病劳欲，损及肾脏，则肾失蒸化，开阖不利，水液泛滥肌肤，发为水肿。雪莲归肝脾肾经，具有祛风除湿、温肾助阳之功效，一方面，雪莲能够利湿化浊；另一方面，雪莲温煦肾阳，肾阳得助，则水液输化得以改善。以雪莲为主药的中成药雪莲保元胶囊具有健脾补肾、温阳益气、活血化瘀、利湿消肿之功，使气机通畅，血脉运行无阻，病理产物无以停留，痰瘀自化，临床中用于消渴肾病的治疗。

四、胸痹心痛病

历代医者对胸痹心痛病的病机概括为以气血阴阳亏虚为本，寒凝、气滞、血瘀、痰浊为标。《金匮要略》：“夫脉当取太过不及，阳微阴弦，即胸痹而痛，所以然者，责其极虚也。今阳虚知在上焦，所以胸痹、心痛者，以其阴弦故也。”胸痹的主要病机为心脉痹阻，病位在心，涉及肝、肺、脾、肾等脏。雪莲具有补肾壮阳之功，温补肾阳。肾为先天之本，温煦一身之阳气，肾阳得助，则寒痰得化，心脉气血得以正常运行。雪莲作为中成药雪莲通脉丸的主药，具有补肾助阳、散寒通络之功，临床治疗冠状动脉性心脏病疗效显著，研究证实雪莲通脉丸能够降低血浆 ET 及升高血浆 NO，说明雪莲通脉丸治疗冠心病心绞痛的机制可能与血管内皮功能的改善有关。

五、闭经及崩漏

月经的产生是脏腑、天癸、气血、冲任共同协调作用于胞宫的结果，任何一个环节异常都会导致血海不能按时满溢而出现闭经。素体禀赋不足，肝肾亏损，肾精未充，肝血虚少，冲任失于充养，无以化为经血，乃致闭经；或因多产、堕胎、房劳；或久病及肾，以致肾精亏损，肝血耗伤、冲任不足，血海空虚，胞宫无血可下而致闭经。《医学正传》云："月经全借肾水施化，肾水既乏，则经血日以干涸。"崩漏系指妇女在非行经期间阴道大量流血或持续淋漓不断。先天不足，天癸初至，肾气不足；绝经前期肾气渐衰；或多产房劳，损伤肾气，以致封藏失职，冲任失摄，经血妄行；或命门火衰，肾阳亏虚，不能固摄冲任，经血失约妄行。雪莲苦泄温通，味甘能补，既能补肾阳，故冲任，又有较好的活血调经、止崩漏、带下的作用。可用于下元虚冷，寒凝血脉之月经不调、经闭、痛经，症轻者单用，症重者常与当归、川芎同用；治崩漏、带下之症，可配党参等补气之品。如《新疆中草药》中所记载的雪莲酒，即为雪莲 15g，加白酒或黄酒 100mL，泡 7 天，用于治疗妇女小腹冷痛、闭经；或以之与当归、枸杞子配伍，煎汤服。《高原中草药治疗手册》中记载：治疗妇女体虚崩漏、带下，可以之与党参、峨参炖鸡服用，以增强补气摄血、止崩止带之功。现代医学研究证明，雪莲在促使子宫收缩的同时可促进内源性前列腺素的合成，从而起到调经止血、增强机体免疫力的作用。

六、癌病

"癌"字首见于宋代东轩居士的《卫济宝书》，书中认为"癌"为"痈疽五发"之一。明代"癌"字已被人们用来描述某些恶性肿瘤，现在用的癌，即指恶性肿瘤。治肿瘤尤当察其正邪之虚实而定其治则，先攻其邪瘤以扶正，又须重于扶正以御邪。故初瘤邪未实，正虚不著，当攻削之，中期邪实正虚当攻补兼施，晚期邪愈盛正极虚，此当扶正以增抗御之力，若攻之则未祛其邪，而易于伤正气，投鼠忌器也。雪莲味甘能补，扶正祛邪，其治疗作用可贯穿于肿瘤各期，现代研究也证实了雪莲对人体多种癌细胞有抑制作用，促进癌细胞凋亡。

注：据既往典籍记载，雪莲性大热，现代药学书籍中，雪莲药性属温，还需进一步研究。

（马丽）

参考文献

[1] 安家丰．复方雪莲注射液治疗风湿热与类风湿性关节炎110例疗效观察 [J]．西北国防医学杂志，1985，(1)：42.

[2] 陈英，倪爽爽，姜泉．复方雪莲胶囊治疗类风湿性关节炎（寒湿痹阻证）随机、双盲、阳性药平行对照、多中心临床研究 [J]．内蒙古中医药，2016，35 (14)：94.

[3] 林秀仙，李菁，荣祖元．水母雪莲花超临界 CO_2 萃取物的抗炎作用 [J]．广东药学院学报，2004，20 (3)：253-254.

[4] 李观海，刘发，张新，等，雪莲的药理作用研究（Ⅱ）[J]．新疆医科大学学报，1979，2：63-68.

[5] 何新，李观海，陈汉瑜．新疆雪莲黄酮的抗炎镇痛作用及抗炎机理研究 [J]，西北药学杂志，1990，5 (3)：17-19.

[6] 李娜．雪莲保元胶囊治疗临床期糖尿病肾病的临床研究 [J]．新疆医科大学，2013.

[7] 张秀芬，赵肖华，任小娟，等．雪莲通脉丸对冠心病稳定型心绞痛气虚血瘀型的临床研究 [J]．新疆中医药，2015，33 (6)：13-15.

[8] 赵莉，王晓玲．新疆雪莲的化学成分、药理作用及其临床应用 [J]. 西南民族大学学报：自然科学版，2003，29 (4)：424-428.

[9] 智永山．中医对癌症的辨证论治 [J]．中国医药指南，2009，7 (10)：108-109.

[10] 韩书亮．大苞雪莲四种成分抗癌作用研究 [J]．癌变・畸变・突变，1995 (2)：80-83.

[11] Takasaki M . Antitumor promoting Activity of Lignans from the Aerial Part of Saussurea Medusa [J] . Cancer Letters，2000，158 (1)：53-59.

[12] Yi T，Zhao Z Z，Yu Z Y，et al. Comparison of the Antiinflammatory and Antinociceptive effects of three Medicinal Plants Known as " Snow Lotus " Herb in Traditional Uighur and Tibetan Medicines [J] . Journal of Ethnopharmacology，2010，128 (2)：405-411.

[13] 王瑛，张本印，陶燕铎，等．雪莲的化学成分与药理作用研究进展 [J]．光谱实验室，2013，30 (2)：530-535.

第四章 天山雪莲的药理学研究

第一节 抗炎镇痛作用

类风湿关节炎（Rheumatoid arthritis，RA）是一种慢性、炎症性自身免疫性疾病。目前尚无法治愈。发病特征是关节滑膜炎症，软骨骨质破坏。当前的治疗目标是减轻症状并预防残疾。对雪莲的多年基础研究发现，天山雪莲具有明显的抗炎镇痛作用，可用于治疗类风湿关节炎。大量研究用腹腔注射冰醋酸致小鼠疼痛扭体反应、热板法致锐痛模型和佐剂型大鼠关节炎模型（adjuvant arthritis Rat model，AA）表现疾病过程，其关节病理损害与人类 RA 十分类似，是观察药效较准的模型。关节炎和 RA 发病与 NO、iNOS、COX-2、pGE2、IL-1β、IL-6 以及相关酶密切相关。大鼠 AA 模型用雪莲制剂治疗后，除减轻关节红肿热痛外，还能减少各种炎性介质的产生，并使关节滑膜、软骨损害明显减轻。在实验治疗学方面确定了天山雪莲制剂对风湿性关节炎、类风湿性关节炎和骨关节炎的疗效。

一、天山雪莲乙醇浸出物（SEI）和水煎液（SWD）对完全弗氏佐剂（CFA）引起大鼠关节炎模型（AA）的实验研究

SEI 和 SWD 以 HPLC-PAD 法分析知含 14 种化合物。选用雄性 Wistar 大鼠，6~8 周龄，体重 160~180g，70 只。分成正常对照组、阿司匹林阳性对照组（120mg/kg）、SEI 高剂量组（800mg/kg）和 SEI 低剂量组（400mg/kg）、SWD 高剂量组（886mg/kg）和 SWD 低剂量组（443mg/kg），每组 10 只，依规定剂量，每天灌胃 1 次，连续 21 天。以 CFA 0.1mL 大鼠左足跖皮内注射，诱导产生大鼠 AA 模型。

依法测定关节足跖肿胀度、关节炎分值（score）、体重减少量。以酶联免疫法（Elisa）检测各组大鼠血清中 TNF-α、IL-1β 和 IL-6 水平，并做骨踝关节的

组织病理学检查。

结果，SEI、SWD 各两组大鼠与模型大鼠比较，给药各组 AA 程度明显减轻，肿胀缩小，关节炎计分显著降低。血清 TNF-α、IL-1β 和 IL-6 明显低于 AA 模型对照组（$P<0.05$ 或 $P<0.01$）。且 SWD 效果均高于 SEI（$P<0.05$）。

组织病理学检查结果：正常组关节滑膜和软骨组织结构正常，细胞排列整齐，无炎细胞浸润。AA 模型组大鼠关节结构异常，见滑膜角质化并增厚，胶原纤维瘀积，软骨细胞浸润增多。经 SEI 和 SWD 口服治疗后，滑膜角化、炎细胞浸润减少，滑膜细胞仅有中等度增生，软骨表面平滑，与 AA 组比较软骨无明显损害。口服阿司匹林组大鼠亦有类似效果。

二、雪莲注射液抗大鼠佐剂型关节炎和免疫调节作用研究

试药与试剂：雪莲注射液，每毫升含生药 1.0g，肌内注射，成人每次 2~4mL，每天 1 次，新疆西域药业有限公司提供，批号 05060101；阳性对照药正清风痛宁注射液，2.0mL/支，含盐酸青藤碱 50mg/支，肌内注射，成人每次 1~2mL，每日 2 次，湖南正清制药集团股份有限公司生产，批号 0503437。脂多糖（LPS），美国 Sigma 公司；刀豆球蛋白 A（ConA），北京医药站进口分装；RPMI-1640，美国 Life chnologies 公司生产；四氮唑盐（MTT），德国 MERCK KCaA 公司；二甲基亚砜（DMSO），北京化工厂出品；Freund's 完全佐剂，美国 Sigma 公司。

动物：NIH 小鼠，Wistar 大鼠，英国短毛种豚鼠，均由新疆医科大学实验动物中心提供，新医动字 syxk（新）2003-0001。

1. 对大鼠佐剂型关节炎的影响

Wistar 大鼠 60 只，体重（167.5±13.5）g，雌雄各半，随机分为 6 组，每组 10 只，分组及给药见表 4-1。将针剂配制成所需浓度，每鼠肌注 0.1mL/次，每日 1 次，连续 22 天。第 1 天给药后 1 小时，除生理盐水组外，其余各组大鼠右后足跖关节处注射 Freund's 完全佐剂 50μL，以后隔天测量大鼠左、右后足跖厚度，以注射佐剂前后足跖厚度差作为肿胀度，观察受试药对佐剂型关节炎原发性和继发性损害的影响。

结果：雪莲注射液各剂量组与模型组比较，右后足跖肿胀度从第 6~22 天均明显降低，提示雪莲注射液对佐剂型关节炎原发性损害有明显保护作用，见表 4-1。

表 4-1　雪莲注射液对大鼠佐剂型关节炎原发性损害的影响（$\bar{x}\pm s$，$n=10$）

组别	剂量 /mL·kg^{-1}·d^{-1}	右后足跖肿胀度/mm			
		2d	4d	6d	8d
生理盐水组	-	0.161±0.114**	0.141±0.067**	0.144±0.141*	0.092±0.070**
模型组	-	1.176±0.310	1.548±0.359	1.761±0.269	1.708±0.279
正清风痛宁组	0.5	1.100±0.238	1.382±0.198	1.341±0.168**	0.920±0.293**
雪莲注射液组	0.18	1.144±0.179	1.588±0.321	1.303±0.374**	1.133±0.328*
	0.36	1.092±0.116	1.631±0.248	1.416±0.237**	1.161±0.273**
	0.72	1.054±0.277	1.398±0.316	1.204±0.312**	0.914±0.343**

10d	12d	14d	16d	18d	20d	22d
0.103±0.052**	0.129±0.081**	0.009±0.067**	0.121±0.084**	0.123±0.082**	0.116±0.088**	0.124±0.097*
1.543±0.251	1.693±0.229	1.757±0.227	1.816±0.230	1.798±0.280	1.416±0.290	1.127±0.275
0.732±0.163**	0.819±0.196**	0.796±0.215**	0.696±0.182**	0.611±0.197**	0.513±0.172**	0.369±0.192**
1.043±0.240*	1.142±0.223**	1.055±0.234**	0.925±0.243**	0.830±0.259*	0.725±0.230*	0.639±0.251*
1.112±0.259**	1.189±0.266*	1.020±0.303**	0.957±0.286**	0.896±0.279*	0.875±0.261**	0.840±0.286*
0.882±0.305**	0.925±0.306**	0.922±0.331**	0.833±0.304*	0.786±0.332*	0.793±0.341**	0.798±0.340*

注：与模型组比较，$^{*}P<0.05$，$^{**}P<0.01$。

自第6天起模型组与NS对照组比较，模型组大鼠左后足跖均明显肿胀，提示产生了继发性损害。而雪莲注射液组与模型组比较，第6~20天各剂量组左后足跖肿胀度明显降低，表明雪莲注射液和阳性对照药对佐剂型关节炎继发性损害亦有保护作用，见表4-2。

表 4-2　雪莲注射液对大鼠佐剂型关节炎继发性损害的影响（$\bar{x}\pm s$，$n=10$）

组别	剂量 /mL·kg^{-1}·d^{-1}	左后足跖肿胀度/mm			
		2d	4d	6d	8d
生理盐水组	-	0.195±0.142	0.114±0.118	0.122±0.106*	0.135±0.115*
模型组	-	0.030±0.068	0.065±0.126	0.330±0.103	0.535±0.098
正清风痛宁组	0.5	0.024±0.117	0.088±0.187	0.216±0.217	0.407±0.228
雪莲注射液组	0.18	-0.005±0.105	0.146±0.321	0.239±0.145	0.343±0.235
	0.36	-0.006±0.047	-0.008±0.060	0.087±0.085	0.226±0.168*
	0.72	0.013±0.094	-0.014±0.141	0.127±0.127	0.260±0.145

10d	12d	14d	16d	18d	20d	22d
0.089±0.102**	0.066±0.088	0.009±0.034	0.082±0.116*	0.112±0.127*	0.113±0.126	0.214±0.278
0.705±0.103	0.814±0.140	0.882±0.162	0.901±0.165	0.919±0.161	0.571±0.145	0.300±0.194
0.453±0.234	0.532±0.208	0.540±0.189*	0.471±0.222*	0.390±0.203	0.317±0.217	0.155±0.240
0.471±0.291*	0.512±0.306	0.392±0.308	0.296±0.288*	0.187±0.303	0.114±0.292**	0.024±0.292
0.403±0.205**	0.459±0.248*	0.316±0.217**	0.229±0.197**	0.200±0.192**	0.177±0.155	0.193±0.182
0.387±0.237**	0.422±0.250*	0.441±0.245	0.354±0.200*	0.341±0.166*	0.334±0.179**	0.371±0.188

注：与模型组比较，$^{*}P<0.05$，$^{**}P<0.01$。

2. 对小鼠 B 淋巴细胞、T 淋巴细胞增殖的影响

取 NIH 小鼠摘眼球放血处死，无菌取脾，收集细胞液，作细胞计数，调整细胞浓度为 1×10^6/mL，以上过程均在 0~4℃进行。

样品及 LPS 均以 RPMI-1640 液配成所需浓度，于 96 孔板加样。分空白对照组加脾细胞悬液 200μL 和营养液 100μL。LPS 对照组加脾细胞 200μL，PS（20mg/mL）和营养液各 50μL。正清风痛宁和雪莲注射液各 4 种浓度（均为 1/32、1/64、1/128、1/256），各加脾细胞悬液 200μL、受试样 50μL 和 LPS 50μL。培养板置 37℃、5% CO_2条件培养 66h 后取出，加 MTT（10μL/孔）混匀后再培养 4~6 小时，吸弃上清液，加 DMSO（100μL/孔），稍振荡使甲臜产物充分溶解，用酶标仪测定各孔 OD_{570nm}值。

结果：

（1）正清风痛宁注射液在稀释度为 1∶32 ~1∶256 浓度范围内，对 B 淋巴细胞的增殖有明显的促进作用，雪莲注射液在同样浓度范围内对 B 淋巴细胞的增殖有明显抑制作用，见表 4-3。

表 4-3　雪莲注射液对小鼠 B 淋巴细胞增殖的影响（$\bar{x}\pm s$，$n=10$）

组别	稀释倍数	OD_{570nm}	促进或抑制率/%
空白对照组	-	0. 192±0. 042**	-
LPS 对照组	-	0. 393±0. 031	105
正清风痛宁组	1/32	0. 485±0. 008	23
	1/64	0. 520±0. 024**	32
	1/128	0. 464±0. 017**	18
	1/256	0. 462±0. 011	18
雪莲注射液组	1/32	0. 293±0. 015**	-25
	1/64	0. 287±0. 011**	-26
	1/128	0. 293±0. 017**	-25
	1/256	0. 281±0. 012**	-28

注：与 LPS 对照组比较，** $P<0.01$。

（2）雪莲注射液和正清风痛宁注射液，在 1∶32~ 1∶256 浓度范围内，对 T 淋巴细胞的增殖均有明显的促进作用，见表 4-4。

表 4-4　雪莲注射液对小鼠 T 淋巴细胞增殖的影响（$\bar{x}\pm s$，$n=10$）

组别	稀释倍数	OD_{570nm}	促进或抑制率/%
空白对照组	-	0.169±0.020**	-
ConA 对照组	-	0.364±0.013	115
正清风痛宁组	1/32	0.501±0.007**	37
	1/64	0.494±0.038**	35
	1/128	0.494±0.014**	35
	1/256	0.479±0.019**	31
雪莲注射液组	1/32	0.472±0.012*	29
	1/64	0.453±0.027**	24
	1/128	0.433±0.015**	19
	1/256	0.431±0.035**	18

注：与 LPS 对照组比较，** $P<0.010$。

3. 对小鼠血清溶血素生成的影响

绵羊红细胞悬液的制备：在无菌条件下，从健康成年绵羊颈静脉取血 50mL，置于盛有玻璃球的灭菌锥形瓶中，摇动 10 分钟除去纤维蛋白，加入相当于羊血体积 2 倍的 Alsever's 液摇匀。置 4℃冰箱中保存备用，临用时以生理盐水洗 3 次（1500r/min 离心 5 分钟），弃上清液，用生理盐水 3∶5（*V/V*）稀释。另从健康豚鼠颈动脉取血制备血清，临用时以 NS 做 1∶10 稀释。

免疫及给药：NIH 小鼠 50 只，体重（20±2）g，依体重、性别均衡随机分为生理盐水对照组、正清风痛宁组和雪莲注射液 3 个剂量组（0.25mL/kg、0.50mL/kg、1.00mL/kg）。肌注，每天 1 次，连续 8 天，第 3 天给药后 2 小时，各组均腹腔注射 20% SRBC 悬液 0.2mL/只，免疫后第 5 天摘眼球取血，依文献法（徐以平等，2003）测血清溶血素。正清风痛宁组和对照组比较 HC_{50} 值明显升高。雪莲注射液低、中、高 3 个剂量组 HC_{50} 均有明显降低，见表 4-5。

表 4-5　雪莲注射液对小鼠血清溶血素生成的影响（$\bar{x}\pm s$，$n=10$）

组别	剂量/$mL\cdot kg^{-1}\cdot d^{-1}$	HC_{50}
NS 对照组	10.0	174.8±12.4
正清风痛宁组	0.5	552.6±60.8**
	0.25	139.1±21.8**
雪莲注射液组	0.5	131.3±45.8**
	1.00	155.3±22.1**

注：与 NS 对照组比较，** $P<0.01$。

三、雪莲提取物 XL-12 的主要药效学研究

昆明小鼠 50 只，随机分为 5 组，每组 10 只，即模型组，阳性对照组，雪莲提取物 XL-12 低、中、高剂量组。另取 Wistar 大鼠 60 只，随机分为 6 组，每组 10 只，分组依照小鼠法，阳性对照药为野木瓜片。采用二甲苯致小鼠耳肿胀、冰醋酸致小鼠扭体、角叉菜胶致大鼠足跖肿胀、Freund's 完全佐剂致大鼠原发性、继发性关节炎损害和棉球肉芽肿等模型。对照观察雪莲提取物 XL-12 的抗炎、镇痛等作用，采用 MTT 法测定对小鼠 T、B 淋巴细胞增殖的影响，观察其对免疫系统的影响。

结果表明，雪莲提取物 XL-12 可明显抑制完全佐剂所致大鼠原发性和继发性炎症，能抑制二甲苯致小鼠耳肿胀，明显减少冰醋酸致小鼠扭体反应次数，能减轻角叉菜胶致大鼠足肿胀度，明显抑制大鼠棉球肉芽肿。雪莲提取物 XL-12 在浓度 0.13～4mg/mL 范围内对 T、B 淋巴细胞的增殖均有明显抑制作用，在浓度<0.06mg/mL 时，抑制作用均明显减弱。

结论：雪莲提取物 XL-12 有良好的抗炎镇痛和调节机体免疫功能的作用。

四、雪莲提取物粗毛豚草素和芦丁的代谢产物 3，4-二羟基甲苯（DHT）抗炎症作用机制研究

粗毛豚草素（高车前素，Hispidulin）是雪莲中存在的天然黄酮化合物（图 4-1），文献报道将 20g 雪莲地上部分（包括花朵）的干燥粉末用 100mL 甲醇回流提取 3 次，每次 2 小时，将甲醇提取物（SI-1）合并，并将溶剂真空蒸发，得到深棕色液体。将该深棕色液体重悬于水中，然后依次用戊烷、乙酸乙酯（SI-2）和正丁醇（SI-3）分配，留下水层，分别蒸发溶剂，即得到 Hispidulin。实验利用脂多糖（LPS）刺激的小鼠巨噬细胞系 RAW 264.7 作为炎症模型，在 LPS 处理后，测试 RAW 264.7 中的炎症标志物，如诱导型一氧化氮合酶（iNOS）和环氧合酶-2（COX-2）的表达水平来评估 DHT 的抑制作用。此外，还研究了抗炎的潜在机制，丝裂原活化蛋白激酶（MAPKs）和 NF-κB 的激活。

实验结果表明：DHT 抑制 LPS 诱导的 NO、iNOS、COX-2 的生成，呈剂量依赖性，但没有细胞毒性。实验还发现，DHT 可以减少肿瘤坏死因子即促炎细胞因子的产生。此外，在 DHT 处理后，LPS 刺激的 1-κBα 磷酸化和降解，随后核因子 κB（NF-κB）-p65 从细胞质易位至细胞核。该实验表明 DHT 可能在 LPS

刺激的 RAW 264.7 产生巨噬细胞，即体外发挥抗炎作用，可用于炎症疾病的辅助治疗。

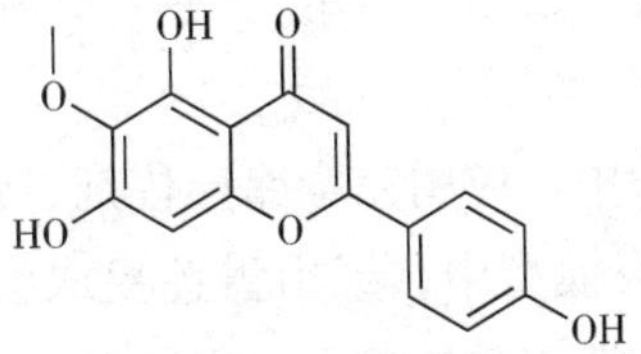

图 4-1　粗毛豚草素（高车前素，Hispidulin）

五、雪莲提取物中抗炎活性成分研究

用乙酸乙酯提取分离天山雪莲地上部分，分离得到 3 种新的倍半萜内酯和 6 个已知化合物，通过光谱分析（UV、IR、NMR）、CD 技术建立结构和确定绝对构型，并测试了 9 个化合物的抗炎活性。该实验利用 RAW264.7 细胞，检测其增殖和一氧化氮（NO）水平，以评估体外抗炎活性，将 RAW246.7 细胞培养至对数期，采用 MTT 法检测不同浓度（25mmol/L、50mmol/L、100mmol/L 和 200mmol/L）的样品对 LPS 作用后细胞增殖的影响。Griess 试剂盒测量这些浓度的样品对 LPS 致 RAW264.7 细胞分泌 NO 的影响。

结果发现雪莲内酯抑制细胞分泌 NO，提示其有抗炎作用。

六、雪莲制剂对Ⅱ型胶原诱导（CIA）的大鼠关节炎作用研究

长期以来，天山雪莲制剂一直被传统医学用于治疗炎症和疼痛相关的疾病，本研究试图以雪莲对Ⅱ型胶原诱导的大鼠关节炎的作用说明其作用和作用机制。

Ⅱ型胶原诱导的患有关节炎的大鼠模型，连续 40 天口服雪莲制剂（420mg/kg），第 40 天剖杀大鼠，ELISA 测定大鼠血清中的类风湿因子（rheumatoid factors，RF）、C 反应蛋白、抗 CⅡIgG（collagenⅡ，CI）和软骨寡聚基质蛋白（cartilage oligomeric matrix protein，COMP）的水平。

结果发现雪莲制剂可以降低 RF、COMP、CRP 和抗 CⅡ IgG 的血清水平，表明雪莲可以改善 CIA 大鼠的炎症症状和减少关节破坏。取大鼠的右踝关节石蜡包埋，组织切片，进行免疫组化检验，半定性评估关节炎脚踝，并用电子显微镜观察关节软骨的微观结构。发现雪莲制剂组关节退行性改变的病理表现显著减轻变

慢。尽管抑制关节炎严重程度的确切机制需要进一步研究，但雪莲可以作为类风湿性关节炎的实验治疗药物的疗效确切。

七、小结

在以往动物药效学实验中，应用完全弗氏佐剂、角叉菜胶、Ⅱ型胶原（CollagenⅡ）等制成各种关节炎模型中，天山雪莲提取物或各种制剂，均显示明显的抗炎镇痛作用，减轻关节滑膜和软骨炎细胞浸润，延缓软骨和骨质破坏，可能与抑制介质产生与释放有关，作用物质与雪莲含黄酮类化合物及生物碱有关。

类风湿关节炎属中医学“痹证”范畴。先天禀赋不足，正气亏虚，感受风寒湿之邪，痹阻于肌肉、骨节、经络之间，使气血运行不畅，导致痹证历节。雪莲，味甘，微苦，性温，其各种制剂在临床治疗中、晚期类风湿性关节炎均取得较好的疗效。

研究显示雪莲的各种制剂可促进T淋巴细胞的增殖，但却抑制B淋巴细胞的增殖，后者与抑制血清溶血素的生成一致，尤其是雪莲注射液可促进细胞免疫和抑制体液免疫；对佐剂型关节炎原发性和继发性损害均有抑制作用，提示雪莲注射液有良好的抗炎和免疫调节功能，其对佐剂型关节炎的保护作用为其临床用于治疗各型关节炎提供了药理学依据。类风湿性关节炎的发生，一般认为与自身免疫、遗传、感染等因素有关。其中免疫因素最为关键，病损关节滑膜上有大量的淋巴细胞和浆细胞浸润，滑膜液中有变性的IgG和类风湿因子组成的免疫复合物。类风湿因子（RF）有两种：IgG-IgGRF和IgC-IgMRF，前一种再与补体结合形成IgG - IgGRF-C复合物。免疫复合物沉积在关节滑膜上，激活补体系统，大量中性粒细胞向滑膜和关节腔内渗入引发炎症，并促进中性粒细胞和巨噬细胞的吞噬作用。吞噬与补体结合的免疫复合物即形成类风湿细胞，此细胞的溶酶体释放大量的蛋白酶，对关节组织产生进一步的损伤与破坏。雪莲注射液除具有抗炎消肿的作用外，还抑制B淋巴细胞增殖和抗体产生，从而在免疫病理源头阻止上述病程的产生，这可能是该制剂治疗关节炎的重要因素。另外，与抑制前列腺素合成、抑制巨噬细胞产生IL-1亦有关。

（李红颖、靳洪涛）

第二节　神经保护作用

雪莲提取物可减少脑缺血再灌注损伤小鼠脑梗体积、改善神经功能、缓解缺氧小鼠模型的能量代谢障碍。研究发现，雪莲提取物预处理能显著缩小局灶性脑缺血再灌注小鼠脑梗死体积，下调脑组织 Toll 样受体 4（Toll like receptor 4，TLR4）和核因子-κB（nuclear factor-κB，NF-κB）表达，通过抑制缺血后炎症反应发挥神经保护作用。机制研究发现，雪莲提取物可通过抑制海马区星形胶质细胞胶质纤维酸性蛋白（GFAP）和小胶质细胞离子钙接头蛋白（Ibal）的过度表达，发挥神经保护作用。小鼠脑缺血再灌注损伤后脑组织中 TLR4、NF-κB 及 TNF-α 的表达显著升高，与小鼠脑缺血再灌注损伤有关，而雪莲注射液对小鼠脑缺血/再灌注损伤的神经保护作用和依达拉奉相似，与下调 TLR4/ NF-κB/ TNF-α 通路，抑制缺血后炎症损伤，从而减小脑梗死体积、改善神经功能有关；雪莲提取物可通过抑制脑缺血再灌注损伤后 nNOS 及 iNOS 表达，发挥神经保护作用；雪莲注射液对脑缺血再灌注损伤大鼠亦具有脑保护作用，其机制与抑制脑组织 MMP-9 表达有关。雪莲注射液能够改善百草枯所致帕金森病（Parkinson's disease，PD）模型小鼠的运动协调障碍，促进黑质部位多巴胺（DA）能神经元的存活，其神经保护作用可能是通过抑制小鼠黑质部位小胶质细胞的活化及其介导的炎症损伤及氧化应激损伤而发挥。雪莲注射液或提取物的神经保护药理研究如下。

一、雪莲提取物对脑缺血再灌注损伤小鼠海马区星形胶质细胞胶质纤维酸性蛋白和小胶质细胞离子钙接头蛋白的影响研究

将 40 只昆明小鼠随机分为假手术组、缺血再灌注组和雪莲提取物低、中、高剂量组。采用线栓法制作大脑中动脉闭塞模型。雪莲提取物低、中、高剂量组小鼠术前 7 天分别连续腹腔注射 0.2g/（kg·d）、0.4g/（kg·d）、0.8g/（kg·d）雪莲注射液。假手术组不闭塞大脑中动脉，给予等体积中剂量雪莲注射液。缺血再灌注组再灌时腹腔注射等体积生理盐水。再灌注 24 小时后采用免疫组化染色法检测 GFAP 和 Ibal 的表达。

结果显示：与假手术组比较，缺血再灌注组及雪莲提取物低、中剂量组 GFAP

阳性细胞数明显增加，缺血再灌注组及雪莲提取物低、中、高剂量组 Ibal 阳性细胞数明显增加（均 $P<0.01$）；与缺血再灌注组比较，雪莲提取物低、中、高剂量组 GFAP 及 Ibal 阳性细胞数明显减少（均 $P<0.01$）；与雪莲提取物低剂量组比较，雪莲提取物高剂量组 GFAP 阳性细胞数明显减少，雪莲提取物中、高剂量组 Ibal 阳性细胞数明显减少（$P<0.05$ 或 $P<0.01$）。表明雪莲提取物可抑制缺血再灌注损伤小鼠海马区星形胶质细胞 GFAP 和小胶质细胞 Ibal 的过度表达，有神经保护作用。

二、雪莲提取物对脑缺血再灌注损伤小鼠皮层区一氧化氮合酶亚型表达的影响研究

将 32 只健康雄性 ICR 小鼠完全随机分为假手术组、生理盐水组、雪莲注射液组和依达拉奉组，每组 8 只，分别给予生理盐水、雪莲注射液或依达拉奉 7 天后，制作大脑中动脉阻塞模型，缺血 60 分钟再灌注 24 小时后，应用免疫组化染色观察计算缺血皮层区每个高倍镜视野下 3 种 NOS 亚型的表达。

结果显示，脑缺血再灌注损伤后 24 小时，生理盐水组小鼠皮层 nNOS、iNOS 及 eNOS 表达分别为（14.0±4.8）个/HP、（15.0±5.5）个/HP、（18.2±5.5）个/HP，较假手术组［（2.1±0.8）个/HP、（1.3±0.6）个/HP、（3.3±1.9）个/HP］均明显上调（P 均为 0.000）。雪莲注射液组模型制作后皮层 nNOS 及 iNOS 阳性细胞表达分别为（7.5±3.8）个/HP、（7.1±3.7）个/HP，较生理盐水组明显减少（P 均为 0.000）；eNOS 阳性细胞表达为（22.3±2.3）个/HP，与生理盐水组比较差异无统计学意义（$P=0.072$）。表明雪莲提取物通过降低脑缺血再灌注损伤后 nNOS 及 iNOS 表达，从而发挥神经保护作用。

三、雪莲提取物预处理对局灶性脑缺血再灌注小鼠 Toll 样受体 4 和核因子-κB 表达的影响研究

将 72 只昆明小鼠随机分为假手术组、生理盐水组、雪莲提取物组以及依达拉奉组，每组 18 只。雪莲提取物组经腹腔给予雪莲注射液 0.8g/kg，依达拉奉组给予依达拉奉 3mg/kg，生理盐水组给予同体积生理盐水。连续给药 7 天后制作大脑中动脉闭塞（middle cerebral artery occlusion，MCAO）模型，应用 2,3,5-氯化三苯基四氮唑染色测定脑梗死体积，应用免疫组织化学染色法检测缺血脑组织 TLR4 阳性细胞，逆转录聚合酶链反应检测 TLR4 和 NF-κB mRNA 表达。

结果显示，生理盐水组、雪莲提取物组和依达拉奉组小鼠脑梗死体积分别为

(131.55±28.25) mm^3、(84.10±13.92) mm^3 和 (65.10±6.78) mm^3，存在显著性差异（$F=10.158$，$P=0.012$）。雪莲提取物组（$P=0.020$）和依达拉奉组（$P=0.005$）脑梗死体积均显著小于生理盐水组，而雪莲提取物组与依达拉奉组无显著性差异。生理盐水组缺血侧皮质和海马区 TLR4 阳性细胞数显著多于假手术组（P 均<0.001），雪莲提取物组和依达拉奉组皮质和海马 TLR4 阳性细胞数均显著少于生理盐水组（P 均<0.05），而雪莲提取物组与依达拉奉组无显著性差异。生理盐水组 TLR4、p50 和 p65 mRNA 表达均较假手术组显著上调（P 均为 0.000）。雪莲提取物能显著下调缺血再灌注 24 小时时的 TLR4、p50 和 p65 mRNA 表达（P 均为 0.000）；依达拉奉能显著下调 TLR4 和 p65 mRNA 表达（P 均为 0.000），对 p50 mRNA 表达有下调趋势（$P=0.053$）；而雪莲提取物组与依达拉奉组之间 TLR4 和 p65 mRNA 表达均无显著性差异。表明雪莲提取物预处理能显著缩小脑梗死体积，下调 TLR4 和 NF-κB 亚基表达，通过抑制缺血后炎症反应发挥神经保护作用。

四、雪莲注射液对脑缺血再灌注（IR）大鼠的脑保护作用研究

依法将 40 只 SD 大鼠随机分为假手术组、IR 组及雪莲高剂量组（雪莲注射液 53.2mL/kg）、中剂量组（26.6mL/kg）和低剂量（13.3mL/kg）组。采用线栓法制备大鼠脑 IR 模型；雪莲高、中、低剂量组大鼠于制模前即刻及缺血 2 小时分别给予相应剂量的雪莲注射液腹腔注射；再灌注 24 小时后进行神经功能评分、脑组织伊文思蓝（EB）含量检测及其病理学检查，采用氯化三苯四氮唑（TTC）染色测量脑梗死灶体积，免疫组化染色检查海马 CAI 区基质金属蛋白酶（MMP）-9 阳性细胞数。

结果显示，与 IR 组比较，雪莲注射各剂量组神经功能评分降低，脑梗死灶体积缩小，脑组织 EB 含量及海马 CAI 区 MMP-9 阳性细胞数降低（均 $P<0.05$）；脑组织病理改变减轻。表明雪莲注射液对 IR 大鼠具有脑保护作用，其机制与抑制脑组织 MMP-9 表达有关。

五、雪莲注射液对百草枯致帕金森病（PD）模型小鼠的神经保护作用研究

给予 C57BL/6 小鼠腹腔注射百草枯（10mg/kg）连续 6 周，每周 2 次，建立

PD 小鼠模型。随机分为正常对照组、PD 模型组、阳性对照组（丹参注射液组）、雪莲注射液高剂量组、中剂量组、低剂量组。除正常对照组，每组均按 10mg/kg 给予百草枯，阳性对照组、雪莲注射液高剂量组、中剂量组、低剂量组预给药保护。各组小鼠在实验前及实验结束，进行神经功能行为活动评估；免疫组化检测小鼠黑质部位 TH 阳性细胞表达、小胶质细胞的活化（mac-1 染色）及 TNF-α 的蛋白表达；高效液相法检测各组小鼠纹状体 DA 含量；化学比色法测量各组小鼠脑组织 GSH、GSH-Px、SOD 活性及 MDA 含量。

结果显示，PD 模型组小鼠正常运动显著减少，并伴有运动迟缓、震颤、探嗅、竖毛、尾巴僵硬、对外界刺激反应迟钝等似帕金森样症状；爬杆实验时间较正常对照组延长，站立次数及跨格数较对照组明显下降（$P<0.05$）；阳性对照组、雪莲注射液高剂量组爬杆实验时间较 PD 模型组明显下降（$P<0.05$）；站立次数及跨格数较 PD 模型组明显增加（$P<0.05$）；中剂量组、低剂量组爬杆实验时间较 PD 模型组无明显变化（$P>0.05$），站立次数及跨格数较 PD 模型组无明显变化（$P>0.05$）。PD 模型组小鼠黑质 DA 能神经元死亡显著（TH 阳性细胞减少，DA 含量显著下降），并伴有小胶质细胞大量激活，TNF-α 蛋白表达增加，脑组织 GSH、CSH-Px、SOD 活性下降，MDA 含量增加。阳性对照组、雪莲注射液高剂量组较 PD 模型组 DA 能神经元有所增加，小胶质细胞活化减少、TNF-α 蛋白表达下降，GSH、GSH-Px、SOD 活性增加，MDA 含量下降，能够对抗百草枯毒性。雪莲注射液中剂量组、低剂量组对抗百草枯毒性作用不明显。表明雪莲注射液高剂量组能够明显改善百草枯所致 PD 模型小鼠的运动协调障碍，促进黑质部位 DA 能神经元的存活，其神经保护作用可能是通过抑制小鼠黑质部位小胶质细胞的活化及其介导的炎症损伤及氧化应激损伤而发挥。

六、雪莲乙醇提取物对模拟高原缺氧小鼠生化指标的影响研究

观察天山雪莲乙醇提取物（Ethanol Extract from Saussurea involucrata，EES）对模拟高原缺氧小鼠生化指标的影响，从自由基代谢和能量代谢的角度探讨其抗缺氧作用机制。

取清洁级雄性 BABL/C 小鼠 60 只，随机分成 6 组，每组 10 只，单次腹腔注射给药，天山雪莲乙醇提取物（EES）组分别注射 250mg/kg、500mg/kg、750mg/kg；阳性对照组腹腔注射乙酰唑胺（ACA）250mg/kg，给药体积为 20mL/kg，正常对照组与模型组腹腔注射等体积生理盐水。给药 30 分钟后，将各组小鼠先后置于盛有

50g 钠石灰的 5000mL 打开盖的玻璃干燥器中，干燥器盖的气阀（关闭）用橡胶管通过玻璃平衡瓶与抽气泵相连，以 100m/min 减压至预定的低压条件 54kPa（海拔 5000m）。到达指定压力后停止抽气，并用单通道气体报警检测器控制干燥器中 O_2 的含量。到达指定压力后停止抽气，保持此压力 6 小时，适时调整干燥器中 O_2 含量。正常对照组置常氧室温低氧装置附近（海拔 1520m，兰州），同时禁食、禁水。完成预定缺氧时间后，将装置内压力升至正常大气压，取出小鼠，断头处死，取心脏和大脑组织，洗净血液后加入 0~4℃生理盐水制成 10%组织匀浆进行相关生化指标的测定。通过测定模拟高原缺氧小鼠心肌和脑组织自由基代谢相关生化指标 MDA 含量、SOD 活性；能量代谢相关生化指标 LD 含量、LDH 活性、ATP 含量、Na^+-K^+-ATP 酶和 Ca^{2+}-Mg^{2+}-ATP 酶活性。

结果显示，与模型组比较，EES 能显著提高缺氧小鼠心肌和脑组织 SOD、LDH 活性，降低 MDA、LD 含量，增加 ATP 含量和 Na^+-K^+-ATP 酶、Ca^{2+}-Mg^{2+}-ATP 酶活性。表明 EES 能提高机体抗氧化能力，减少自由基对机体的损伤，并在一定程度上缓解缺氧所致的能量代谢障碍。

七、雪莲抗缺氧作用研究

王利彦等选用常压缺氧、异丙肾上腺素、亚硝酸钠、结扎小鼠两侧颈总动脉等方法，制备急性缺氧动物模型进行雪莲抗缺氧研究。结果显示，雪莲具有明显的抗缺氧作用。与缺氧模型组相比，雪莲石油醚部位和雪莲二十八烷单体的高剂量均可延长小鼠在亚硝酸钠、氰化钾和盐酸异丙肾上腺素中毒缺氧状态下的存活时间（$P<0.01$），虽然乙酰唑胺阳性组可延长小鼠在氰化钾和盐酸异丙肾上腺素中毒缺氧状态下的存活时间（$P<0.01$），但不能延长亚硝酸钠中毒缺氧状态下的存活时间（$P<0.05$），且均明显小于雪莲石油醚部位和雪莲二十八烷单体的高剂量（$P<0.01$）。

表 4-6 对化学物质中毒缺氧小鼠存活时间的影响（$\bar{x}\pm s$，$n=10$）

组别	剂量 (mg/kg)	亚硝酸钠 (min)	氰化钾 (min)	盐酸异丙肾上腺素 (min)
缺氧模型组	—	7.19±0.34	4.03±0.67	20.48±2.59
乙酰唑胺阳性组	200	7.43±0.60	4.84±0.32**	34.30±2.14**
雪莲石油醚部位	200	10.60±0.42**	8.56±1.98**	50.74±3.21**
雪莲二十八烷单体	100	9.53±1.12**	7.75±2.59**	39.43±3.72**

注：与模型组比，* $P<0.05$，** $P<0.01$。

结果提示，雪莲石油醚部位和雪莲二十八烷单体不仅能延长在常压密闭缺氧环境下小鼠的存活时间、降低在急性缺氧条件下小鼠的死亡率，而且对化学物质中毒所致的组织细胞内、外缺氧和特异性增加心肌耗氧量的小鼠具有明显的保护作用，说明两者均具有良好的抗缺氧活性。

耿进霞等把 Wistar 雄性大鼠随机分成 4 组，分别用蒸馏水（对照组）和雪莲 160mg/(kg·d)、325mg/(kg·d)、650mg/(kg·d) 连续灌胃 10 天，测定大鼠密闭性缺氧存活时间，发现 325mg/(kg·d)、650mg/(kg·d) 剂量组与对照组比较，缺氧存活时间均延长（$P<0.05$）。

表 4-7　雪莲对大鼠缺氧存活时间的影响（$\bar{x}\pm s$，$n=10$）

组别	剂量（mg/kg）	存活时间（min）	延长率（%）
NS	—	41.1±10.2	—
天山雪莲	160	45.8±8.3	11.4
	325	51.3±10.1*	24.8
	650	60.6±9.5**	47.4

注：与 NS 组相比，*$P<0.05$，**$P<0.01$。

雪莲能延长大鼠缺氧条件下的存活时间，并存在量效关系，说明雪莲能增强机体对缺氧的耐受力。此外，通过大鼠外周血象的观察发现，雪莲能提高血中红细胞数、血红蛋白含量。因此，雪莲可能是通过提高机体造血能力，从而改善机体缺氧状态的，这对高原运动或在缺氧环境下工作的人群具有一定的保护作用。

八、大苞雪莲石油醚部位对缺氧大鼠脑组织的保护作用及其机制研究

研究大苞雪莲石油醚部位（PESI）对常压密闭缺氧大鼠脑组织的保护作用及其机制。

方法：采用常压密闭缺氧模型进行缺氧大鼠的 PESI 剂量依赖性实验，给药剂量分别为 125mg/kg、250mg/kg、500mg/kg，单次腹腔注射给药，最终确定的最佳给药剂量为 PESI 高剂量。然后取 90 只雄性 Wistar 大鼠随机分为缺氧模型组、乙酰唑胺 250mg/kg 组和大苞雪莲石油醚部位高剂量组，每组又按不同缺氧时间分为 3 个亚组，各亚组 10 只大鼠。采用与上述相同的方法缺氧和给药，并于缺氧处理 0、3 小时、6 小时后处死大鼠，取脑组织进行常规组织学观察和缺氧诱导因子 1α（HIF-1α）免疫组化染色，并用 Real-time RT-PCR 检测 HIF-

1α、促红细胞生成素（EPO）、血红素加氧酶（HO-1）和天冬氨酸特异性半胱氨酸蛋白酶3（Caspase-3）基因表达情况，用蛋白印迹法检测 HIF-1α 蛋白的表达情况。

结果显示，缺氧模型组脑组织随缺氧时间的延长而出现严重的病理损伤，乙酰唑胺组和 PESI 高剂量组的损伤情况则明显减轻。基因表达和蛋白印迹检测均发现，PESI 高剂量抑制 HIF-1α 的表达，单纯基因表达检测发现，PESI 高剂量增强 EPO 和 HO-1 mRNA 的表达，但抑制 Caspase-3 mRNA 的表达。表明 PESI 对常压密闭缺氧大鼠脑组织的保护机制可能与其抑制 HIF-1α 表达、增强血液输氧能力和抗脑细胞凋亡有关。

九、小结

综上所述，雪莲注射液或提取物有明显神经保护效应，其作用机制具有多靶点、多环节、多基因的特点。但是，也应该清楚地认识到，对于雪莲注射液或提取物的神经保护机制研究得还不够深入，特别是在基因水平的研究还很缺乏。雪莲注射液或提取物的神经保护作用机制非常复杂，因此需要加强多学科合作来深入细致地研究其作用机制的各个方面，从而找到更多的雪莲注射液或提取物神经保护作用途径。比如雪莲注射液或提取物能否通过影响钙结合蛋白的表达而拮抗钙超载，目前还不得而知；在抗炎作用方面，对于炎症细胞因子的基因转录研究还有待深入。虽然有较多研究表明雪莲注射液或提取物可以提高 SOD、CAT 或 GSH-Px 的活性，但是关于雪莲注射液或提取物对上述抗氧化酶 mRNA 表达水平的影响还鲜有研究；脑损伤后细胞凋亡的发生发展复杂多样，雪莲注射液或提取物对凋亡相关蛋白的网络调控机制还有待进一步阐明。随着现代研究方法及分子生物学技术的发展，从基因水平探讨雪莲注射液或提取物的神经保护作用机制将会是新的导向，或将为神经系统疾病的防治探索出一条新途径，为雪莲注射液或提取物的临床应用带来新的突破。

（李治建、曹春雨、马丽）

第三节　抗疲劳和免疫调节作用

中药是中医的重要组成部分，在协调机体整体平衡、增强机体抗病能力方面具有独特疗效。现代研究证明，人参、黄芪、灵芝、枸杞子、板蓝根、金银花、女贞子、益母草、蒲黄、桃仁、黄柏、川芎、甘草、黄精等200多种具有扶正或祛邪功效的中药，均有良好的免疫调节作用，而且对多种慢性、难治性疾病有良好的防治作用。雪莲具有抗疲劳和免疫调节的双重药理作用，其作用途径值得深入研究，雪莲提取物抗疲劳和免疫调节的药理作用研究进展如下。

一、水母雪莲对小鼠抗疲劳和抗氧化作用研究

通过观察青海产水母雪莲对力竭运动小鼠血液和组织中相关抗疲劳指标的影响，探讨其抗疲劳和抗氧化作用。将雄性BALB/C小鼠随机分为安静对照组，运动对照组，水母雪莲低、中、高剂量组，每组12只。水母雪莲组分别给予不同剂量（0.27g/kg、0.54g/kg及1.08g/kg）的雪莲，灌胃28天后进行游泳实验，即将负重（负重量为自身体重的5%）小鼠放入游泳箱中，记录负重游泳时间并测定小鼠血液中的乳酸脱氢酶（LDH）、尿素（BUN）、血红蛋白（Hb）及肾组织超氧化物歧化酶（SOD）和丙二醛（MDA）的含量。

结果显示，水母雪莲低、中、高剂量组与运动对照组相比，负重游泳时间显著延长（$P<0.05$），游泳后血液中Hb、肾组织中SOD含量明显增高（$P<0.05$，$P<0.01$），而血液中LDH、BUN和肾组织中MDA含量显著降低（$P<0.05$，$P<0.01$）。水母雪莲中、高剂量组与低剂量组比较，各项指标差异均有统计学意义（$P<0.05$）（表4-8、表4-9）。表明水母雪莲具有增强小鼠运动耐力、抗疲劳和抗氧化的作用。负重游泳时间的延长是机体耐力增加、对剧烈负荷适应能力提高的一种表现，提示水母雪莲具有抗疲劳的作用；此外，水母雪莲对血液中Hb、LDH和BUN及肾组织中SOD、MDA的影响，均表明水母雪莲具有抗氧化和保护细胞膜结构完整的功能，能明显对抗自由基的产生，阻止细胞膜脂质过氧化，从而提高小鼠的运动能力，防止运动性损伤，其具体机制有待进一步研究。

表4-8 水母雪莲对力竭运动小鼠负重游泳时间和血红蛋白、血乳酸脱氢酶、血尿素的影响（$\bar{x}\pm s$）

组别	鼠数	负重游泳时间（min）	血红蛋白（g/L）	乳酸脱氢酶（U/L）	尿素（mol/L）
安静对照组	12	-	10.65 ± 0.36	146.73 ± 6.85	7.96 ± 0.72
运动对照组	12	4.48 ± 1.20	$7.60\pm0.88^{▲}$	$240.53\pm10.91^{▲}$	$9.85\pm0.36^{▲}$
雪莲低剂量组	12	4.85 ± 0.78	$8.37\pm0.47^{*}$	$221.71\pm10.37^{*}$	9.66 ± 0.54
雪莲中剂量组	12	$6.18\pm1.77^{*\#}$	$9.51\pm0.89^{\triangle\#}$	$188.77\pm13.65^{\triangle\#}$	$8.71\pm0.32^{*\#}$
雪莲高剂量组	12	$5.87\pm1.51^{*\#}$	$9.63\pm0.75^{\triangle\#}$	$189.36\pm11.62^{\triangle\#}$	$8.25\pm0.66^{\triangle\#}$

注：与安静对照组比较，$^{▲}P<0.01$；与运动对照组比较，$^{*}P<0.05$，$^{\triangle}P<0.01$；与水母雪莲低剂量组比较，$^{\#}P<0.05$。

表 4-9　水母雪莲对力竭运动小鼠肾组织超氧化物歧化酶和丙二醛的影响（$\bar{x}\pm s$）

组别	鼠数	超氧化物歧化酶（U/g）	丙二醛（nmol/g）
安静对照组	12	108.71 ±9.82	10.33 ±0.56
运动对照组	12	131.42 ±8.67$^{▲}$	14.21 ±0.95$^{▲}$
水母雪莲低剂量组	12	139.27 ±3.24*	13.76 ±0.32*
水母雪莲中剂量组	12	145.16 ±5.41$^{\triangle\#}$	12.30 ±0.89$^{\triangle\#}$
水母雪莲高剂量组	12	141.33 ±6.35$^{\triangle\#}$	12.56 ±0.12$^{\triangle\#}$

注：与安静对照组比较，$^{▲}P<0.01$；与运动对照组比较，$^{*}P<0.05$，$^{\triangle}P<0.01$；与水母雪莲低剂量组比较，$^{\#}P<0.05$。

二、天山雪莲培养物的抗疲劳作用研究

由于天山雪莲生长环境特异，人工栽培困难，加之过度采挖，导致目前该物种濒临灭绝，进而资源有限，价格昂贵，所以，雪莲细胞培养物高产黄酮细胞系的筛选成功，无疑为进一步开发、利用这一有价值的药用资源奠定了基础。经口给予小鼠雪莲培养物 1.6mg/kg、16mg/kg、48mg/kg，连续灌胃 30 天，与阴性对照组比较，各给药剂量组能延长小鼠负重游泳时间，减少小鼠游泳时血清尿素的产生，减少游泳时血乳酸的产生，各实验组对肝糖原储备均未见影响；说明雪莲培养物具有缓解体力疲劳的功能。

三、藏雪莲抗疲劳、抗缺氧和抗氧化作用研究

以青海藏雪莲为研究对象，通过对藏雪莲的抗疲劳、抗缺氧以及藏雪莲抗氧化作用的研究，为青海藏雪莲的药理作用提供一定的理论依据，为进一步开发利用藏雪莲奠定基础。

方法：①将 80 只小鼠分为低剂量组、中剂量组、高剂量组和对照组，分别给予相当于生药 0.54g/(kg · d)、1.08g/(kg · d)、2.16g/(kg · d) 的藏雪莲水提取物，对照组每日灌服生理盐水 0.4mL。连续灌胃 20 天后对小鼠进行耐疲劳、耐缺氧和对免疫器官（胸腺和脾脏）脏器指数影响的试验，测定小鼠的游泳和耐缺氧时间，剖取小鼠的胸腺和脾脏并称重，求出胸腺、脾脏的脏器指数［g/kg（器官重/体重）］。②100 只健康小鼠分组和处理同上，连续灌胃 25 天后脱颈椎处死小鼠，然后迅速进行剖检，取出其心脏、肝脏、肺脏、骨骼肌制成组织匀浆，测定各组织中的 NO 和 MDA 含量、GSH-Px 和 T-SOD 的活性。

结果：①对于灌服 20 天藏雪莲水提取物的小鼠，通过测定发现高剂量组、

中剂量组能显著提高小鼠的耐疲劳时间（$P<0.05$）；各剂量组都能提高小鼠耐缺氧的时间（$P<0.05$）；高剂量组可以提高脾脏的脏器指数（$P<0.05$），各剂量组都能提高小鼠胸腺脏器指数（$P<0.05$）。②对各组织中的 NO 含量、GSH-Px 和 T-SOD 的活性、MDA 的含量测定发现，连续灌服 25 天的藏雪莲水提取物后高剂量组的肝、肺、骨骼肌和中剂量组的肝中一氧化氮含量均高于对照组和低剂量组，差异显著（$P<0.01$），中剂量组的肺和骨骼肌中一氧化氮含量高于对照组和低剂量组，差异显著（$P<0.05$）；高剂量组的骨骼肌、各剂量组的心肌和低剂量组的肝中 GSH-Px 活性高于对照组，差异极显著（$P<0.01$），高剂量组、中剂量组的肝和中剂量组的骨骼肌中 GSH-Px 活性高于对照组，差异显著（$P<0.05$）；高剂量组的心肌、骨骼肌和中剂量组的心肌中 T-SOD 活性显著高于对照组，差异极显著（$P<0.01$），各剂量组的肝中 T-SOD 活性高于对照组，差异显著（$P<0.05$）；中剂量组和低剂量组的肝、各剂量组的心肌和骨骼肌中 MDA 含量显著低于对照组，差异极显著（$P<0.01$），高剂量组的肝中 MDA 含量低于对照组，差异显著（$P<0.05$）。

结论：①藏雪莲能够延长小鼠游泳、耐缺氧的时间，而且能够提高小鼠的胸腺和脾脏的脏器指数，说明藏雪莲具有抗疲劳、抗缺氧和提高机体免疫力的作用。②藏雪莲水提取物能够提高小鼠肝、肺和骨骼肌中一氧化氮的含量；提高小鼠肝、心肌和骨骼肌中谷胱甘肽过氧化物酶和总超氧化物歧化酶活性，降低小鼠肝、心肌和骨骼肌中丙二醛含量，具有抗氧化的作用。

运动耐力的提高是抗疲劳能力增强的最有力表现，游泳时间的长短可以反映运动疲劳的程度。实验结果表明，雪莲培养物组小鼠游泳时间延长以及剧烈运动后血清尿素氮、血乳酸的含量降低，正是机体耐力增加和对剧烈运动产生的代谢产物分解能力增加的表现，提示雪莲培养物具有延缓疲劳产生的作用；此外，安静后小鼠血乳酸含量降低明显，说明机体对乳酸的分解加速，提示雪莲培养物具有促进消除疲劳的作用。

（李治建、曹春雨、马丽）

第四节　抗肿瘤作用

天山雪莲最广泛的传统用途是用于治疗炎症，由于炎症一直被认为与癌症的发展有关，所以近十年来，大量的研究聚焦于天山雪莲及其提取物的抗肿瘤研究。研究发现雪莲及其提取物主要是通过细胞毒作用，干扰细胞生长过程，影响细胞的黏附、迁移和聚集等作用机制。有研究利用光谱分析、化学方法等从天山雪莲中分离出一种新型神经酰胺（ceramides）以及其余9种已报道的产物，并对这种新型的神经酰胺进行了细胞毒性实验，发现其对人早幼粒细胞白血病（HL-60）、人黑素瘤（A375-S2）和人宫颈癌（Hela）细胞系的3种人肿瘤细胞系显示明显的细胞毒性，预示这类神经酰胺可能具有作为抗肿瘤药物的潜力。雪莲中含有的芹菜素（apigenin）已证明具有抗肿瘤作用，而雪莲中天然存在的芹菜素含量非常低，有研究利用转基因方法改造类黄酮途径来增加芹菜素的生产，以增加天山雪莲的抗肿瘤治疗作用。对雪莲的4种成分的抗癌作用进行研究，发现雪莲多糖813对癌细胞无抑制作用，反而促进癌细胞的增殖，可能原因是多糖813作为养分更容易促进癌细胞增殖，芦丁（rutin）对癌细胞的平均抑制率是23.8%，差异显著，而体内实验100mg/kg则无显著抗癌作用，黄酮Ⅰ（棕矢车菊素，Jaceosidin）和黄酮Ⅱ（粗毛豚草素、高车前素，Hispidulin）在细胞培养中对癌细胞的平均抑制率分别为46.43%和40.06%，前者高于后者，机制可能是抑制DNA模板损伤。雪莲提取物抗肿瘤的作用研究进展如下。

一、雪莲提取物对胃癌的体内外实验研究

Hispidulin是雪莲中存在的天然黄酮化合物，文献报道将20g雪莲地上部分（包括花朵）的干燥粉末用100mL甲醇回流提取3次，每次2小时，将甲醇提取物（SI-1）合并，并将溶剂真空蒸发，得到深棕色液体。将该深棕色液体重悬于水中，然后依次用戊烷、乙酸乙酯（SI-2）和正丁醇（SI-3）分配，留下水层，分别蒸发溶剂，即得到Hispidulin。对Hispidulin进行反相高效液相色谱分析，MTT试验，计算IC_{50}，利用流式细胞术分析人胃腺癌细胞（AGS）细胞周期，利用Western blot技术定量所有的蛋白质，根据van Engeland等人描述的方法分析AGS细胞凋亡情况并测定Caspase-3酶活性。

研究发现，在经Hispidulin处理的AGS细胞中，NAG-1蛋白表达上调，COX-2蛋白表达下降，且对EGR-1和NAG-1的表达具有时间依赖性（作用路线见图4-2）。同时Hispidulin的处理也增加了ERK1/2的活性，利用ERK1/2的抑制剂验证，发现它显著下调AGS细胞中NAG-1的表达，且减低了Hispidulin的生长抑制作用。实验结果提示Hispidulin在人胃癌细胞中的凋亡作用可能与活化ERK1/2、上调NAG-1直接相关，提示雪莲的提取物Hispidulin可能是治疗胃癌潜在的药物。

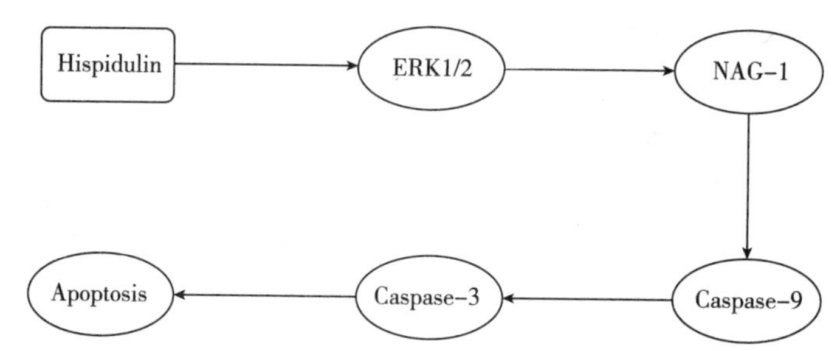

图 4-2　雪莲提取物 Hispidulin 引起人胃癌细胞凋亡可能的作用路径

二、雪莲提取物对肝癌的体内外实验研究

研究雪莲提取物（*S. involucrata* extract，SIE）对人肝癌细胞（SK-Hep1）的作用及作用机制。

将风干雪莲 10g 置于 500mL 95%乙醇中加热 48 小时，然后过滤，旋转蒸发并冷冻干燥得到粉末，将雪莲粉末用培养基稀释到实验用的浓度。利用 CCK-8 实验检测细胞活力，利用侵袭实验研究细胞运动情况，应用 RT-PCR 技术分析经 SIE 处理和未经 SIE 处理的细胞，并对 SK-Hep1 进行细胞聚集实验。

实验结果发现，SIE 对 SK-Hep1 细胞的增殖有抑制作用，且呈剂量依赖性和时间依赖性；由于肿瘤细胞和内皮细胞的黏附是由细胞外基质蛋白介导的，所以实验研究了 SK-Hep1 细胞在 SIE 存在和不存在时细胞表面的黏附情况，发现 SIE 降低了 SK-Hep1 细胞表面的黏附，孵育 6 小时后，SK-Hep1 细胞的黏附力降低了（71.3±4.5)%（200μg/mL SIE）和（83.7±2.9)%（400μg/mL SIE）；细胞侵袭实验结果表明，SIE 存在条件下，SK-Hep1 细胞的运动被抑制了（70.3±3.97)%（200μg/mL 的 SIE）；聚集试验表明，浓度为 400μg/mL 的 SIE 显著抑制 SK-Hep1 细胞的集落形成能力（与对照组相比）。PCR 结果显示，用各种浓度的 SIE 处理后，MMP-2 和 MMP-9 表达水平显著降低，呈剂量依赖性。从上述结果可以看出，SIE 可以抑制 SK-Hep1 细胞的增殖，这种作用可能与 MMP-2 和 MMP-9 的表达量下降有关，提示 SIE 可以作为有潜力的抗肿瘤药物进行研究。

有研究利用体外细胞培养 ^{3}H-TdR 掺入法，培养 12 小时、24 小时、36 小时和 48 小时，发现雪莲的提取物棕矢车菊素（Jaceosidin）和粗毛豚草素（Hispidulin）对腹水型肝癌和 S180 癌细胞的 DNA 合成有明显抑制作用，对腹水型肝癌 DNA 合成的抑制效果均比 S180 高，对腹水型肝癌细胞 DNA 合成的 ID_{50} 依次为 70.8μg/mL

和 116μg/mL，一般认为对 DNA 代谢的 ID_{50} 在 1~100μg/mL 为有效药物。

三、雪莲提取物对肺癌的体内外实验研究

对雪莲进行分离提纯，试图阐明其分离提取物的结构及药理作用。

将雪莲地上部分用 95%乙醇提取回流 3 小时，提取 3 次，将有机溶剂浓缩得到粗提物，将粗提物悬浮于水中，然后用石油醚、乙酸乙酯和正丁醇连续分配。对 3 种有机溶剂的分配产物进行研究，发现乙酸乙酯分配后的产物具有良好的抗炎活性，对乙酸乙酯分配后的产物进行硅胶柱层析得到 10 个组分，对它们进行 MTT 实验，发现新化合物 sausinlactonesA 和 B，其对人非小细胞肺癌（A549 细胞）表现出显著的细胞毒性。

四、雪莲提取物对前列腺癌的体内外实验研究

利用 PC-3 细胞和 LNCaP 细胞研究雪莲提取物对前列腺癌的体外作用。

将 20g 天山雪莲地上部分的干燥粉末用 100mL 甲醇回流提取 3 次，每次 2 小时，将甲醇萃取物（SI-1）合并，蒸发溶剂，得到深褐色液体，将该深棕色液体重悬于水中，然后依次用戊烷、乙酸乙酯（SI-2）和正丁醇（SI-3）分配，留下水层（SI-4），分别蒸发溶剂。在整个研究中均使用残余物，对残余物进行高效液相色谱分析，MTT 法检测蛇床子素和紫杉醇对细胞增殖的影响，对样品进行 Western blot 分析，细胞色素 C 释放分析，设计小干扰 RNA 靶向 p27KIP1 和 p21WAF1/CIP，转染后进行流式细胞术和 Western blot 分析。

实验结果发现，雪莲可以抑制激素抵抗性前列腺癌细胞的增殖；使用双胸苷嵌段使 PC3 细胞在 G1/S 期同步化，实验发现大于 80%的细胞进展成 S 和 G2/M 期，而在 50μg/mL SI-2 暴露的环境中，细胞周期进程几乎完全被阻断。Western blot 技术和小干扰 RNA 技术的结果表明，天山雪莲诱导的细胞周期阻滞与 p27KIP1 和 p21WAF1/CIP 上调有关，且该作用不依赖于 p53 途径，这可能是造成 PC3 细胞 G1 期停滞的原因。雪莲会改变 PC3 细胞的细胞周期调控蛋白。实验发现 PC3 细胞中细胞周期蛋白 D1 水平显著降低，细胞周期蛋白 E 的表达没有显著性变化。

接下来的实验评估了 SI-2 对 CDKs 蛋白表达的影响，发现 CDK4 蛋白的表达水平呈时间依赖性的降低，而 CDK2 蛋白表达没有显著性变化（表 4-10）。已知几种基因产物在细胞凋亡过程中起着重要的作用，实验在经 SI-2 处理的细胞的

不同时间点，检查了凋亡蛋白 Bax 的表达，发现经 SI-2 处理的 PC3 细胞 Bax 表达显著增加。细胞色素 C 从线粒体中释放是启动细胞凋亡的重要环节，该环节受到凋亡蛋白（Bax、Bid 和 Bak）与抗凋亡蛋白（包括 Bcl-2 和 Bcl-XL）相互作用的调控。

表 4-10　雪莲提取物 SI-2 对 PC-3 细胞的 Cyclin 和 CDKs 的影响

药物	细胞周期蛋白 Cyclin		细胞周期依赖性激酶 CDKs	
	CyclinD1	CyclinE	CDK2	CDK4
SI-2	↓	—	—	↓

实验接下来也测试了 SI-2 是否诱导细胞色素 C 的释放，发现 SI-2 诱导细胞色素 C 释放到胞质中，且呈时间依赖性。在释放细胞色素 C 之后，半胱氨酸蛋白酶在介导各种凋亡反应中起作用。实验为了监测半胱氨酸蛋白酶的酶活性进行免疫印迹实验，在 PC3 细胞中发现半胱天冬酶-9 和半胱天冬酶-3，且半胱氨酸蛋白酶的抑制剂 Z-VAD-FMK 对天山雪莲介导的 PC3 细胞增殖减少呈剂量依赖的抑制作用。

之前有报道前列腺癌中存在 EGFR 的异常表达，所以采用能检测 EGFR 的 38 个位点的特异性磷酸化抗体，发现 SI-2 能导致时间依赖性的 EGFR 磷酸化程度降低。EGFR 诱导的信号传导途径包括 PI3K/AKT 和 STAT3，两者都在由 EGFR 介导的促有丝分裂和细胞存活反应中起重要作用，实验发现 SI-2 以时间依赖性的方式抑制 AKT 和 STAT3 的磷酸化。（图 4-3）

May T D 等研究天山雪莲的体内抗肿瘤作用时，选用 PC-3 细胞对裸鼠进行皮下种植，裸鼠随机分成 3 组，对照组生理盐水处理，实验组口服给药，SI-2 每周 3 次（10mg/kg 和 30mg/kg）。实验期间监测动物的生命体征和体重变化，发现体重并没有减轻，4 周后动物死亡，未见病理改变。SI-2 诱导的 PC3 肿瘤的生长呈现剂量依赖性抑制（第 28 天，30mg/kg SI-2，1123.93mm^3，相对于对照组，$P<0.01$；对照组 = 2483.28mm^3）。

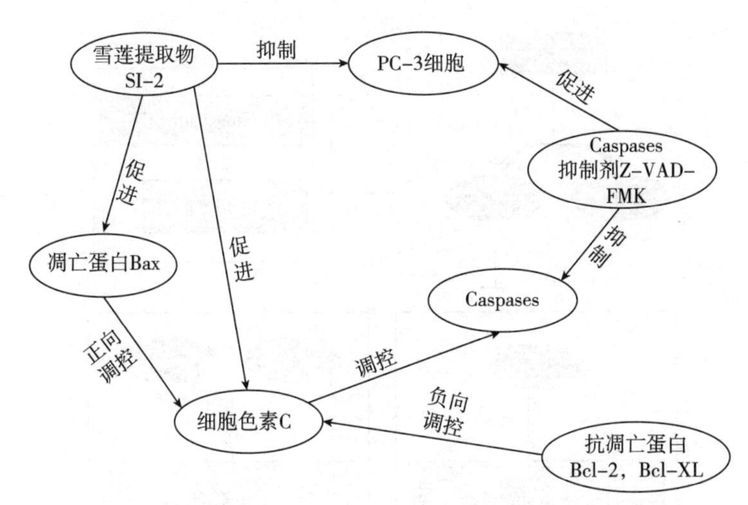

图 4-3　雪莲提取物 SI-2 对 PC-3 细胞的增殖抑制作用实验设计思路

五、雪莲提取物对脑胶质细胞瘤的体内外实验研究

多形性成胶质细胞瘤（GBM）是最常见的致死性的原发性脑肿瘤，目前 GBM 的治疗仍然是无效的，现在研究的焦点在于发现能够刺激依赖 AMP 激活的 AMPK 的组分。研究发现雪莲的提取物 Hispidulin 会对 GBM 细胞产生剂量依赖性的抑制，对经 Hispidulin 处理的 GBM 细胞进行 Western blot 和小干扰 RNA 分析，发现 Hispidulin 在 GBM 细胞中激活 AMPK，AMPK 的活化会抑制下游底物，如 mTOR 和 4E-BP1，从而导致 mRNA 翻译普遍降低，此外 Hispidulin 激活的 AMPK 降低了脂肪生成酶，如脂肪酸合成酶（FASN）和乙酰-CoA 羧化酶（ACC）的活性或表达；Hispidulin 还阻断 G1 期细胞周期的进展，并通过诱导 p53 表达和进一步上调 GBM 细胞中的 p21 表达来诱导细胞凋亡。根据上述结果，可以证明 Hispidulin 可能成为抗人类 GBM 很强的潜在治疗药物。（图 4-4）

六、雪莲提取物对卵巢癌的体内外实验研究

研究利用雪莲提取物 Hispidulin 处理卵巢癌细胞，为了探究黄酮成分能否调节肿瘤坏死因子（TNF）相关凋亡诱导配体（TRAIL）的抗癌作用。

实验发现 Hispidulin 增强了 TRAIL 诱导的人卵巢癌细胞凋亡，并将 TRAIL 耐药细胞转化为 TRAIL 敏感细胞。研究其机制时，发现 Hispidulin 在激活半胱天冬酶 3 和半胱天冬酶 8 以及切割聚合酶方面非常有效。此外，Hispidulin 还下调了

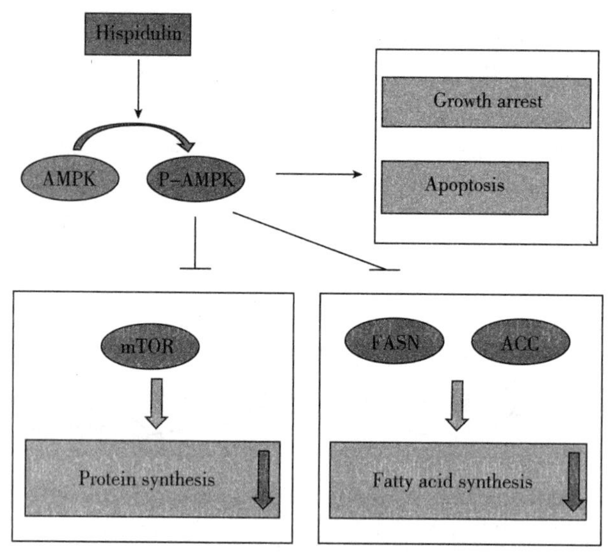

图 4-4　粗毛豚草素抗 GBM 细胞作用机制示意图

Mcl-1、Bcl-2 和 Bcl-xL 的表达。Bcl-2 和 Bcl-xL 的下调不明显，而 Mcl-1 的下调十分显著，并且与时间有关，这种致敏作用是通过 AMP 激活的蛋白激酶（AMPK）控制的，即半胱氨酸蛋白酶通过活化 AMPK 使人卵巢癌细胞对 TRAIL 诱导的细胞凋亡敏感，从而导致翻译中的 Mcl-1 通路阻断。

七、粗毛豚草素（HSPL）、小分子黄酮类化合物抑制人胰腺癌的生长和瘤内新生血管的形成

HSPL 是从天山雪莲分离出的黄酮类化合物，在人胰腺癌细胞移植裸鼠皮下的胰癌模型中，皮下注射 20mg/（kg · d），共 25 天，显著抑制癌细胞增殖（$P<0.01$），且伴随瘤内小血管形成抑制。在人脐静脉血管内皮细胞（HUVECs）用于体外实验中，HSPL 以剂量依赖方式抑制 VEGF 致细胞迁移、浸润和毛血管样结构在 HUVECs 中形成。在另外的动物实验中，大鼠动脉和 C57/BL6 小鼠角膜观察新生血管形成，HSPL 均可抑制 VEGF 对新生血管的诱生作用。在明确分子作用基础上，有研究发现，HSPL 可抑制 VEGF 靶标 VEGFR 的活性，并对 PI3K、Akt、mTOR 和核糖体蛋白 S6 均有抑制作用。结果提示，HSPL 的作用以 VEGFR2 经由内皮细胞 PI3K-Akt-mTOR 信号系统为靶向，导致胰腺癌生长和癌内小血管形成障碍。后者对胰腺癌增殖和转移的防治意义重大。

外分泌性质的胰腺癌，可以扩展为局部浸润和肝转移，从诊断确立进入生物转移，5 年生存率仅为 1%~4%。目前有显著治疗效果的药物和手段很少。癌症检验标志物之一，小血管生成确实存在于肿瘤发生和其转移事件中。抗肿瘤新生血管形成是现代癌症治疗的重要策略。肿瘤血管新生过程，首先由 VEGF 在内皮细胞启动，经内皮细胞增殖，移动转移，血管通透，并结合受体酪氨酸激酶，主要是 VEGFR，尤其是 VEGFR2 的激活，诱导各个相关细胞通路被活化。继而磷酸化产生多种下游物质，如由 mTOR（丝氨酸/苏氨酸蛋白激酶）积累的 mTOR 酶，此酶在感受营养信号、调节细胞生长与增殖中亦起关键作用，mTOR3 磷酸化产生的 P70s6k 和 4E-BPI，促进蛋白质合成。mTOR 的活性受氨基酸，尤其是亮氨酸浓度的调节，生长因子及能量水平也能通过 AMPK 调节 mTOR 活性；PI3K/Akt 和 Akt/TSC1-TSC2 两条通路均可调控 mTOR 活性，进而控制细胞的增殖。mTOR 异常会引起肿瘤发生，亦可针对 mTOR 研制治疗肿瘤的靶向药物。天山雪莲提取物 HSPL，通过 VEGFR2、PI3k、Akt、mTOR 信号通路的阻断行使抗胰腺癌作用。其作用机制路线见图 4-5。

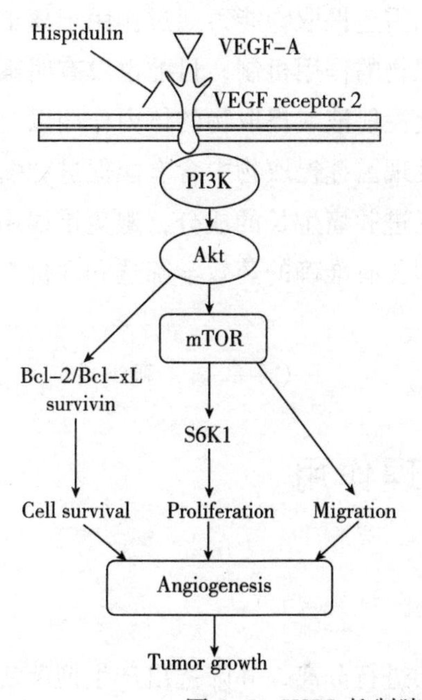

说明：

①HSPL 抑制 VEGFR2 的活性。

②Western blotting assay 分析：HSPL 抑制 PI3K，Akt，mTOR 和 S6K 激酶活性，从而抑制细胞增殖、移动和癌细胞生存。

③最终抑制瘤细胞组织中血管形成。

④抑制肿瘤生长和瘤细胞转移。

图 4-5　HSPL 抑制胰癌细胞增殖和小血管生成机制示意图

八、小结

天山雪莲在抗癌治疗中的有效性获得了广泛的赞誉，已经证实雪莲提取物在体外大量实验均有明显的抗肿瘤作用，PC-3 细胞裸鼠体内移植，SI-2 连续给 4 周，对移植性前列腺癌抑制率为 54.74%（$2483.28mm^3$ vs $1123.93mm^3$，$P<0.01$），从而证明雪莲提取物在体内亦有抗癌作用。在人胰癌裸鼠体内移植模型中，Hispidulin 皮下注射 20mg/（kg·d），共 25 天，明显抑制癌细胞生长，伴有瘤内小血管形成抑制（$P<0.01$）。有文献报道，天山雪莲甲醇提取液中分离到了具有抗癌活性的粗提部分，经 HPLC 法纯化后，得到木质素成分牛蒡苷元（ARC）和牛蒡苷（ARC-G），这两种化合物对由 DMBA 和 TPA 诱导的皮肤癌有良好的抑制作用。雪莲提取物粗毛豚草素和棕矢车菊素等黄酮类化合物已确定有抗癌作用，其他化学成分的抗肿瘤作用尚待深入研究。实验表明，天山雪莲的抗肿瘤部位存在于乙醇提取物（75%~95%）或乙酸乙酯部分内的可能性比较高。

雪莲提取物的抗肿瘤作用机制非常复杂，因此需要与多学科合作来深入研究，从而找到更多雪莲提取物的作用途径。比如雪莲提取物能否通过作用于离子通道上的受体来产生抗肿瘤作用。关于雪莲提取物的作用机制，目前也没有明确的定论，今后的研究重点可能更需要聚焦于雪莲注射液或提取物的体内作用以及相应的作用机制。还需注意的是，之前有研究发现雪莲提取物中含有能促进肿瘤细胞生长的成分，未来应尽可能寻找并分离出促进肿瘤生长的成分，避免错误用药，这也说明传统中药采用现代分离技术时必须要有准确的药效学筛选和评价工作，以确保分离成分的有效性。

（李红颖、靳洪涛）

第五节　其他药理作用

一、抗菌作用

吾尔恩·阿合别尔迪等对天山雪莲内生真菌进行分离，并筛选出产生抑菌活性的真菌，说明天山雪莲内生真菌中具有抗菌活性的菌株占比较高，可作为抗菌药物的来源。

1. 内生真菌分离

吾尔恩·阿合别尔迪在3株天山雪莲样本中共分离得到内生真菌8株。内生真菌均来自雪莲叶子和茎，从根部位没有分离得到内生真菌。从数量上看，与别的植物相比，天山雪莲内生真菌多样性并不丰富，这可能由于很多真菌不太适于天山雪莲所生长的高海拔、岩石、较寒冷等环境。

2. 内生真菌的抗菌活性

分离得到的内生真菌中，2株菌株N4和N7发酵产物具有抑菌活性。N4菌株发酵浓缩物对4种指示菌均有抑菌作用，对指示菌的抑菌圈直径大小依次为枯草芽孢杆菌>白色念珠菌>金黄色葡萄球菌>大肠杆菌。N7菌株发酵产物对金黄色葡萄球菌和大肠杆菌2种指示菌具有抑菌作用（见表4-11）。

表4-11　内生菌发酵萃取物抑菌圈大小（$\bar{x}$±s）

菌株	大肠杆菌/mm	金黄色葡萄球菌/mm	枯草芽孢杆菌/mm	白色念珠菌/mm
N4菌株	21. 3±0. 4	30. 1±0. 5	52. 2±1. 2	40. 4±0. 8
N7菌株	8. 9±0. 4	21. 0±0. 3	—	—

注："—"未检出。

为了更好反映N4、N7菌株代谢萃取物的抑菌效力，采用两种不同浓度的4种抑菌剂（每只牛津杯中加入50μL），观察其抑菌圈的大小，并与内生菌的抑菌圈大小比较。从表4-12和表4-13的数据可见，N4菌株发酵萃取物对白色念珠菌和枯草芽孢杆菌的抑菌作用均大于4种质量浓度为100μg/mL的抑菌剂。N4萃取物对金黄色葡萄球菌的抑菌作用相当于10μg/mL的头孢霉素，而大于100μg/mL的氨苄青霉素和卡那霉素。对大肠杆菌的抑菌效果，相对而言比较弱，与10μg/mL的卡那霉素相仿。对于N7菌株的发酵产物而言，与N4菌株或抑菌剂比较，对大肠杆菌和金黄色葡萄球菌2种指示菌的抑菌效果都比较弱。

表4-12　常用抑菌剂抑菌圈大小（$\bar{x}$±s）

抑菌剂/10μg/mL	大肠杆菌/mm	金黄色葡萄球菌/mm	枯草芽孢杆菌/mm	白色念珠菌/mm
头孢霉素	35. 1±0. 8	30. 2±0. 6	33. 2±0. 4	—
氨苄青霉素	23. 0±0. 8	20. 1±0. 3	19. 1±0. 4	—
卡那霉素	20. 1±0. 2	21. 3±0. 4	18. 3±0. 5	—
潮霉素B	—	—	—	8. 2±0. 6

注："—"未检出。

表 4-13　常用抑菌剂抑菌圈大小（$\bar{x}$±s）

抑菌剂/100μg/mL	大肠杆菌/mm	金黄色葡萄球菌/mm	枯草芽孢杆菌/mm	白色念珠菌/mm
头孢霉素	40. 2±0. 5	45. 5±0. 5	44. 3±0. 3	—
氨苄青霉素	25. 6±0. 4	25. 4±0. 2	24. 4±0. 3	—
卡那霉素	33. 5±0. 8	30. 5±0. 7	33. 8±0. 6	—
潮霉素 B	—	—	—	21. 0±0. 3

注："—"未检出。

目前，从天山雪莲中分离内生菌的研究报道相对较少。吾尔恩·阿合别尔迪的实验发现，分离的 N4、N7 菌株具有抗菌能力，其中 N4 菌株的发酵产物对指示细菌和指示真菌均有抗菌能力，有较广的拮抗谱。通过分子生物学和形态特征的综合分析，N4 和 N7 菌株分别属于 *Eurotium* 和 *Talaromyces*，遗传距离与 *Eurotium tonophilum* 和 *Talaromyces stollii* 2 个菌种最近。

3. 天山雪莲多糖抗菌活性测定

邓义红等研究表明，雪莲多糖可显著清除阴离子自由基和羟自由基，具有一定的抗真菌作用。

根据最低抑菌浓度测试方法，对雪莲多糖抗菌活性进行比较。结果表明，雪莲多糖浓度为 5. 0mg/mL 对大肠杆菌、金黄色葡萄球菌、枯草芽孢杆菌均有较强作用，因此实验选择雪莲多糖浓度为 5. 0mg/mL 为最低抑菌测试浓度。

研究结果表明：雪莲多糖对大肠杆菌、金黄色葡萄球菌、枯草芽孢杆菌均有一定作用，且对抑制 3 种细菌的作用大小依次为大肠杆菌>金黄色葡萄球菌>枯草杆菌。雪莲多糖对同一细菌的作用随雪莲多糖浓度的增加有所增大。

陈红惠对雪莲果叶酚酸提取物和绿原酸抑菌活性的研究发现，2 种酸的抑菌侧重点各有不同，雪莲果叶酚酸对革兰阳性细菌和革兰阴性细菌均有良好的抑制作用，对于供试的 3 种菌（大肠杆菌、金黄色葡萄球菌、枯草芽孢杆菌），雪莲果叶酚酸提取物对金黄色葡萄球菌抑制作用最强，大肠杆菌次之；而绿原酸对枯草芽孢杆菌的抑菌作用最强，金黄色葡萄球菌次之，结果见表 4-14。由此可见，雪莲果叶酚酸与绿原酸的抑菌范围有所不同，但抑菌效果比较接近，对细菌都有较强的抑制作用。

表 4-14　雪莲果叶酚酸提取物与其他物质抑菌效果比较（mm）

供试菌种	酚酸提取物（100mg/mL）	绿原酸（100mg/mL）	无菌水（对照）
金黄色葡萄球菌	8.5	9.5	6
大肠杆菌	7.7	8.0	6
枯草芽孢杆菌	7.2	10.0	6

Inoue 等研究发现雪莲果叶 70%的乙醇提取物通过柱层析后可以获得抗菌组分，通过鉴定发现其分子式为 $C_{21}H_{26}O_6$，结构式为 8-angeloyl-1（10），4，11（13）-germacuratrien-12，6-olid-14-oic acid 甲基酯，具有抗稻瘟病菌的功效。Fengqiu Lin 等通过色谱分离得到 2 种抗菌成分：8β-tigloyloxymelampolid-14-oic acid 甲基酯，8β-methacryloyloxymelampolid-14-oic acid 甲基酯，后者具有抗枯草芽孢杆菌和抗稻瘟病菌的功效。Hee Joung 等研究了雪莲果叶子提取物的抗菌活性，发现提取物具有抗金黄色葡萄球菌和耐甲氧西林金黄色葡萄球菌的活性，在光照条件下雪莲果叶子提取物抗耐甲氧西林金黄色葡萄球菌的活性会增强。倪倩等通过抑菌实验对雪莲果叶子、茎的抑菌活性研究发现，雪莲果茎和叶子中的几种萃取物对茄腐镰刀菌、玉米纹枯病菌和小麦赤霉病菌具有一定的抑制作用，且抑制强度随提取物浓度的增加而增强，相同浓度的雪莲果叶子萃取物抑菌作用强于雪莲果茎的萃取物。

二、终止妊娠作用

林秀珍等研究报道雪莲多糖干预己烯雌酚诱发动情期组和非动情期组的离体大鼠子宫肌条试验发现：天山雪莲中分离出的多糖单一组分对各性周期离体大鼠子宫肌条都有明显的兴奋作用。用药后，子宫收缩频率、振幅和张力都增加，其强度与剂量相关。对动情期子宫作用明显高于非动情期（$P<0.01$），这可能是由于雌激素增加了子宫平滑肌对雪莲多糖的敏感性。因此，雪莲中所含的多糖可能是引起子宫平滑肌收缩的有效成分。

有研究报道，雪莲对不同时期的妊娠均有明显的终止作用（表 4-15）。在妊娠第 1~4 日孕卵运行及着床期间连续用药 4 天（雪莲液 25%，0.3mL，腹腔注射，每日 1 次），于妊娠第 5 日由静脉注射滂胺蓝检查子宫着床点，见到在 10 个动物中只有 2 个有着床点，而在同样数目的对照组动物（注射生理盐水）中，则有 8 个具有着床点，差异很显著（$P<0.01$），这说明雪莲阻止了正常着床。

在早期妊娠的实验中，每日腹腔注射25%的雪莲液0.1mL和0.3mL，连续2日，其终止妊娠率分别为55.6%和90.9%，与对照的流产率15.4%（包括虽经交配但未受孕的动物在内）比较，差异极为明显（$P<0.01$）。如若注射更大量的雪莲液（50%，0.4mL），其终止妊娠作用与注射同等量的生理盐水相比，终止妊娠率高达100%。所以，雪莲制剂对小鼠孕卵运行和着床有阻止作用，对小鼠妊娠早、中、晚期均有终止作用，剂量越大作用越强。除了雪莲增加大鼠子宫收缩作用外，其他作用机制有待研究。

表4-15　雪莲对小鼠不同妊娠期的终止妊娠作用

妊娠期	处理时的妊娠日	组别	剂量及用药日期	妊娠动物数/被处理动物数	正常着床数/小鼠总数	终止妊娠率（%）	P值
孕卵运行及着床期	1~4	对照	0.3（4）**	8/10	7.6	20.0	
		雪莲	0.3（4）	2/10	1.1	80.0	<0.01
早期	6~7	对照	0.3（2）	11/13	9.0	15.4	
		雪莲	0.1（2）	4/9	4.7	55.6	<0.01
			0.3（2）	1/11	0.9	90.9	<0.001
		对照	0.4（2）	8/10	8.4	20.0	
		雪莲	50%，0.4（2）	0/11	0	100	<0.001
中期	10~13	对照	0.3（4）	11/12	9.0	8.3	
	10~11	雪莲	0.3（2）	0/10	0	100	<0.001
	12~13	雪莲	0.3（2）	0/8	0	100	<0.001
晚期	15~18	对照	0.3（4）	6/7	8.0	14.3	
	15~16	雪莲	0.3（2）	0/10	0	100	<0.001
	17~18	雪莲	0.3（2）	1/9	1.4	88.9	<0.01

注：除特别注明外，雪莲浓度皆为25%，腹腔注射，每日1次。对照组皆用生理盐水代替雪莲液。

** 括号外数字为每日剂量毫升数；括号内数字为连续用药日数。

三、抗辐射作用

高博等给小鼠灌胃天山雪莲水提物0.75g/kg、1.5g/kg、3.0g/kg，14天后接受8.0Gy和2.5Gy的照射，观察8.0Gy照射小鼠的平均生存时间和生存率及2.5Gy照射小鼠的脾T淋巴细胞转化能力和骨髓DNA含量。

结果：天山雪莲水提物能显著延长8.0Gy照射小鼠的平均生存时间（$P<0.05$），并提高生存率；显著提高2.5Gy照射小鼠的脾T淋巴细胞转化能力和骨

髓 DNA 含量（$P<0.05$），改善免疫功能。说明天山雪莲水提物具有抗辐射损伤作用。（表 4-16、表 4-17、表 4-18）

表 4-16 天山雪莲对 8Gy 照射小鼠 30d 平均生存时间的影响（$\bar{x}\pm s$）

组别	剂量（g/kg）	动物（只）	存活动物（只）	生存率（%）	生存时间（d）
NS	—	10	10	100	30
模型	—	10	0	0	8.9±1.07
Vit E	0.075	10	1	10	15.3±3.09
	0.75	10	0	0	10.5±1.77
天山雪莲	1.5	10	1	10	17.2±2.63*
	3.0	10	1	10	19.8±3.09**

注：与模型组比，*$P<0.05$，**$P<0.01$。

表 4-17 天山雪莲对 2.5Gy 照射小鼠骨髓 DNA 含量的影响（$\bar{x}\pm s$，$n=6$）

组别	剂量（g/kg）	照射剂量（Gy）	DNA（μg）
NS	—	2.5	182.3±10.1
模型	—	2.5	114.7±5.8△
Vit E	0.075	2.5	141.4±9.7*
	0.75	2.5	112.7±5.4
天山雪莲	1.5	2.5	130.1±10.0*
	3.0	2.5	134.8±10.5**

注：与模型组相比，*$P<0.05$，**$P<0.01$；与生理盐水组相比，△$P<0.001$。

表 4-18 天山雪莲对 2.5Gy 照射小鼠脾 T 淋巴细胞转化能力的影响（$\bar{x}\pm s$，$n=6$）

组别	剂量（g/kg）	照射剂量（Gy）	T 淋巴细胞转化能力（A）
NS	—	2.5	0.322±0.12
模型	—	2.5	0.128±0.04△
Vit E	0.075	2.5	0.238±0.06**
	0.75	2.5	0.238±0.19
天山雪莲	1.5	2.5	0.245±0.11*
	3.0	2.5	0.367±0.19**

注：与模型组相比，*$P<0.05$，**$P<0.01$；与生理盐水组相比，△$P<0.01$。

接着又采用比色法测定天山雪莲水提物对水辐射分解产生的羟自由基的清除作用，并用 Giemsa 染色分析电离辐射引起的人外周血淋巴细胞（PBL）染色体畸变。

发现天山雪莲水提物对电离辐射产生的羟自由基有显著的清除作用，清除率达到60%（与对照组比，$P<0.001$）。且还能明显抑制电离辐射引起的人外周血淋巴细胞染色体畸变的发生率（与对照组比，$P<0.01$）。（表4-19）研究认为清除羟自由基、防止染色体畸变，可能是天山雪莲水提物抗辐射损伤作用的重要机制。

表4-19 天山雪莲对人外周血淋巴细胞染色体畸变的影响（$\bar{x}\pm s$）

	剂量	细胞数	双+环		无着丝粒畸变		畸变细胞		总畸变	
			NO.	%	NO.	%	NO.	%	NO.	%
生理盐水组	—	900	1	0.08±0.14	2	0.16±0.14	3	0.25±0.25	3	0.25±0.25
模型组	—	300	125	41.67±2.08	65	21.67±2.31	167	55.67±3.21	190	63.33±4.04
天山雪莲	0.4（mg/mL）	300	95	31.67±1.76*	50	16.67±2.52	131	43.67±3.51	145	48.33±2.85
	2.0（mg/mL）	300	90	30.00±1.00**	46	15.33±1.15	123	41.00±3.61*	136	45.33±2.08*
	10（mg/mL）	300	64	21.33±4.16**	43	14.33±2.52	95	31.67±7.64*	107	35.67±3.84*

注：与模型组比，*$P<0.05$，**$P<0.01$。

（刘盟、李治建）

参考文献

[1] Zhai K F, Duan H , Xing J G, et al . Study on the anti-inflammatory and analgesic effects of various parts from saussurea involucrate [J] . Chinese Journal of Hospital Pharmacy, 2010, 30 (5) : 374-377.

[2] Sharma J N, Al-Omran A, Parvathy S S. Role of nitric oxide in inflammatory diseases [J] . Inflammopharmacology, 2007, 15 (6): 252-259.

[3] Funk C D. Prostaglandins and leukotrienes: advances in eicosanoid biology [J] . Science, 2001, 294 (5548): 1871.

[4] 金美子. 雪莲花的药理作用及临床应用研究进展 [J] . 中外健康文摘, 2010, 7 (34): 420.

[5] Han X, Su D, Xian X, et al. Inhibitory of *saussurea involucrata* (Kar et kir) Sch-Bip, on adjuvant arthritis in rats [J] . J of Ethnopuarmacology, 2016, 194: 228-235.

[6] 陶海英，黄华，侯桂萍，等. 雪莲注射液抗大鼠佐剂型关节炎和免疫调节作用 [J] . 中药新药与临床药理, 2007, 18 (85): 269-273.

[7] 王林林，王雪，刘燕，等. 雪莲提取物 XL-12 的主要药效学研究 [J] . 中成药, 2011, 33 (11): 1868-1874.

[8] Su K Y, Yu C Y, Chen Y P, et al. 3, 4-Dihydroxytoluene, a metabolite of rutin,

inhibits inflammatory responses in lipopolysaccharide-activated macrophages by reducing the activation of NF-κB signaling [J]. BMC Complementary and Alternative Medicine, 2014, 14 (1): 1-9.

[9] Xiao W, Li X, Li N, et al. Sesquiterpene lactones from Saussurea involucrata [J]. Fitoteraqpia, 2011, 82 (7): 983-987.

[10] Yashvanth S, Robinson A, Bahu K S, et al. Anti-inflammatory and cytotoxic activity of chloroform extract of root of Saussurea lappa clarke [J]. Journal of Pharmacy Research, 2010, (3): 1775-1778.

[11] Liang Z D, Zeng Y Y, Huang X Y, et al. The effect of Apigenin on proliferation and NO Secretion and phagocytosis of RAW264. 7 cells [J]. Journal of Jinan University, 2008, 29 (1): 95-98.

[12] Xu M, Guo Q, Wang S, et al. Anti-rheumanoid effects of Saussurea involucrata on type Ⅱ collagen-induced arthritis in rats [J]. Food and Function, 2015, 7 (2): 770.

[13] Jia JM, Wu CF, Liu W, et al. Antiinflammatory and analgesic activities of the tissue culture of Saussurea involucrata [J]. Biological and Pharmaceutical Bulletin, 2005, 28 (9): 1612-1614.

[14] 耿东升，刘发，蒋激扬．雪莲注射液的作用及原理 [J]．西北药学杂志，1997，3（增刊）：5.

[15] 孙娟，卡力比努尔·吾买尔，史深，等．雪莲提取物对脑缺血再灌注损伤小鼠海马区星形胶质细胞胶质纤维酸性蛋白和小胶质细胞离子钙接头蛋白的影响 [J]．临床神经病学杂志，2014，27（2）：119-122.

[16] 党辉，李健，孙娟，等．雪莲提取物对脑缺血再灌注损伤小鼠皮层区一氧化氮合酶亚型表达的影响 [J]．中国医药，2012，7（8）：967-969.

[17] 党辉，艾山江，孙娟，等．雪莲提取物预处理对局灶性脑缺血再灌注小鼠 Toll 样受体 4 和核因子 NF-κB 表达的影响 [J]．国际脑血管病杂志，2012，20（9）：690-695.

[18] 朱沂，孙娟，王明远，等．雪莲注射液对脑缺血再灌注大鼠的脑保护作用 [J]．临床神经病学杂志，2010，23（6）：435-437.

[19] 陆明佳．雪莲注射液对百草枯致帕金森病模型小鼠的神经保护研究 [D]．乌鲁木齐：新疆医科大学，2011.

[20] 陆明佳，党辉，艾山江·玉苏甫江，等．雪莲注射液对帕金森病模型小鼠炎症损伤的保护作用 [J]．中华神经医学杂志，2014，13（6）：547-551.

[21] 马慧萍，焦阳，高荣敏，等．天山雪莲乙醇提取物对模拟高原缺氧小鼠生化指标的影响 [J]．中药材，2014，37 (1)：99-103.

[22] 马慧萍，姚娟，吴金华，等．大苞雪莲石油醚部位对缺氧大鼠脑组织的保护作用及其机制研究 [J]．中国中药杂志，2014，39 (14)：2710-2715.

[23] 张颖捷，杜万红．国内外抗疲劳研究进展 [J]．实验预防医学，2012，19 (7)：1112-1116.

[24] 王爱萍，徐今宁．中药免疫调节作用研究进展 [J]．中国药业，2011，20 (3)：75-77.

[25] 赵存方，耿进霞，王沛．水母雪莲对小鼠抗疲劳和抗氧化作用的实验研究 [J]．华中国防医药，2009，21 (4)：1-2.

[26] 刘雅萍．雪莲培养物的抗辐射抗疲劳抗氧化功能评价 [D]．大连：大连理工大学，2012.

[27] 宁鹏．藏雪莲和牦牛胎盘抗疲劳、抗缺氧和抗氧化作用的研究 [D]．咸阳：西北农林科技大学，2008.

[28] 陈阿城，李勃．新疆雪莲的药效学研究 [J]．天水师范学院学报，2005，25 (2)：60-61.

[29] Wu W, Qu Y, Gao H Y, et al. Novel ceramides from aerial parts of Saussurea involucrate Kar. et. Kir. [J]. Archives of Pharmacol Research, 2009, 32 (9): 1221-1225.

[30] Yin F, Giuliano A E, Van Herle A J. Signal pathways involved in apigenin inhibition of growth and induction of apoptosis of human anaplastic thyroid cancer cells (ARO) [J]. Anticancer Research, 1999, 19 (5B): 4297-4303.

[31] Li F X, Jin Z P, Zhao D X, et al. Overexpression of the Saussurea medusa chalconeisomerase gene in S. involucrata hairy root cultures enhances their biosynthesis of apigenin [J]. Phytochemistry, 2006, 67 (6): 553-560.

[32] 韩书亮．大苞雪莲四种成分抗癌作用研究 [J]．癌变·畸变·突变，1995，7 (2)：80-83.

[33] Yu C Y, Su K Y, Lee P L, et al. Potential therapeutic role of Hispidulin in gastric cancer through induction of apoptosis via NAG-1 signaling [J]. Evidence-Based Complementray and Alternative Medicine, 2013, 2013 (7): 518301.

[34] Van Engeland M, Nieland L J W, Ramaekers F C S, et al. Annexin v-Affinity assay: A review on an apoptosis detection system based on phosphatidylserine exposure [J]. Cytometry, 1998, 31 (1): 1-9.

[35] Byambaragchaa M, De l C J, Yang S H, et al. Anti-metastatic potential of ethanol extract of Saussurea involucrata against hepatic cancer in vitro [J]. Asian Pacific Journal of Cancer Prevention Apjcp, 2013, 14 (9): 5397-5402.

[36] 刘力生，肖显华，张龙弟，等. 大苞雪莲中两种黄酮对癌细胞 DNA 合成的影响 [J]. 兰州大学学报，1985 (4): 83-86.

[37] Xiao W, Li X, Li N, et al. Sesquiterpene lactones from Saussurea involucrata. [J]. Fitoterapia, 2011, 82 (7): 983-987.

[38] Way T D, Lee J C, Kuo D H, et al. Inhibition of epidermal growth factor receptor signaling by saussurea involucrata, a Rare traditional chinese medicinal herb, in human hormone-resistant prostate cancer PC-3 cells [J]. J Agric Food Chem, 2010, 58 (6): 3356.

[38] YING-CHAO LIN, CHAO-MING HUNG, JIA-CHUN TSAI, et al. Hispidulin potently inhibits human glioblastomamultiforme cells through activation of AMP-activated protein kinase (AMPK) [J]. J Agric Food Chem, 2010, 58 (17): 9511-9517.

[40] Yang J M, Hung C M, Fu C N, et al. Hispidulin sensitizes Human Ovarian Cancer Cells to TRAIL-Induced Apoptosis by AMPK Activation Leading to Mcl-1 Block in Translation [J]. J Agric Food Chem, 2010, 58 (18): 10020-10026.

[41] He LJ, WU YY, Lin L, et al. Hispidulin , a small flavonoid molecule, suppresses the angiogenesis and growth of human pancreatic cancer by targeting vascular endothelial growth factor receptor 2-mediated PI3K/Akt/mTOR signaling pathway [J]. Cancer Science , 2011, 102 (1) : 219.

[42] 金美子. 雪莲花的药理作用及临床应用研究进展 [J]. 中外健康文摘，2010, 7 (34): 420.

[43] 吾尔恩·阿合别尔迪，玛依努尔·阿力木江，恩特马克·布拉提白. 天山雪莲内生菌抗菌活性物质分析 [J]. 中成药，2018, 40 (6): 1430 - 1434.

[44] 邓义红. 新疆天然雪莲抗氧化及抗菌活性研究 [C]. 国际日用化工学术研讨会，2007.

[45] 陈红惠. 雪莲果叶中酚酸的分离鉴定及其生物活性研究 [D]. 武汉：华中农业大学，2009.

[46] Inoue A, Tamogami S, Kato H, et al. Antifungal melampolides from leaf extracts of *Smallanthus sonchifolius* [J]. Phytochemistry. 1995, 39 (4): 845-848.

[47] Fengqiu Lin, Morifumi Hasegawa, Osamu Kodama. Putification and identication of antimicrobial sesquiterpene lactones from yacon (*Smallanthus sonchifolius*) leaves [J].

Biosci. Biotechnol. Biochem, 2003, 67 (10): 2145-2149.

[48] Hee Joung, Dong Yeul Kwon, Jang Gi Choi, et al. Antibacterial and synergistic effects of Smallanthus sonchifolius leaf extracts against methicillin-resistant Staphylococcusaureus under light intensity [J]. Nat Med, 2010, 64: 212-215.

[49] 倪婧，李彪，施蕊，等. 雪莲果茎叶萃取物抑菌活性研究 [J]. 江苏农业科学，2013，41 (4): 271-273.

[50] 林秀珍，王国祥. 雪莲多糖对离体大鼠子宫的作用 [J]. 药学学报，1986，21 (3): 220-222.

[51] Wang H C, Xu W H. Advances in studies on Saussurea involucrate [J]. J Qinghai Univ, 2001, 19 (4): 7-9.

[52] 王本祥. 现代中药药理学 [M]. 天津: 天津科学技术出版社，1997，477-480.

[53] 高博，梁中琴，顾振纶. 天山雪莲水提取物对小鼠辐射损伤的保护作用 [J]. 中草药，2003，34 (5): 443-445.

[54] 高博，梁中琴，顾振纶. 天山雪莲水提取物抗辐射损伤作用的机理研究 [J]. 江苏医药杂志，2003，29 (1): 17-19.

[55] 王利彦，陈湘宏，车胜荣. 雪莲的抗缺氧研究 [J]. 高原医学杂志，2003，13 (3): 30-31.

[56] 耿进霞，王沛，白芬兰，等. 雪莲对大鼠耐缺氧能力、红细胞及血红蛋白的影响 [J]. 环境与职业医学，2004，21 (5): 411-412.

第五章　天山雪莲培养物研究

雪莲生境恶劣，生长缓慢，人工引种栽培较为困难，加上长期掠夺性采挖，野生雪莲资源正面临灭绝的危险。为保护珍稀植物资源、维护生态环境、开发野生雪莲替代产品、缩短雪莲药用成分的生产周期，满足临床上对雪莲药物的需求，近年来，关于植物组织培养技术生产雪莲有用次生代谢产物的研究，已逐渐深入。植物组织培养和细胞培养具有人工栽培和野生采集无法比拟的优势：占地少，周期短，不受地区和季节的限制，便于开展大规模的生产；无污染，无重金属积累，产物干净，更有利于有效成分的生产和提取；还可以对细胞生长和代谢过程进行合理调控，有目的地提高有用次生物质的含量。

第一节　培养物的来源

一、雪莲细胞培养物的来源

采用水母雪兔子种子萌发幼苗，取茎与叶片为外植体，诱导获得愈伤组织，并通过目视法结合射线诱变，选出生长迅速、黄酮含量高的水母雪兔子愈伤细胞系（黄色系和红色系）。进而对雪莲细胞生长的各种理化条件进行了优化，发现水母雪兔子愈伤细胞系在附加 2mg/L NAA、0.2mg/L 6-BA、3%蔗糖的 MS 培养基（pH5.8）上，于蓝光照射条件下最适合生长及总黄酮的生产。

二、雪莲组织培养物的来源

采用雪莲幼嫩的花序、茎、叶与花托为外植体，从头状花序中再生出的雪莲植株，能够在试管中开花，但小苗生根极为困难，需要在 0℃以下处理 10 天以上，生根率只有 50%，移栽成活率在 30%左右。还可从野生雪莲植物的叶片、体细胞胚、无菌苗的根段及叶片诱导获得再生植株。

三、雪莲器官培养物

利用发根农杆菌侵染外植体，可以获得具有原植物体中次生代谢物合成能力的发根，发根进一步大规模培养能够用于生产具有药用价值的次生代谢产物。采用发根农杆菌 R1601 感染雪莲无菌苗叶片，获得了高产黄酮的发根系。该根系生长迅速，在 N6 液体培养基中 21 天内可以增殖 35 倍，总黄酮含量达到干重的 8%~10%，比野生雪莲（总黄酮含量为干重的 0.6%）提高 13.17 倍，其中具有抗癌功能的黄酮棕矢车菊素（金合欢素，Jaceosidin）含量比原植体增加 37 倍。尽管获得了高产黄酮的水母雪兔子发根根系，但目前药用植物发根的生物反应器研究在探索中，仍存在许多问题需要解决。

第二节　培养物的技术规格

一、雪莲组织培养技术

从 1987 年起，瓦·古巴诺娃等开始采用天山雪莲幼嫩的小头状花序及茎、叶与花托为外植体进行组织培养的研究，用小头状花序、茎、叶、花托诱导愈伤组织，再诱导芽的分化，得到的雪莲试管苗生长旺盛，培养一段时间后即形成很多丛生苗。由小头状花序诱导的愈伤组织、分化出的苗在试管中可以开花。但试管苗生根极为困难，需要在 0℃ 以下处理 10 天以上才能生根，移栽成活率在 50%左右。王子霞等用雪莲无菌子叶在 MS+BA 2.0mg/L+NAA 0.5mg/L 的培养基上诱导愈伤组织，将愈伤组织转入 MS+BA 0.5mg/L+NAA 0.05 mg/L 的培养基上 2 周后可诱导出不定芽，继续培养后又能形成丛生芽，将长到 3~4cm 的丛生芽切成单芽转入 1/2MS+IAA 0.5mg/L+0.1%活性炭培养基上 1 个月后能生根，形成完整植株，移栽保持一定的湿度，成活率可达 50%。朴日子等进行了新疆雪莲快速繁殖研究，他们用新疆雪莲的无菌叶片做外植体，通过诱导愈伤组织，再在适宜的培养基上诱导出丛生芽，其中在 MS+BA 0.4mg/L+NAA 0.05mg/L 培养基上芽的增殖倍数高达 11.72 倍。在 1/2MS+IAA 0.2mg/L 培养基上诱导生根，生根率达 80%，将生根培养 40 天左右的试管苗炼苗 5 天，经过 20 天的保湿培养后，小苗的成活率达 72%。而且实验发现愈伤组织诱导、芽分化及继代所需的最适温度是23.27℃，低温效果反而不好。

赵德修等用雪莲无菌幼苗诱导愈伤组织，研究了不同基本培养基、不同NAA浓度、不同蔗糖浓度以及光暗培养条件对愈伤组织生长的影响，得出在MS基本培养基上附加BA 0.2mg/L、NAA 2.0mg/L、2~4g/L的蔗糖愈伤组织生长最好，光下培养优于暗中培养，但高效液相（HPLC）测得培养物中金合欢素含量偏低，只占野生雪莲棕矢车菊素含量的25%。贾景明等研究了不同培养条件对雪莲愈伤组织生长及总黄酮的影响，探讨组织培养生产总黄酮的可能性。选用雪莲萌发生长45天的无菌幼苗作为外植体，在MS+BA 0.55mg/L+NAA 3.5mg/L培养基上进行愈伤组织的诱导，并在相同培养基上每15天继代一次，使其转变成紫红色的愈伤组织。武利勤等以雪莲无菌幼苗的叶片为外植体在MS+BA0.2mg/L+NAA 2.0mg/L培养基上诱导愈伤组织形成，建立新疆雪莲的悬浮培养系。研究了基本培养基、培养基pH值、接种量、激素配比等因素对新疆雪莲细胞生长和总黄酮含量的影响，在选用的MS、MP、MG、N6、B5基本培养基中，N6和MP液体培养基中细胞生长较好，但在N6培养基中生长的细胞总黄酮的含量是MP培养基中的2.84倍；N6和B5培养基都有利于细胞中总黄酮的合成积累，而B5培养基中的细胞的生长量只有N6的49.6%。因此以N6为基本培养基既适于新疆雪莲细胞的生长，又有利于细胞中总黄酮的合成。新疆雪莲细胞对培养液pH有较大的适应范围，其中pH5~7适于细胞生长和总黄酮合成，总黄酮含量在pH 5.8时达到5.31%。碳源是细胞生长的能量来源和构成细胞骨架的重要成分，以蔗糖、葡萄糖、蔗糖与葡萄糖的混合物作为碳源，研究最适合新疆雪莲生长和黄酮合成的碳源及浓度。结果认为，葡萄糖做碳源不利于细胞生长，蔗糖、蔗糖与葡萄糖的混合物对细胞生长有利，且蔗糖有利于细胞中总黄酮的合成。雪莲细胞对培养基中蔗糖含量有较宽的适应范围，在蔗糖160g/L时细胞仍能生长；蔗糖含量在30g/L时，细胞的生长和总黄酮的产生都很低，随糖含量的增加，细胞生长增快，总黄酮合成增加，细胞生长和黄酮合成在蔗糖含量为60g/L时达到最高，细胞增长率达354.9%，总黄酮含量为5.6%。接种用蔗糖量20g/L时，细胞生长缓慢，细胞增长率只有96.7%，总黄酮为接种量为80g/L时的38.2%，但接种量达100g/L时，细胞生长和黄酮合成比接种量为80g/L时反而降低。60~80g/L的接种量有利于新疆雪莲悬浮细胞的生长和黄酮的合成。在所有实验的植物生长物质组合中，如果培养基中不含植物生长物质，悬浮细胞会由淡黄色变成红褐色，细胞不能生长。在MS+BA 0.2mg/L+NAA 2mg/L时细胞中总黄酮为5.1%。

而在培养基为 MS+BA 0.5mg/L+NAA 3mg/L 时，细胞增长率达 409%。

随着研究的不断深入，利用植物组织培养和细胞工程的方法，合成药用植物次生代谢产物的技术日益发展和成熟，其巨大的应用前景引起人们极大的兴趣，但是要形成工业化生产也受到了诸多因素的限制，首先是生产周期长、前期投入大；其次是在组织培养的前期，得到的愈伤组织目的产物含量与天然植物含量相比含量比较低或不产生目的产物。1982 年，Chilton 报道发根农杆菌（*Agrobacterium rhizogenes*）能诱导植物产生发状根（hairy root）。这种由融质粒诱导的毛状根在无激素的培养基上培养，可迅速增殖，有的植物毛状根在 1 个月内可增殖 60~200 倍，有的植物在适宜的培养条件下可增殖 2000~5000 倍。很多植物的发根在离体培养条件下都表现出原植株次生代谢产物的合成能力。因此，毛状根培养是生产次生代谢产物的一条新途径，同时对工业化生产具有更大的潜在应用价值。付春祥等也进行了新疆雪莲毛状根的培养，选用了 R1601、R1000、LBA9402 三种发根农杆菌菌株，分别研究了它们对雪莲试管苗的叶柄、叶、根感染效果，得出 R1601 对雪莲根的感染效率最高，可达 100%，且感染后 15 天就出现了毛状根，得到的毛状根在 N6 培养基上培养，20 天的生长量可达 67.2g/L，黄酮含量达 10.2%。

二、分子生物学技术在雪莲细胞培养中的应用

为了保存和开发雪莲中珍贵的基因资源，金治平等采用水母雪兔子红色系愈伤组织为材料，构建了第一个水母雪兔子 cDNA 文库。通过 PCR 法筛选文库，先后获得了水母雪兔子类黄酮次生代谢途径中的查尔酮合成酶基因（CHS）、查尔酮异构酶基因（Chalcone isomerase gene，CHI）、黄烷酮 3-羟化酶基因（Flavanone 3-hydroxylase gene，FTH）、二氢黄酮醇-4-还原酶基因（DFR）、花色素合酶基因（Anthocyanidin synthase gene，ANS）及 MYB 转录因子基因（SmP）的全序列。另外，还获得了 24 个 MYB 转录因子的特异探针。

玉米 P 基因编码的 Myb 类转录因子能够调节黄酮类物质代谢途径关键酶基因的表达。根据 P 基因的保守序列设计引物，从雪莲细胞培养物中获得了 SmP 基因。核酸序列分析表明，SmP 基因与烟草中涉及苯丙素类物质代谢途径的 LBM 1、LBM 3 和 MybAS 1 基因具有较高的一致性，分别为 66%、60%和 61%。雪莲类黄酮代谢途径关键酶基因（CHS、CHI、FTH、DFR 和 ANS）及相关转录调控基因（SmP）的克隆，为今后雪莲类黄酮次生代谢调控提供了平台。李凤霞

通过基因工程手段利用发根农杆菌将黄酮代谢途径中的关键酶——查尔酮异构酶（CHI）基因导入新疆雪莲，产生转基因新疆雪莲毛状根及再生苗，提高新疆雪莲的黄酮类物质含量，进行新疆雪莲黄酮类物质的生产。唐亚萍运用RT-PCR和RACE技术，从天山雪莲中克隆到与花青素合成相关的DFR和3GT基因，并运用农杆菌介导的遗传转化法将DFR和3GT基因转化进入天山雪莲愈伤组织内，通过离体细胞悬浮培养获得高产黄酮的天山雪莲细胞系。

第三节 培养物的成分

新疆雪莲培养物中含有紫丁香苷（Syringin）、芦丁（Rutin）、粗毛豚草素（Hispidulin）等活性成分，但与野生雪莲相比存在显著的含量差异，见表5-1。新疆雪莲培养物中的花色素苷（Anthocyanin）是黄酮类化合物代谢转化产物，也是人们最熟悉的水溶性天然食用色素，具有低毒、色泽自然、抗氧化等优点，花色素苷的含量与雪莲细胞系的颜色具有相关性，红色系细胞培养物中花色素苷类物质的含量约是黄色系中的65倍。雪莲红色系细胞培养物中至少存在7种不同类型的花色素苷类物质，其中，含量较高的花色素苷类物质为矢车菊素-3-*O*-葡萄糖苷类衍生物、天竺葵素糖苷衍生物和芍药色素糖苷衍生物。（表5-1）

表5-1 野生新疆雪莲和新疆雪莲培养物中有效成分含量对比

新疆雪莲样品		雪莲中有效成分含量（mg/g）		
		紫丁香苷	芦丁	高车前素
野生新疆雪莲	地上部分	0.51±0.039	2.43±0.147	n.d.*
	花序	0.57±0.026	0.12±0.009	n.d.*
	苞叶	0.86±0.07	8.67±0.561	0.11±0.015
	叶片	1.11±0.04	5.41±0.609	0.08±0.012
	茎	0.47±0.036	0.19±0.013	n.d.*
	正常根	4.96±0.30	0.88±0.074	n.d.*
新疆雪莲培养物	正常根再生苗	4.57±0.42	1.89±0.12	n.d.*
	毛状根	43.5±1.13	0.71±0.043	0.34±0.023
	毛状根再生苗	5.98±0.47	1.53±0.17	n.d.

注：n.d.为低于最低检测限，未检测到。

李燕等从天山雪莲细胞培养物中分离得到 5 个化合物，分别是 β-谷甾醇、胡萝卜苷、3-羟基丁酸八聚体、琥珀酸、紫丁香苷。值得一提的是，雪莲液体培养和固体培养方式的细胞培养物中紫丁香苷的含量分别是原药材的 20.96 倍和 55.50 倍。

天山雪莲培养物中还有丰富的绿原酸异构体、绿原酸、紫丁香苷、异绿原酸异构体、丙二酰-槲皮素-3 -*O*-鼠李糖苷，天山雪莲培养物与野生雪莲成分对比见表 5-2。

表 5-2　天山雪莲培养物与野生雪莲成分对比

化合物类型	天山雪莲培养物	野生天山雪莲
糖类	多糖 5.41%	多糖 5.06%
黄酮类	总黄酮 16.6%	总黄酮 2.05%
木质素类	紫丁香苷 7.01%	紫丁香苷 0.232%
	丙二酰-槲皮素-3 -*O*-鼠李糖苷	槲皮素-3 -*O*-α-L-鼠李糖苷
		正丁基-*β*-吡喃果糖苷
其他苷类		3α-OH，11*β*，13α-二氢去氢广木香内酯-8 -*β*-D-葡萄糖吡喃苷
	胡萝卜苷	胡萝卜苷
生物碱	没有检出秋水仙碱	秋水仙碱
		大苞雪莲碱
有机酸类	绿原酸 1.06%	绿原酸 0.15%
	异绿原酸	异绿原酸
	琥珀酸	琥珀酸
微量元素	K、Ca、Mg、Zn、Mn、Na、Cu、Fe、Mo、Co	K、Ca、Zn、Mn、Cu、Fe、Rb

陈日道从天山雪莲组织细胞培养物中分离并鉴定了 15 个化学成分，分别是十六碳酸、β-谷甾醇、（2S，3S，4R）-2-二十四碳酰胺基-十八碳-1，3，4-三醇、二十六碳酸、亚油酸、β-谷甾醇-3-β-D-葡萄糖苷-6'-亚油酸酯、亚油酸单甘油酯、11βH-2α-hydroxy-eudesman-4（15）-en-12，8β-Olide、β-谷甾醇-3-β-D-葡萄糖苷-6'-软脂酸酯、（2S，3S，4R，9E，2'R）-2-（2'-羟基-二十四碳酰胺基）十八碳-1，3，4-三羟基-11-烯、胡萝卜苷、紫丁香苷、苯甲醇苷、tangshenoside Ⅲ、1，5-二氧咖啡酰奎宁酸。

天山雪莲组培苗与实生苗移栽前后的绿原酸、紫丁香苷、芦丁含量也有一定差异。移栽前组培苗绿原酸、紫丁香苷含量低于实生苗，芦丁含量高于实生苗。移栽种植两年后的天山雪莲组培苗与实生苗绿原酸含量分别为0.84%、0.70%；芦丁含量分别为0.54%、1.80%。紫丁香苷含量分别为0.59%、0.64%，远远高于对照药材。移栽大田后各有效成分的含量均显著升高，代谢产物种类增多。移栽种植两年后天山雪莲组培苗、实生苗与对照药材的成分组成基本相似。(表5-3)

表5-3 天山雪莲组培苗和实生苗绿原酸、紫丁香苷、芦丁质量分数（n=5,%）

成分	移栽前组培苗	移栽前实生苗	移栽后组培苗	移栽后实生苗	对照药材
绿原酸	0.47	0.55	0.84	0.70	0.73
紫丁香苷	0.53	0.62	0.59	0.64	0.02
芦丁	0.08	0.06	0.54	1.80	0.79

雪莲培养物中含有水溶性粗多糖，含量在7.1%左右，是由多种单糖组成的酸性杂多糖，为灰褐色粉末状固体，无味，溶于水，不溶于乙醇、乙醚、丙酮、氯仿等有机溶剂。经链酶蛋白酶与Sevage法联合脱蛋白，通过纸层析法（PC）和气相色谱法（GC）分析，其单糖组成及含量比见表5-4。

表5-4 雪莲培养物多糖的单糖组成及含量比

单糖组成	单糖组成比（moL）
Xyl，Ara，Rha，Gal，Glc，Gal A，Man	1.0：1.3：0.3：3.7：1.0：1.2：0.1

第四节 培养物的功效

雪莲培养物对超氧阴离子自由基O_2^-· 和羟自由基·OH有明显的清除作用，是一种清除自由基良好的抗氧化剂。雪莲培养物的乙醇提取物具有抗辐射作用，能使受照射小鼠的外周白细胞数、超氧化物歧化酶（SOD）活性和平均存活时间显著增加，骨髓嗜多染红细胞微核率显著降低。雪莲培养物能够抑制血小板聚集、降血脂、改善血液循环。雪莲培养物在低浓度（0.02mg/mL）下，对黑色素合成的抑制率即可达到22.9%，且没有细胞毒性，具有较好的抗黑色素能力。雪莲培养物具有良好的增强免疫力的作用，能显著提高巨噬细胞吞噬率、T淋巴细胞转化率、血清溶血素水平等免疫指标。雪莲培养物中含有大量黄酮类化合物、绿原酸及其衍生物、小分子酚酸类化合物，这些物质均具有较强的抑菌效果和较广的抑菌谱，对金黄色葡萄球菌、大肠杆菌、牙龈卟啉单胞菌、中间普氏菌、伴放线杆菌、变形链球菌和具核梭杆菌均有抑菌作用。天山雪莲细胞培养物在细胞水平上具有潜在的抗骨质疏松功效，其对破骨细胞形成具有抑制作用，并能破坏已形成的破骨细胞，降低骨吸收活性，同时能够促进成骨细胞骨形成活性，促进成骨细胞增殖、分化和矿化。雪莲细胞培养物可明显降低急性血瘀模型大鼠的血浆纤维蛋白原含量，具有一定的活血化瘀作用，对大鼠子宫内膜炎症有一定的抑制作用。天山雪莲细胞培养物多糖对免疫介导的再生障碍性贫血（AA）小鼠模型有一定的治疗和改善作用。雪莲细胞培养物能有效降低 KKay 糖尿病小鼠的血糖水平，其作用机制可能与胰岛素的敏感性增加以及脂代谢调节有关。

此外，雪莲培养物具有抗风湿、消炎、镇痛以及抗疲劳的作用。

第五节　培养物的安全性研究

贾景明对天山雪莲培养物进行了小鼠急性毒性实验和大鼠长期毒性试验。一次性灌胃天山雪莲培养物后，小鼠最大耐受量相当于 311.52g/kg 生药量，大鼠长期毒性实验结果表明，天山雪莲培养物没有明显毒性。于群生等对天山雪莲培养物的急性毒性研究表明，小鼠、大鼠的经口最大耐受量均大于 7.5g/kg，根据急性毒性分级标准，属实际无毒物质。

第六节　培养物的医药应用

雪莲培养物在功能食品、保健食品、日化品、医药产品方面多有应用。功能食品多应用于固体饮料、压片糖果、高档饮品、养生酒等；保健食品多为片剂、胶囊、冲剂、口服液、保健酒等形式，其保健功能多为抗炎镇痛、抗氧化、抗黑色素、抗疲劳及抗辐射等方面；日化品多为防晒霜、祛斑霜、美容霜、精华素、牙膏等；在医药方面多为口服制剂、药酒、风湿消痛贴、妇科护垫等。

（周凡、马芹）

参考文献

[1] 赵德修，乔传令，王沂．水母雪莲的细胞培养和高产黄酮细胞系的筛选［J］．

植物学报，1998，40（6）：515-520.
[2] 赵德修，汪沂，赵敬芳．不同理化因子对雪莲培养细胞中黄酮类形成的影响[J]．生物工程学报，1998，14（3）：259-264.
[3] 罗明，瓦·古巴诺娃，刘杰龙．西藏绵头雪莲的组织培养及植株再生[J]．植物生理学通讯，1999，35（4）：300-301.
[4] 陈玉珍，卢存福．高山植物水母雪莲的组织培养[J]．特产研究，2000，1：9-10.
[5] 杨金玲，赵德修，桂耀林，等．水母雪莲细胞体胚发生及植株再生[J]．西北植物学报，2001，21（2）：252-256.
[6] 李毅，王慧春，张怀刚，等．水母雪莲的幼根培养及植株再生[J]．植物生理学通讯，2001，37（1）：39-40.
[7] 陈亚琼，金治平，赵德修，等．水母雪莲两种再生体系的建立[J]．植物资源与环境学报，2003，12（4）：57-58.
[8] Zhao DX, Fu CX, Chen YQ, et al. Transformation of Saussurea medusa for hairy roots and jaccosidin production [J]. Plant Cell Rep, 2004, 23: 468-474.
[9] 瓦·古巴诺娃，刘杰龙，石玉瑚. 新疆雪莲的组织培养[J]．新疆农业科学，1990，5：221-222.
[10] 王子霞，黄乐平，杨克锐，等. 植物组织培养简报摘编[J]．植物生理学通讯，2002，38（5）：460.
[11] 朴日子，曹后男，陈艳秋，等. 新疆雪莲的离体培养及其快速繁殖[J]．延边大学农学学报，2003，25（2）：117-121.
[12] 赵德修. 雪莲花组织培养的初步研究[J]．中草药，1997，28（11）：682-684.
[13] 贾景明，吴春福，于海，等. 新疆雪莲组织培养物的抗辐射作用[J]．沈阳药科大学学报，2005，22（6）：444-448.
[14] 武利勤，郭顺星，肖培根．新疆雪莲细胞悬浮系的建立和黄酮类活性成分的产生[J]．中国中药杂志，2005，30（13）：965-968.
[15] Chilton M D, Tepfer D A, Petit A, et al. Agrobacterium rhizogenes inserts T-DNA into the genome of host plant root cells [J]. Nature, 1982, 295: 432-434.
[16] 付春祥，金治平，杨睿，等. 新疆雪莲毛状根的诱导及其植株再生体系的建立[J]．生物工程学报，2004，20（3）：366，371.
[17] 付春祥．雪莲细胞培养物中黄酮类物质代谢调控及其生物活性成分分析[D]．北京：中科院植物研究所，2006.
[18] 金治平，赵德修，乔传令，等．水母雪莲 Myb 转录因子 Smp 基因的克隆及序列

分析［J］. 生物工程学报，2003，19（3）：368-371.
［19］金治平，赵德修，乔传令，等. 水母雪莲愈伤组织 cDNA 文库的构建［J］. 植物学通报，2004，21（1）：61-65.
［20］金治平. 水母雪莲类黄酮次生代谢分子调控研究——cDNA 文库构建、关键酶及 Myb 转录因子基因的克隆及其功能的初步鉴定［D］. 北京：中科院植物研究所，2004.
［21］李凤霞. 查尔酮异构酶基因过表达对新疆雪莲类黄酮生物合成的调控［D］. 北京：中科院植物研究所，2006.
［22］唐亚萍. 天山雪莲花青素生物合成关键酶基因的克隆及功能鉴定［D］. 乌鲁木齐：新疆师范大学，2012.
［23］李燕，郭顺星，王玉兰，等. 天山雪莲细胞培养物化学成分研究［J］. 中国药学杂志，2007c，42（23）：1768-1770.
［24］李燕，郭顺星，王玉兰，等. 天山雪莲细胞培养物与原药材中紫丁香苷含量的比较［J］. 中国药学杂志，2008，（43）：737-740.
［25］于群生，沈兵，费振玉. 雪莲培养物在口腔护理用品中的应用［J］. 口腔护理用品工业，2014，24（5）：16-19.
［26］陈日道. 天山雪莲培养物的化学成分及紫丁香苷含量研究［D］. 沈阳：沈阳药科大学，2009.
［27］欧元，袁晓凡，陈文浩，等. HPLC 分析天山雪莲组培苗与实生苗 3 种有效成分含量［J］. 中国中药杂志，2008，33（3）：313-315.
［28］刘春兰，杜宁，邓义红，等. 新疆天然雪莲与其组织培养物中水溶性粗多糖的研究［J］. 时珍国医国药，2008，19（11）：444-448.
［29］刘春兰，杜宁，邓义红，等. 新疆雪莲组织培养物的抗辐射作用［J］. 沈阳药科大学学报，2005，22（6）：2604-2607.
［30］赵晓玫，张柏青，刘雅萍，等. 天山雪莲培养物的抗辐射作用研究［J］. 中外医疗，2012，（6）：32.
［31］杨波，王广义，陈练，等. 雪莲细胞培养物对大鼠血液流变学的影响［J］. 心血管康复医学杂志，2007，（5）：81-83.
［32］张会会，王怡薇，王彦礼，等. 雪莲细胞培养物调血脂及抗氧化作用［J］. 中国中医基础医学杂志，2013，（12）：95-97.
［33］范文霞，张献，曹坦. 雪莲培养物的总抗氧化能力与抗黑色素能力研究［J］. 生物技术世界，2014，（11）：92-93.

[34] 郭海勇，张吉洋．雪莲培养物对小鼠免疫功能的影响［J］．生物技术世界，2015，(8)：158-159.
[35] 于群生，沈兵，费振玉．雪莲培养物在口腔护理用品中的应用［J］．口腔护理用品工业，2014，24（5)：16-19.
[36] 王南．天山雪莲细胞培养物体外抗骨质疏松作用研究［D］．大连：大连理工大学，2015.
[37] 王南，唐琴，姬芳玲．天山雪莲细胞培养物对RANKL诱导破骨细胞的影响［J］．中成药，2016，38（1)：7-12.
[38] 王彦礼，刘雅萍，高俊鹏，等．雪莲细胞培养物活血化瘀及抗炎作用研究［J］．中国中医基础医学杂志，2018，(2)：50-52.
[39] 袁绍鹏，陈日道，史记，等．天山雪莲细胞培养物多糖对免疫介导的再生障碍性贫血模型小鼠的治疗作用研究［J］．医学研究杂志，2014，(1)：20-23.
[40] 袁菊芳，邱业峰，王艳静，等．水母雪莲培养细胞对糖尿病小鼠血糖的影响［J］．生物技术通讯，2014，(2)：82-85.
[41] 赵晓玫，刘雅萍，王国杰，等．雪莲培养物的抗炎镇痛作用研究［J］．北方药学，2012，9（3)：50-51.
[42] 张柏青，周术涛．天山雪莲培养物对小鼠运动后血乳酸和肝糖原含量的影响［J］．中国医药指南，2012，10（7)：94-95.
[43] 赵晓玫，周术涛，刘雅萍，等．天山雪莲培养物抗疲劳作用的研究［J］．中外医疗，2012，(7)：30.
[44] 陈晓霞，杨大苹，曹坦，等．雪莲培养物保健品制备及其功效研究［J］．科技创新导报，2016，(28)：179-181.
[45] 贾景明，吴春福．天山雪莲培养物的毒性实验研究［J］．中国民族医药杂志，2007，3（3)：52-55.
[46] 高洁，常拥民．雪莲培养物保健食品及其用途探讨［J］．食品安全导刊，2018，(3)：134.
[47] 贾丽华，郭雄飞，贾晓光，等．天山雪莲的开发与应用［J］．新疆中医药，2016，34（1)：126-128.

第六章　天山雪莲制剂研究

第一节　制剂研究与应用概况

任何药物在供临床使用前，均需制成适合于医疗和预防应用的形式，这种形式称为药物的剂型。药物剂型不仅会影响药物的作用性质，也会影响药物的作用速度，进而对药物的毒副作用、疗效产生影响，因此针对临床实际需要进行药物制剂的研发是非常重要的。剂型的选择通常需要考虑药物的生物学性质、理化性质、临床需要以及市场因素。中药是指在中国传统医药理论指导下应用于临床疾病防治的药物总称（含中药材、中成药、中药饮片等）。中药材化学成分复杂，不同给药剂量、给药频率会产生不同的临床疗效，具有双向调节作用，传统剂型为丸、丹、膏、散，通常以口服为主，起效较慢，多适合慢性疾病的治疗。

雪莲性温，味甘微苦，有小毒。功能祛风燥湿，强筋壮骨，消炎止痛，温阳补肾，增强性欲，活血通经，温宫催胎，祛寒止带。民间多用于治疗风湿性关节炎，妇女小腹冷痛、闭经、胎衣不下、麻疹不透、肺寒咳嗽、阳痿等症。雪莲所含成分较多且复杂，该药已被证明具有抗肿瘤、抗炎、镇痛、抗氧化、抗疲劳、抗衰老、抗缺氧、神经保护和免疫调节等作用，许多药理学研究已经显示与传统中药的临床应用的相关性。通过文献综述发现目前已从雪莲中分离和鉴定了 70 多种化合物，包括苯丙烷类、黄酮类、香豆素类、木脂素类、倍半萜类、甾体类、神经酰胺类、多糖类。由于天山雪莲所含标识性成分多具有一定的水溶性，因此民间传统用法是将该药材煎汤、浸酒内服或捣敷外用。

以天山雪莲为主要原料的药物制剂在临床主要应用于风湿、类风湿等疾病的治疗，复方制剂兼顾免疫调节、散寒祛湿、强筋、壮阳、补肝益肾、抗衰老及肾虚所致的神疲乏力、腰膝酸软、阳痿早泄、四肢乏力等，主要的品种有雪莲注射液、复方雪莲胶囊、雪莲花口服液、雪莲葆春精、雪莲鹿茸血酒、雪莲脉通口服液、雪莲浸酒等，复方雪莲烧伤膏是中医、藏医结合的治疗烧伤药，具有促进感染性烫伤创面、烧伤创面的愈合以及抗炎的功效。

截至 2018 年 6 月，经查询 CFDA 药品数据库，含有“雪莲”字样的注册药品有 9 种，详见表 6-1。

表 6-1　CFDA 批准上市的含有雪莲药材的制剂品种（截至 2018 年 6 月）

序号	药品名称	药品规格	生产单位	批准文号
1	雪莲注射液	每支 2mL	新疆银朵兰维药股份有限公司	国药准字 Z65020023
2	雪莲注射液	每支 2mL	国药集团新疆制药有限公司	国药准字 Z65020112
3	复方雪莲胶囊	每粒装 0.3g	国药集团新疆制药有限公司	国药准字 Z65020059
4	复方雪莲软胶囊	每粒装 0.5g	新疆特丰药业股份有限公司	国药准字 Z20080170
5	复方雪莲烧伤膏	每支装 30 克（每克相当于原药材 0.2645 克）	福建省三明天泰制药有限公司	国药准字 Z20080038
6	四味雪莲花颗粒	每袋装 10g	青海未来格萨尔王药业有限公司	国药准字 Z20026253
7	雪莲虫草合剂	每支装 15mL，每瓶装 90mL	邛崃天银制药有限公司	国药准字 B20020680
8	雪莲归芪口服液	每支装 10mL	山东明仁福瑞达制药股份有限公司	国药准字 B20020729
9	雪莲口服液	每支装 10mL	新疆天山莲药业有限公司	国药准字 Z20025166
10	雪莲药酒	每瓶装 250mL	伊犁全鹿制药有限公司	国药准字 Z65020034
11	雪莲药酒	—	国药集团新疆制药有限公司	国药准字 Z19993360

本章就目前国内外以雪莲为原料制备的单方或复方制剂的研究工作做一回顾，以期对后续的研究有所裨益。

第二节　雪莲注射剂

随着天山雪莲现代药理研究的深入及其在抗风湿、类风湿性关节炎等临床上的应用，天山雪莲的剂型开发日益引起国内外药学工作者的关注，其中应用较早、较为成熟的剂型就是雪莲注射剂。

中药注射剂是传统医药理论与现代生产工艺相结合的产物，突破了中药传统的给药方式，是中药现代化的重要产物。与其他中药剂型相比，注射剂具有生物利用度高、疗效确切、作用迅速的特点。中药注射剂在抢救神志昏迷、不能口服的重症患者和急救等方面一直发挥着独特作用。但是近年来人们对中药注射剂的不良反应也越来越关注，正确评价中药注射剂（特别是静脉给药途径的中药注射剂）的安全性、有效性、经济性已经显得尤为迫切。

雪莲注射液收载于卫生部《药品标准·中药成方制剂》第十七册，具有消炎镇痛、消肿、活血化瘀之功效，用于急慢性风湿性关节炎、类风湿性关节炎及骨关节炎引起的关节疼痛等症，用法为肌内注射，用量为一次 2~4mL，1 日 1 次，10 日 1 个疗程。目前国家批准上市生产的产品有新疆银朵兰维药股份有限公司生产的雪莲注射液（国药准字 Z65020023）和国药集团新疆制药有限公司生产的雪莲注射液（国药准字 Z65020112）。新疆银朵兰维药股份有限公司和国药集团新疆制药有限公司联合成立雪莲注射液销售公司，年销售额超亿元。临床不良反应检测发现，注射液肌内注射可能有痛感，偶有过敏反应，甚至过敏性休克，需进一步对杂质清除进行研究。

雪莲注射液的制法为：取天山雪莲花 1000g，加 85%乙醇浸渍 14 天，滤过，滤液浓缩至每 1mL 含原药材 1g，置容器中于 110℃、0.1kPa 灭菌 45 分钟，放置 1~3 个月。取此溶液滤过，滤液加聚山梨酯 80 4mL、氯化钠 10g 搅拌均匀，用 40%氢氧化钠溶液调节 pH 值至 6.0~8.0，用微孔滤膜（0.2μm）滤过，滤液加注射用水使成 1000mL，灌封，灭菌，即得。

一、制剂工艺研究

王本富等用浸渍法、渗漉法提取雪莲中有效成分，用可见分光光度法测定提取液中黄酮含量，按 L9（3^4）表安排正交试验，以提取液中黄酮含量为指标，优化雪莲提取条件。经分析，浸渍次数影响显著（$P<0.1$），乙醇浓度、浸渍天数影响不显著（$P>0.1$），表明以体积分数 55%的乙醇提取、浸渍 7 天、浸渍 1 次较理想，黄酮含量为 235.10mg/100mL。渗漉（动态）的浸出量和澄明度优于浸渍（静态）法。

沈美英等按照雪莲注射液生产工艺制得一定数量的中间产品，分别在 105℃/30min、110℃/30min、115℃/30min 3 种不同的灭菌温度，对雪莲注射液进行灭菌，考察不同灭菌条件对制剂质量指标的影响。结果表明，在适宜且相对稳定的 pH 值范围内，灭菌温度的变化对澄明度、含量无明显影响，但不同的灭菌温度，对雪莲注射液的 pH 值有较大的影响，灭菌温度越高，成品的 pH 值下降幅度越大。

何随梅等以新版 GMP 为指导原则，通过分析雪莲注射液无菌生产过程中微生物污染的各类因素，包括产品灭菌前微生物污染水平（生产环境、生产设备、人员与生产操作、微生物在产品中的增殖）、灭菌工艺的可靠性（灭菌设备的适用性、灭菌工艺的验证和执行、防止二次微生物污染）、药品容器密封完整性，列举了无菌保证的质量风险控制方法，将风险管理的理念贯穿于生产与质量管理的全过程。

张文文等尝试将吸附澄清剂应用于雪莲注射液除杂工艺中。作者采用正交实验设计，以总黄酮损失率为评价指标，筛选雪莲注射液除杂工艺条件。优选出的雪莲注射液提取液澄清条件为：药液质量浓度为 500g/L，澄清剂质量浓度为 5g/L，澄清剂用量为 2B1A（每 100mL 待处理液加入配制好的 B 黏胶液 2mL，A 黏胶液 1mL），先调 pH 值。该工艺提高了雪莲注射液的澄明度和成品率，总黄酮损失率在 8.5%~9.0%。

张文文等利用大孔吸附树脂分离纯化雪莲注射液中总黄酮成分。作者通过静态吸附与解析和动态吸附与解析，对 3 种大孔吸附树脂进行筛选，结果表明采用 DM301 型大孔吸附树脂分离纯化效果好，优选工艺条件为：上样量为 10 倍柱体积，流速每小时 10 倍柱体积，药液浓度 1：10，用 40% 乙醇洗脱，解吸剂用量为 4 倍柱体积，为进行中试放大研究提供了试验依据。

谢志军等以雪莲注射液中黄酮总量、不溶性微粒数及总固体量为考察指标，选用切向流超滤系统梯度滤膜孔径筛选 4 种分子量膜，以产品关键质量指标为考察因素，对生产工艺进行优化。结果在中药注射剂的生产过程中，采用 W-UF-5 型 5 万分子膜切向流超滤系统代替 0.22μm 聚醚砜微孔膜筒式过滤器，可在保证药品药效成分不降低的同时，大幅降低注射液中不溶性微粒的总数，为提高雪莲注射液的质量标准和改变给药途径提供依据。王雪等考察了新工艺雪莲注射液药效，并与旧工艺做比较。作者采用二甲苯致小鼠耳肿胀、冰醋酸致小鼠扭体反应、冰醋酸致小鼠腹腔毛细血管通透性增高、大鼠棉球肉芽肿、弗氏完全佐剂诱发大鼠关节炎模型以及绵羊红细胞致小鼠血清溶血素水平升高的模型，来考察新工艺雪莲注射液抗炎、镇痛、免疫调节作用，并与旧工艺的雪莲注射液进行比较。结果表明，新工艺雪莲注射液 0.5g/kg 可显著减少冰醋酸致小鼠扭体反应次数，抑制绵羊红细胞致小鼠血清溶血素水平升高，其作用优于临床等效剂量的旧工艺雪莲注射液；新工艺雪莲注射液 0.5g/kg 可显著抑制二甲苯致小鼠耳肿胀和冰醋酸致小鼠腹腔毛细血管通透性增高，其作用与旧工艺雪莲注射液相当；新工艺雪莲注射液0.4g/kg可显著抑制大鼠棉球肉芽肿，其作用优于临床等效剂量的旧工艺雪莲注射液；新工艺雪莲注射液0.4g/kg对大鼠佐剂型关节炎具有显著保护作用，从抑制率来看，其保护作用优于旧工艺雪莲注射液。以上结果提示新工艺雪莲注射液药效优于旧工艺雪莲注射液。

赵荣春等采用家兔耳静脉和肌内注射雪莲注射液给药，测定给药后不同时间的血药浓度，初步阐明该药在家兔体内的动力学过程符合单室模型，家兔肌内注射该药后其绝对生物利用度为97%，同静脉注射无明显差异。

陈华山以天山雪莲药材为原料，在实验室采用现代科学技术手段，研制了能够增加有效成分稳定性的注射用雪莲冻干粉针。经处方筛选和工艺优化，以天山雪莲提取液1000mL为原料，以150g甘露醇为支持剂，-40℃预冻5小时，-20℃减压干燥（<10Pa）5小时，将温度升至20℃，继续减压干燥6小时，制得外形饱满、疏松、成型性好的产品。作者使用C_{18}色谱柱，以乙腈-50mmol/L KH_2PO_4水溶液（H_3PO_4调pH3.6）为流动相进行梯度洗脱，紫外法检测，建立了体现注射用雪莲（冻干）化学成分特征的HPLC指纹图谱。选用紫丁香苷为参照物，通过对10批注射用雪莲（冻干）供试品指纹图谱的分析，确定了13个共有指纹峰，建立了共有模式。相似度分析表明，10批供试品的相似度均大于0.95，说明注射用雪莲（冻干）制备工艺稳定，批间重现好。制剂、中间体和药材的指纹图谱具有很好的相关性。作者采用简便的TLC鉴别方法，以对照药材和芦丁为指标，对制剂进行了鉴别。采用高效液相色谱法和比色法建立了芦丁和总黄酮两种指标性成分的含量测定方法，方法可靠，重现性好。加速试验和留样试验结果表明，制剂的稳定性良好。作者建立了测定大鼠血浆中芦丁含量的反相高效液相色谱分析方法，以新北美圣草苷为内标，血浆经甲醇沉淀蛋白后进样分析。芦丁在0.050~3.2μg/mL（$r=0.9901$）范围内线性关系良好，方法的定量下限为0.050μg/mL。测定了芦丁的血药浓度-时间曲线，计算其相应的药物动力学参数。注射用雪莲（冻干）腹腔给药后，芦丁的C_{max}为1.410μg/mL，t_{max}为8.0 min，$t_{1/2}$为84.2min，$AUC_{0-\infty}$为131.6mg/（L·min）。

二、制剂质量标准研究

卫生部《药品标准》中雪莲注射液的质量控制主要包括性状、鉴别（芦丁的TLC鉴别、雪莲花对照药材的TLC鉴别）、检查（pH6.0~8.0、总固体、其他）以及亚硝酸钠显色法测定制剂中总黄酮含量，但该质量标准仍有一些不足。

陈惠忠等开展了雪莲注射液质量标准的研究，作者采用薄层色谱鉴别法对处方中雪莲进行鉴别，采用高效液相色谱法测定样品中绿原酸的含量。结果在薄层色谱中检出绿原酸在20.4~102.0μg/mL间呈良好的线性关系，$r=0.9996$，平均回收率99.86%，RSD为0.24%（$n=9$），精密度试验RSD为0.75%（$n=5$），重复性试验RSD为0.95%（$n=5$），稳定性试验RSD为1.18%（$n=5$）。所建立的鉴别法专属性强，定量方法简便、准确，可用于雪莲注射液质量控制。

张雪莲等对单方制剂雪莲注射液中黄酮类成分进行定性、定量分析。作者采用化学试剂法、荧光法、薄层色谱法进行定性研究，以芦丁为对照品，利用分光光度法在500nm进行定量测定，测得总黄酮含量为26.4μg/mL，回收率100%，RSD为1.59%（$n=7$）。

郭喜红等应用HPLC法测定了雪莲注射液中的芦丁含量，色谱条件为ODS柱（4.6mm×250mm，5μm），流动相为甲醇-0.6%磷酸溶液（49：51），流速0.7mL/min，检测波长360nm，柱温为室温，进样量20μL，符合方法学要求。

薛秀峰等建立了天山雪莲药材及注射液指纹图谱，并对不同批次天山雪莲药材及注射液的指纹图谱和质量进行了比较，确定实验条件如下：依利特（大连）Hypersil BDS C_{18}色谱柱（4.6mm×200mm，5μm），流动相A为乙腈，流动相B为50mmol/L KH_2PO_4缓冲溶液（H_3PO_4调pH3.6），梯度洗脱，流速0.8mL/min，检测波长260nm。梯度条件：A：0min→5min→40min→60min→65min，0%→0%→12%→22%→22.5%。所有成分的色谱峰在65分钟之内出完，确定17个峰为共有指纹峰，其中8号峰为绿原酸，10号峰为紫丁香苷，13号峰为芦丁。所述实验条件也适合考察雪莲中间体和注射液的指纹图谱测定，在检测注射液时可以有效地表达出各个有效成分的含量和注射液的整体质量。作者还建立了雪莲注射液中绿原酸、芦丁和紫丁香苷的含量测定方法，采用Hypersil BDS-C_{18}色谱柱，以乙腈（流动相A）和50mmol/LKH_2PO_4缓冲溶液（含体积分数为0.2%的三乙胺，H_3PO_4调pH3.6）（流动相B）进行梯度洗脱，流速为1mL/min，检测波长为260nm。结果：样品中绿原酸、紫丁香苷和芦丁的回收率分别为99.6%、99.5%和99.0%，RSD分别为0.76%、0.86%和0.96%，绿原酸、紫丁香苷和芦丁的线性分别为0.018~0.360g/L、0.008~0.150g/L和0.007~0.130g/L。

苗爱东等以紫丁香苷为对照品，对雪莲注射液HPLC指纹图谱进行了研究。色谱柱为Diamonsil™ C_{18}（4.6mm×200mm，5μm，北京迪马科技公司），检测波长 270nm，柱温 30℃，甲醇：1%冰醋酸线性梯度洗脱，程序为 0~60 分钟，甲醇 0%~70%，流速 1mL/min，进样量 20μL。标示了雪莲注射液指纹图谱中 11 个特征峰，其相对保留时间稳定。

刘婧等建立了天山雪莲与雪莲注射液的 HPLC 指纹图谱，并研究两者的指纹图谱相关性。色谱柱为 Ultimate XB-C_{18}（4.6mm×250mm，5μm），流动相 0.06%醋酸水-0.14%醋酸甲醇梯度洗脱，柱温 25℃，检测波长 260nm。结果显示天山雪莲标示共有峰 12 个，10 批样品相似度大于 0.85；雪莲注射液标示共有峰 17 个，11 批样品相似度大于 0.9，雪莲注射液与天山雪莲有良好的相关性。

王雪峰等按照《中国药典》2010 年版二部收载的细菌内毒素检查方法进行雪莲注射液细菌内毒素检查的试验研究，寻求使用鲎试剂检测雪莲注射液中细菌内毒素的方法。研究发现当样品做 80 倍稀释时，用标示灵敏度为 0.5Eu/L 鲎试剂检测细菌内毒素，雪莲注射液对鲎试剂的凝集反应未见干扰作用，测试结果均符合规定。

李维等采用 Bradford 法测定了雪莲注射液中蛋白质含量。结果 11 个批次雪莲注射液中，含有一定量的蛋白，其含量范围为 0.35~2.20mg/mL，且批间差异大，对制剂产品的质量有重要影响，值得进一步深入研究。

第三节　雪莲胶囊

胶囊剂系指原料药物与适宜辅料或充填于空心胶囊或密封于软质囊材中制成的固体制剂，可分为硬胶囊、软胶囊（胶丸）、缓释胶囊、控释胶囊和肠溶胶囊，主要供口服用。硬胶囊（通称为胶囊）系指采用适宜的制剂技术，将原料药物或加适宜辅料制成的均匀粉末、颗粒、小片、小丸、半固体或液体等，充填于空心胶囊中的胶囊剂。软胶囊系指将一定量的液体原料药物直接包封，或将固体原料药物溶解或分散在适宜的辅料中制备成溶液、混悬液、乳状液或半固体，密封于软质囊材中的胶囊剂，可用滴制法或压制法制备。软质囊材一般是由胶囊用明胶、甘油或其他适宜的药用辅料单独或混合制成。

一、复方雪莲胶囊

复方雪莲胶囊为国家中药保护品种，收载于卫生部《药品标准·中药成方制剂》第十九册，由雪莲、延胡索（醋制）、羌活、川乌（制）、独活、草乌

(制)、木瓜、香加皮八味中药组成，具有温经散寒、祛风逐湿、化瘀消肿、舒筋活络之效，用于风寒湿邪痹阻经络所致类风湿关节炎、风湿性关节炎、强直性脊柱炎和各类退行性骨关节病的治疗。目前有国药集团新疆制药有限公司生产的复方雪莲胶囊（国药准字 Z65020059），规格为每粒装 0.3g。

该制剂的制法为：以上八味，雪莲用 65%乙醇回流提取 3 次，合并提取液，滤过，滤液减压回收乙醇，浓缩至稠膏，减压干燥成干膏。其余延胡索味加水煎煮 2 次，每次 2 小时，合并煎液，滤过，滤液减压浓缩至 1：1，浓缩液用 3 倍量 40%乙醇沉淀 24 小时，取上清液回收乙醇浓缩，减压干燥成干膏。将上述两种干膏混合，粉碎，过筛，装入胶囊，即得。

该制剂由于易吸潮，需对制备工艺进行改进。伊江兰等对其成品制剂的临界相对湿度、休止角进行了考察，结果表明其休止角平均为 37.5°，生产车间相对湿度应控制在 52%以下，同时包装也应严密防潮。

王玲等以吸湿率为评价指标，采用正交试验法对复方雪莲胶囊辅料（硬脂酸镁、氧化镁和磷酸氢钙等疏水性辅料）及其用量进行筛选，并考察其用量。结果表明复方雪莲胶囊的辅料为 1.5%硬脂酸镁，加入疏水性辅料后，复方雪莲胶囊的吸湿性大大改观。

王维友等设计了乙醇渗漉、乙醇热回流提取、水醇法 3 种工艺，以主要成分雪莲总黄酮为工艺优选指标，通过正交试验法优选出制备雪莲风湿灵胶囊工艺条件，即采用 8 倍量的 65%乙醇热回流法提取雪莲花。该方法干浸膏收率多，而且主要成分总黄酮含量高。

卫生部《药品标准》中复方雪莲胶囊的质量控制主要包括性状、理化鉴别、胶囊剂制剂通则项下检查，而无薄层鉴别和含量测定指标。戴斌等对复方雪莲胶囊的理化鉴别及总黄酮的含量测定进行了研究，测得黄酮苷的平均含量为 8.003mg/g，回收率 106.1%±3.2%，变异系数 4.62%。

为更有效地控制产品质量，黎玉红等建立了该制剂中雪莲、延胡索的薄层色谱鉴别方法、乌头碱的限量检查以及延胡索乙素的含量测定项。鉴别项、检查项采用薄层色谱法（TLC）。含量项采用高效液相色谱法（HPLC）测定制剂中的延胡索乙素。高效液相色谱条件：Kromasil ODS C_{18}柱，流动相：甲醇-磷酸盐缓冲液（65：35）。方法学考察结果表明 TLC 具有专属性，HPLC 准确可靠，回收率为 100.7%，RSD 为 1.6%。

张慧等应用高效液相色谱法测定复方雪莲胶囊中芦丁的含量。作者采用十八烷基硅烷键合硅胶为填充剂，流动相为乙腈-水-磷酸（5∶95∶0.2），检测波长为356nm，流速为1.2mL/min。结果显示芦丁的线性范围为0.05928~0.53352μg（r=0.9999），回收率为95.56%~99.26%，RSD为1.56%。

简龙海等以去氢木香内酯和脯氨酸为参照物，建立了液相色谱-四极杆-飞行时间质谱（LC-Q-TOF MS）法鉴别复方雪莲胶囊中的大苞雪莲内酯及其β-D-葡萄糖苷和大苞雪莲碱。作者采用Zorbax RRHD C_{18}色谱柱，乙腈-0.1%甲酸为流动相，梯度洗脱。质谱采用电喷雾离子化（ESI）源，以正离子模式采集MS与MS/MS信号。

孙殿甲等采用转篮法测定了复方雪莲胶囊中总黄酮的溶出度，结果表明3个批号胶囊溶出度参数T_{50}、T_d值均无显著性差异，T_{50}、T_d值与崩解时限无显著性相关，说明3种批号胶囊剂的溶出度相近，30分钟内溶出量均在85%以上，其溶出不受崩解度的影响。

赵荣春等采用干燥粉末法测定得到复方雪莲胶囊内容物的CRH为43.5%，复方雪莲胶囊中总黄酮含量受水分、光照的影响而下降。在水分和光照影响下，总黄酮的降解模型符合一级和零级动力学模型，因此在生产过程中应控制环境的相对湿度和胶囊粉的含水量。加速试验表明，本品室温储存期为2年。

新疆药物研究所研发了规格为0.35g/粒的雪莲痛风胶囊，该制剂由雪莲、黄连、马钱子、黄芪、全蝎、人参、防风7味药组成，具有益气养血、祛风散寒、舒筋通络、活血止痛之功效。彭桂等建立了测定雪莲痛风胶囊中士的宁的高效液相色谱方法。作者采用Symmetry C_{18}色谱柱（4.6mm×150mm，5μm），检测波长为260nm，流动相为乙腈-0.01mol/L庚烷磺酸钠与0.02mol/L磷酸二氢钾等量混合溶液（用10%磷酸调节pH为2.8）（22∶78），流速为1.00mL/min，柱温25℃。士的宁进样量与色谱峰面积在0.0783~0.39151μg范围内呈良好的线性关系（r=0.9995），平均加样回收率为98.76%，RSD为1.7%（n=9），精密度试验RSD为1.5%（n=5），重复性试验RSD为1.3%（n=5），稳定性试验RSD为1.6%（n=5）。

二、复方雪莲软胶囊

复方雪莲软胶囊系应用软胶囊的制剂技术，在复方雪莲胶囊基础上，改变剂型制成的一种混悬型软胶囊。目前上市的品种为新疆特丰药业有限公司生产的品种（国药准字Z20080170），每粒装0.5g。

高晓黎等采用《中国药典》2000 年版附录 C 第 3 法，以纯水为介质，温度为（37±0.5）℃，转速 50r/min，考察不同时间点复方雪莲软胶囊与硬胶囊中芦丁的溶出百分率，计算溶出参数 m、T_{50}、T_d。经方差分析，复方雪莲硬胶囊及软胶囊溶出参数具有显著性差异。提示复方雪莲软胶囊的溶出度快于硬胶囊，根据体外溶出度与体内生物利用度的相关性可以预测，复方雪莲胶囊制成软胶囊后，可提高制剂的生物利用度。

冯崴等申请了复方雪莲软胶囊及其制备工艺的发明专利，该制剂中囊心物按重量百分比含有以下成分：10%～70%生药提取物、上述比例中药提取得到的挥发油、0～2%的抗氧化剂、0～20%的囊化稳定剂和余量的稀释剂。其囊壳按原料重量百分比含有 35%～45%的明胶、18%～22%的增塑剂、0.08%～0.11%的防腐剂、0～3%的遮蔽剂、0～1%的色素、0～0.1%的矫味剂和余量的水。上述复方雪莲软胶囊的制备工艺包括囊壳制备、囊心物制备和软胶囊压制。

在雪莲软胶囊的研发和生产中也发现了相关的技术问题，即软胶囊崩解迟缓现象随着时间的推移在储存期内会越来越严重。陈静等通过筛选复方雪莲软胶囊胶皮处方，改善了其在储存期内随时间延长崩解迟缓这一突出问题。作者根据单因素考察结果，以平衡溶胀量为指标，通过正交试验优选胶皮处方，结合极差分析法、直观法并考虑到生产成本，确定优选胶皮处方为柠檬酸用量为明胶的 6%，甘氨酸用量为明胶的 5%，甘油和山梨醇的比例为 2∶1。验证实验表明在软胶囊胶皮处方中加入柠檬酸、甘氨酸有助于缓解崩解迟缓现象的发生。

朱金芳等人建立了复方雪莲软胶囊的质量标准，并对复方雪莲软胶囊与硬胶囊的质量进行了对比研究。作者从制剂质量标准必需的鉴别、检查、含量测定 3 个方面，对比考察复方雪莲软胶囊与硬胶囊的质量。结果表明两种制剂鉴别实验均为阳性，崩解度均符合《中国药典》规定，均未检出毒性成分双酯型乌头碱，两种制剂中芦丁的含量也基本一致。提示复方雪莲软胶囊与硬胶囊各项质量指标基本一致。

三、复方雪莲胶囊剂的改剂型产品

1. 复方雪莲片

毛友昌等报道了复方雪莲片的制备方法：

（1）雪莲粉碎成过 5～30 目粗粉，乙醇浓度 50%～80%，每次用量为药量的 2～8 倍，回流 2～3 次，每次 1～3 小时，雪莲醇提液制成干膏，干膏粉碎成过

80~160 目的细粉备用。

（2）延胡索等七味水提醇沉制成干膏并收集挥发油。延胡索、羌活、川乌、独活、草乌、木瓜、香加皮七味药粉碎成粗粉，通常为过 5~20 目粗粉，第一次加水量为药量的 6~12 倍，时间为 2~4 小时，第二、三次加水量为药量的 3~8 倍，时间为 0.5~3 小时，最佳条件为：第一次加水量为药量的 8 倍，时间为 2 小时，第二、三次加水量为药量的 6 倍，时间为 1.5 小时。

（3）工艺中收集的挥发油用环糊精制成挥发油环糊精包合物。

（4）工艺中的水蒸煮液，浓缩成相对密度 1.15~1.40（80℃）的稠膏，在 1.05~1.15（60℃）的浓缩液喷雾干燥成干膏粉，过 80~160 目备用。

（5）上述备用物料，按要求折算后投加辅料（辅料可以是 β-环糊精、羟基 β-环糊精、微晶纤维素、交联聚维酮、羧甲淀粉钠、聚维酮 K30、微粉硅胶、低取代羟丙纤维素、淀粉、糊精、硬脂酸镁中的任何一种/多种混合使用），压片，包衣（包衣材料采用胃溶型薄膜衣预混剂）。

该药是在现有胶囊剂基础上剂型工艺改革研制的，对保留和稳定挥发性成分有突破性改进。

王雪峰等建立了复方雪莲片（雪莲、延胡索、制川乌、独活等）的质量标准，鉴别项、检查项采用薄层色谱法（TLC），含量项采用高效液相色谱法（HPLC）测定制剂中的延胡索乙素。高效液相色谱条件：Kromasil ODS-1C_{18}柱，流动相为甲醇-磷酸盐缓冲液（65∶35）。结果表明 TLC 具有专属性，HPLC 准确可靠，回收率为 100.7%，RSD 为 1.6%。

2. 复方雪莲滴丸

罗玉琴采用 L9（3^4）正交试验设计，以绿原酸、芦丁、蛇床子素和异欧前胡素含量及固含量为指标综合评价，优选雪莲、独活、羌活、木瓜、香加皮五味药的提取条件，采用大孔吸附树脂技术研究并明确了纯化工艺参数，同时考察了上述指标成分的转移率。分别采用单因素试验和 L9（3^4）正交试验设计，以总生物碱、延胡索乙素含量及固含量为综合评价指标，优选了制川乌、制草乌和延胡索（醋制）三味药的提取条件。优选的提取工艺为：制川乌、制草乌和延胡索（醋制）三味加 50%乙醇溶液浸泡 1 小时，提取 2 次，第一次加处方药材量的 8 倍提取 2 小时，第二次加 6 倍提取 1.5 小时。其余五味加处方药材量 12 倍的 65%乙醇溶液回流提取 3 次，每次 1 小时，浓缩后用 HPD400 型大孔树脂纯化，上样液用 HCl 调 pH 值 2~3，先用 3BV 的酸水冲洗，再分别用 30%乙醇、50%乙醇和95%乙醇各4BV洗脱，流速1 BV/h，合并醇洗脱液。在成型工艺研究中，采用正交试验设计，以滴丸的硬度、圆整度、拖尾、粘连及丸重变异系数为综合评价指标，考察了基质种类及其与基质的配比、滴制温度对指标的影响；以丸重变异系数及溶散时限为指标，考察了冷却剂温度、滴口径大小、滴距、滴速对指标的影响，优选了成型工艺。成型工艺中，药物与基质（PEG4000：PEG6000=1：1）为1：2，75℃熔融混匀，滴口径3.8/4.9mm，滴距6cm，滴速30d/min，冷却剂为15℃二甲基硅油。作者进而采用抗炎、镇痛动物模型，对纯化前、后的提取物制备的两种滴丸与复方雪莲胶囊进行药效比较研究，评价采用大孔树脂纯化工艺的合理性。初步药效学实验表明，采用纯化工艺的提取物制备的滴丸能减少醋酸所致小鼠扭体次数、延长热板所致小鼠痛阈值；对二甲苯致小鼠耳肿胀及冰醋酸致小鼠腹腔毛细血管通透性均有明显降低，其作用优于胶囊（$P<0.05$），而纯化工艺本身对药效的影响无显著性（$P>0.05$）。

四、雪莲总黄酮胶囊

全军高原环境损伤防治课题组前期研究发现，雪莲黄酮类成分亦可用于防治由于高原环境不适而出现的头昏头痛、心悸气短、胸闷乏力、恶心、食欲不振等症。但雪莲总黄酮提取物吸湿性大、易结块变质。为了保证药物在制剂中的稳定性和含量的均一性，何蕾等在前期研究的基础上，将雪莲总黄酮制成胶囊。作者以休止角、吸湿率、堆密度、临界相对湿度为考察指标，对辅料种类（乳糖、β-环糊精、可溶性淀粉、微粉硅胶、微晶纤维素）及辅料加入量进行筛选，确定优选成型工艺条件并进行验证实验。结果表明以微粉硅胶为辅料所制处方颗粒的休止角和吸湿率结果更符合要求，其最佳加入量为10.0%（与雪莲总黄酮浸膏配比为1：9），选用0号胶囊。颗粒的临界相对湿度为62%，最优成型工艺条件所制3批样品颗粒的休止角为31.8°、堆密度为0.308 5g/mL、临界相对湿度为62.13%、崩解时限为18.67分钟、水分为7.8%（RSD≤1.15%，$n=3$），均符合胶囊的质量要求。

马慧萍等采用薄层色谱法定性鉴别了雪莲总黄酮胶囊的主要有效成分芦丁和绿原酸；采用紫外分光光度法测定制剂中总黄酮的含量，并采用高效液相色谱法测定其中芦丁的含量，色谱柱为Hypersil ODS2 C_{18}柱（150mm×4.6mm，5μm），流动相为甲醇-水（40：60），流速为1mL/min；柱温为室温，检测波长为340 nm。结果薄层定性鉴别的斑点清晰，分离效果良好；总黄酮含量在9.84~59.04μg/mL范围内具有良好的线性关系（r=0.999 7），平均回收率为99.32%，RSD为1.47%（n=6）；芦丁含量在4~120μg/mL范围内具有良好的线性关系（r=0.9999），平均加样回收率为97.98%，RSD为1.35%（n=6）。

第四节　四味雪莲花颗粒

四味雪莲花颗粒收载于《国家中成药标准汇编·内科心系分册》（中成药地方标准上升国家标准部分）。

处方：红景天200g，雪莲花50g，大黄50g，蕨麻100g，蔗糖2400g。

制法：以上四味药材，取大黄粉碎成粗粉，加70%乙醇回流提取2次，每次1.5小时，合并提取液，滤过，药渣与红景天、蕨麻粗粉加适量水浸泡5小时，煎煮3次，第一次3小时，第二、三次各1.5小时，合并煎液，滤过，滤液浓缩至1500mL。雪莲花加60%乙醇浸泡3天，倾出浸液，再用10%乙醇浸泡2天，合并浸液，滤过；合并上述提取液，加乙醇适量使含醇量达50%，冷藏24小时，滤过，滤液回收乙醇并浓缩至相对密度为1.20~1.25（20℃）的清膏，加蔗糖，制成颗粒，干燥，即得。

藏医认为该方可用于三大因素平衡紊乱，隆、培根功能失调，气血上升，血瘀痰阻所致的高脂血症。中医认为该方具有活血温经、化浊除脂之功效，用于痰浊瘀阻所致高脂血症。

原标准中含量测定为高效液相色谱法测定大黄素含量，张秀峰则通过高效液相色谱法同时测定大黄素、大黄酚的总量。采用RP-HPLC法，用Hypersil-ODS C_{18}（250mm×4.6mm，5μm）色谱柱，以甲醇-0.1%磷酸溶液（80：20）为流动相，检测波长为254nm，流速为1mL/min。结果表明在此色谱实验条件下，大黄素进样量在0.003176~0.031 76μg范围内与峰面积呈线性关系，平均加样回收率为98.1%，RSD为2.1%（n=9）。大黄酚进样量在0.004 41~0.044 1μg范围内与峰面积呈线性关系，平均加样回收率为98.9%，RSD为2.3%（n=9）。

第五节　雪莲口服液体制剂

一、雪莲口服液

合剂系指饮片用水或其他溶剂，采用适宜的方法提取制成的口服液体制剂，单剂量灌装者也可称“口服液”。雪莲口服液是以雪莲为原料，运用现代技术研制而成的纯天然口服制剂，具温肾助阳、祛风胜湿、活血通经之功效；临床上用于肾阳不足、寒湿瘀阻所致的风湿性关节炎、类风湿性关节炎及痛经等症的治疗，收载于《国家中成药标准汇编·脑系经络肢体分册》。

其制法为：取天山雪莲，用65%乙醇加热回流提取2次，第一次1.5小时，第二次1小时，合并提取液，滤过，滤液回收乙醇，浓缩至约600mL，加入乙醇使含醇量达65%，4℃冷藏24小时，取上清液，滤过，滤液回收乙醇至无醇味，加入单糖浆、枸橼酸，搅匀，加水至规定量，搅匀，灌装，灭菌，即得。

其质量标准包括性状、鉴别（天山雪莲花对照药材TLC鉴别）、检查（相对密度应不低于1.05、pH值应为3.5~5.5、应符合合剂项下有关的各项规定）、含量测定，含量测定方法为紫外分光光度法测定总黄酮。

艾则孜等建立了雪莲口服液中多糖分子量的HPGPC测定方法。色谱柱为TSK-Gel G4000PW_{XL}（7.8mm×30cm），预柱TSK-Gel G4000PW_{XL}（6.0mm×4cm）。流动相为0.7%硫酸（0.02%叠氮钠）溶液，流速为0.5mL/min，柱温35℃，示差折光检测器。结果表明雪莲口服液多糖重均分子量的线性范围10000~133800（r=0.9993），测得重均分子量为37199。

贾丽华等建立了RP-HPLC法测定天山雪莲口服液中绿原酸及芦丁的方法。色谱柱为Waters Symmetry Shield^{TmM} RP_{18}（250mm×4.6mm，5μm），以乙腈-0.4%磷酸溶液洗脱，体积流量为1.0mL/min，柱温为40℃，检测波长为340 nm；进样量为10μL。结果绿原酸及芦丁的线性范围分别为0.101 9~1.426 6μg（r=0.999 9），0.1056~1.4784μg（r=0.9999）。加样回收率分别为98.6%（RSD为2.42%）、102.7%（RSD为1.43%）。

凯赛尔·阿不拉等采用HPLC以梯度洗脱对雪莲口服液中紫丁香苷的含量测定方法进行了研究，色谱柱为Waters Symmetry Shield^{TmM} RP_{18}（250mm×4.6mm，5μm），流动相A（水-乙腈，92∶8）-B（水-乙腈，86∶14），梯度洗脱，时间程序为 0min→30min→35min→40min. A：100%→0%→100%→100%；流速 1mL/min。柱温 40℃，检测波长 220nm，进样量 10μL。紫丁香苷在 0. 0202～0. 202μg 范围内呈良好的线性关系，平均回收率 100. 3%，样品中紫丁香苷平均质量浓度为 0. 026 mg/L。

依力哈木·买买提等采用高效液相色谱法，对雪莲口服液中去氢木香内酯的含量测定进行了研究。色谱柱为 Waters Symmetry Shield^{TmM} RP_{18}（250mm×4. 6mm，5μm），流动相：甲醇-水（65∶35），流速 1mL/min，检测波长为 225nm。去氢木香内酯在 0. 10～2. 08μg 范围内呈良好的线性关系，平均回收率 98. 6%，RSD 为 0. 9%，样品中去氢木香内酯含量约为 0. 06mg/mL。

二、复方雪莲口服液体制剂

1. 雪莲通脉口服液

雪莲通脉口服液系乌鲁木齐市中医院根据多年临床经验及中医理论、现代药效学研究而研制出的新药，由天山雪莲、肉苁蓉等二十几味药材组成，具有增强机体活力、降低血液黏度、改善微循环、提高机体免疫功能等作用，对治疗脑动脉硬化及缺血性中风具有独特疗效。为控制其内在质量，赵文等利用紫外分光光度计对处方中的君药雪莲进行了含量测定。

2. 脉通口服液

脉通口服液是以天山雪莲、西洋参、肉苁蓉、红花、何首乌等十六味中药组成的中药口服液，适用于治疗心脑血管疾病的治疗，具有活血化瘀、降低高血脂等作用。张玉祥用正交试验方法对西洋参的渗漉、雪莲的煎煮条件等进行优化。确定了优选工艺为：西洋参渗漉条件为 80%的乙醇渗漉，收集 8 倍量的渗漉液；天山雪莲等十几味中药煎煮提取 2 次，每次 1 小时，用 8 倍量、5 倍量的水提取 2 次；醇沉时浓缩到相对密度为 1. 20，并醇沉到含醇量 60%。

3. 雪莲降脂口服液

雪莲降脂口服液系根据传统中医益气补肾、活血化瘀理论，采用现代中药提取工艺研制而成的新制剂，具有服用方便、副作用小、疗效确切的特点。临床上适用于中老年肾虚引起的腰膝酸软、神疲乏力、头晕耳鸣、失眠健忘、胸闷气短等，对高血脂、动脉硬化有较好效果，可用于防治缺血性心脑血管疾病。

处方：天山雪莲 18g，红花 20g，川芎 20g，蒲黄 20g，牛膝 30g，益母草 40g，肉苁蓉 40g，何首乌 40g，葛根 30g，槐花 20g，决明子 40g，西洋参 40g，山楂60g，泽泻24g，水蛭12g，鸡内金12g，制成口服液10mL× 100支。

工艺：取西洋参按照《中国药典》一部附录流浸膏项下方法制备，用80%乙醇溶液渗漉，收集渗漉液，减压回收乙醇，浓缩液备用。其余药材用水洗净后，加入约5倍量蒸馏水，浸泡0.5小时，加热煎煮2小时，收集水提液，药渣再加入约5倍量蒸馏水煎煮2小时，合并水提液，过滤，滤液浓缩至相对密度1.15~1.20，放冷至室温，缓缓加入2倍量95%乙醇溶液，边加边搅拌，放置24小时，过滤，沉淀用95%乙醇洗涤，然后减压回收乙醇。合并上述药液，加蒸馏水至1000mL，过滤分装灭菌即可。

关杏仪等采用TLC鉴定雪莲降脂口服液中的大黄素，以紫外分光光度法测定口服液中总黄酮的含量，结果显示雪莲降脂口服液中含有大黄素，所含总黄酮量为2.56g/L，回收率为97.9%，标准差为1.58%。

4. 活络通口服液

活络通口服液是由天山雪莲、肉苁蓉、何首乌、决明子等十六味中药组成的制剂，具有益气补肾、活血通络的作用。原标准为国家食品药品监督管理局试行标准，标准编号为WS-5737-（B-0737）-2002。原标准包括了天山雪莲花西洋参、何首乌、山楂、决明子、槐花与肉苁蓉的TLC鉴别，以及葛根素的含量测定。

蔡玉荣等对原质量标准进行验证，结果表明该标准除西洋参的TLC鉴别及葛根的含量测定基本可以重现外，其他的薄层色谱鉴别重现性较差，均需要修订。为此，作者完善了活络通口服液的质量标准。采用薄层色谱法对制剂中天山雪莲、肉苁蓉、西洋参、何首乌与泽泻进行定性鉴别；高效液相色谱法测定天山雪莲与槐花中芦丁的含量以及葛根中葛根素的含量。结果表明薄层色谱鉴别的色谱斑点清晰，阴性对照无干扰；芦丁的加样回收率为98.2%，RSD为2.0%（$n=9$），线性范围为0.0098~0.4486mg/mL（$r=1$）；葛根素的加样回收率为96.5%，RSD为0.6%（$n=9$），线性范围为0.0075~0.4223mg/mL（$r=1$），在此基础上制定了新标准，修订了天山雪莲、肉苁蓉、西洋参与何首乌的TLC鉴别；拟删去专属性不强的山楂、决明子的TLC鉴别；槐花药味已有含量测定控制，拟删去槐花的TLC鉴别；新增泽泻的TLC鉴别。

5. 口服强化雪莲酮

李军等为了提高疗效，方便患者，在雪莲注射液的基础上进行了改进、精选，研制出一种以新疆雪莲为主药，与独活、秦皮、甘草等中医传统用药提取的主要成分相互配制成的新型抗风湿药物——口服强化雪莲酮制剂。

制法：取新疆雪莲、秦皮、甘草、独活，剔除杂质，后三味切片，前三味药按浸渍法制成流浸膏，独活按水蒸气蒸馏法制成蒸馏液，各味药按比例配制混匀后，加一定量的药酒和水使含醇量为 26%～30%，以 40% NaOH 液调 pH 7.0～7.5，以纸浆滑石粉-滤球过滤后，滴加适量食用香精，分装于 250mL 瓶中即可。每天口服 2 次，每次 5mL，连续使用 2～3 个疗程。

作者进而以雪莲注射液为对照，对口服强化雪莲酮进行了兔体内药代动力学研究，结果口服强化雪莲酮峰浓度 14.11μg/mL，达峰时间 4.23 小时，雪莲注射液的峰浓度 15.51μg/mL，达峰时间 0.63 小时，口服强化雪莲酮在兔体内的半衰期 8.68 小时，雪莲注射液的半衰期 4.65 小时，雪莲酮在兔体内半衰期约为雪莲注射液的 2 倍；雪莲酮 0～12 小时峰面积 AUC 为 139.95μg·h/mL，雪莲注射液 0～12 小时峰面积 AUC 为 93.02μg·h/mL，雪莲酮 0～12 小时峰面积约为雪莲注射液 0～12 小时峰面积的 1.5 倍。说明雪莲酮吸收速度缓慢，体内作用持久，相对生物利用度高。

6. 雪莲药酒

卫生部《药品标准·中药成方制剂》第八册收载有雪莲药酒（WS_3-B-1627-93），处方为雪莲 50g，红花 30g，秦艽 10g，羌活 10g，独活 10g，制川乌 5g，新疆藁本 10g，枸杞子 25g，肉苁蓉 10g，当归 10g，熟地黄 10g，甘草 5g。

制法：以上十二味，粉碎成粗粉，装入纱布袋，加入白酒（50 度）2500g，密闭浸泡 65 天，每天搅动 2 次。另取蔗糖 300g 制成单糖浆，加入浸泡液中，搅匀，静置，滤过，即得。本品为棕黄色的澄清液体，气芳香，味甘、微苦，略有麻辣感，具有祛风散寒、补肾活血之功效，用于风寒湿痹、筋骨疼痛、四肢麻木。用法与用量为口服，一次 30～50mL，一日 2 次。

本品原标准只有乙醇量检查，无含量测定、鉴别项。王芳等人建立了测定雪莲药酒中羟基红花黄色素 A 含量的 HPLC 法。作者选用色谱柱 Kromasil ODS-1C_{18}（250mm×4.6mm，5μm），以甲醇-乙腈-0.7%磷酸（26∶2∶72）为流动相，流速 1.0 mL/min，检测波长 403nm，柱温 40℃，进样量 10μL。结果表明在进样量 0.050 6～0.404 8μg 范围内，羟基红花黄色素 A 色谱峰面积有良好的线性关系，标准曲线方程为 A = −78 589C+2 890 724.12，r = 0.999 9，RSD 为 1.63%（n = 5），重现性 RSD 为 0.49%（n = 6），平均回收率（n = 9）为 98.5%，RSD 为 1.67%，同时作者还建立了雪莲药酒处方中天山雪莲、秦艽、当归的 TLC 鉴别方法。

黄克禄等报道了西藏日喀则制药厂生产的雪莲药酒（藏药批字 19 号），该制剂处方为雪莲 500g，木瓜 50g，独活 35g，秦艽 25g，桑寄生 50g，杜仲 40g，当归 40g，党参 50g，黄芪 40g，鹿茸 15g，巴戟天 25g，补骨脂 25g，香附 20g，黄柏 20g，芡实 50g，五味子 15g。该制剂制法为以上十六味，粉碎成粗粉，置容器内，加入白酒 1500g，密闭浸泡 25~30 日。取渣榨净去之，澄清酒液，投入冰糖 1500g，浸化过滤，即得棕褐色澄明液体。本品气醇香，味微甜略苦，具有祛风除湿、养血生精、补肾强身之功效，用于风寒湿痹、肾虚腰痛、倦怠无力、目暗耳鸣、月经不调。用法与用量为口服，一次 15~20mL，一日 2 次。

第六节　雪莲栓剂

栓剂系指原料药物与适宜基质制成供腔道给药的固体制剂。栓剂因施用腔道的不同，分为直肠栓、阴道栓和尿道栓。中药栓剂可避免因胃、肠等消化道的影响而使药物失活或药物刺激胃肠；中药经直肠吸收后，可避免受到肝脏的“首过效应”；中药大都比较苦涩，不利于口服给药，若使其做成中药栓剂对不能、不便或不愿用其他方式给药的患者，可增加用药依从性。但中药栓剂的给药方式不够方便，载药量有限，对储存条件的要求较高。

斯拉甫·艾白等人报道了一种雪莲前列宁制剂的发明专利，该制剂是由原料药雪莲、紫草、莪术、红花、三棱、乳香和没药，辅料为混合脂肪酸甘油酯和十二烷基硫酸钠制成，是治疗前列腺炎和前列腺增生（肥大）的外用药。试验结果表明，具有抗菌、消炎、镇痛、增强机体免疫力，显著抑制前列腺增生，提高血清溶血素产生和提高血清溶菌含量，清除体内各种多余自由基，提高抗氧化酶的活性，同时内含高浓度包膜破壁因子，使该药直达病灶，对金黄色葡萄球菌、大肠杆菌、变形杆菌、表皮葡萄球菌、绿脓杆菌、白色念珠菌、梅毒螺旋体、淋病双球菌、滴虫等有直接杀灭作用。该制剂清热解毒、活血化瘀、利尿消肿，对久治不愈的慢性前列腺炎及前列腺增生（肥大）有起效迅速、标本同治的独特功效。

希尔艾力·吐尔逊等人采用薄层色谱（TLC）法对雪莲前列栓进行了定性鉴别研究，建立了制剂雪莲的薄层定性鉴别方法，并采用高效液相色谱（HPLC）法测定了制剂中绿原酸的含量，为本品质量标准的制定提供了依据。使用 Waters

Rp C_{18}色谱柱（150mm×4.6mm，5μm），检测波长为 327nm，流动相为乙腈-0.4%磷酸溶液（10∶90），流速为 1.0mL/min，柱温 35℃。结果显示在 TLC 图谱中可检出雪莲的特征斑点，HPLC 法在绿原酸 26.68~293.48μg 范围内，有良好的线性关系（$r=0.9998$，$n=6$），平均加样回收率为 97.86%（$n=9$），RSD 为 1.89%。

妇清雪莲栓系以雪莲为主药的超临界 CO_2萃取物制成的中药复方栓剂，由广州汉方现代中药研究开发有限公司研制，临床主要用于治疗妇科疾病霉菌性阴道炎、滴虫性阴道炎、宫颈糜烂等。钟玲等对水母雪兔子进行超临界 CO_2及含夹带剂的超临界 CO_2萃取，所得部位分别进行硅胶柱层析分离单体；超临界 CO_2萃取后药渣，通过乙醇回流提取，经硅胶柱层析分离单体化学成分。运用各种理化鉴别及 IR、EI-MS、ESI-MS、1H-NMR、13C-NMR 等光谱技术鉴定分离得到的化合物。作者建立了超临界 CO_2萃取响应曲面模型，从非挥发性有关部位分离出 12 种化合物，经各种光谱及理化鉴别，鉴定了 10 个化合物，包括 1 个高级脂肪酸类、1 个甾醇类、4 个黄酮类、3 个香豆素类及 1 个糖类成分。

第七节　雪莲巴布剂及复方雪莲烧伤膏

一、雪莲巴布剂

凝胶贴膏（原巴布膏剂或凝胶膏剂）系指原料药物与适宜的亲水性基质混匀后涂布于背衬材料上制成的贴膏剂。常用基质有聚丙烯酸钠、羧甲纤维素钠、明胶、甘油和微粉硅胶等。作为一种新型的贴剂型药物，中药巴布剂可用于软组织挫伤、跌打损伤、肌肉痛、关节痛、骨折、变形性关节炎、肩周炎、腱鞘炎等外伤及骨病等疾病的治疗。相较于传统的贴膏剂，中药巴布剂主要是以高分子基质材料为主，有利于充分发挥药物的药性。

雪莲巴布剂是由天山雪莲经提纯加工而制成的外用贴剂，用于治疗风湿性关节炎、类风湿关节炎，其有效成分为紫丁香苷、绿原酸和芦丁。邢建国等研究不同透皮促进剂对天山雪莲巴布剂中 3 种有效成分体外经皮渗透的影响，筛选有效的透皮吸收促进剂。作者采用改良的 Franz 扩散池，以离体大鼠皮肤为透皮屏障，用高效液相色谱法测定透皮吸收促进剂对紫丁香苷、绿原酸及芦丁的透皮速率及累积透皮百分率等体外透皮吸收动力学参数的影响。对氮酮（azone）、丙二醇

(PG)透皮吸收促进剂单独应用和合用的促渗效果进行考察。结果表明7%氮酮为促进剂，天山雪莲巴布剂中紫丁香苷、绿原酸及芦丁3种有效成分的促透效果最好。

段红等用改良Franz扩散池法进行体外透皮扩散实验研究了雪莲巴布剂中紫丁香苷、绿原酸及芦丁的体外透皮特性，作者用高效液相色谱法测定不同时间点的透皮接收液中紫丁香苷、绿原酸及芦丁的浓度，并进行模型拟合，雪莲巴布剂体外透皮特性符合Higuchi方程。

邢建国等申请了一种涉及雪莲提取物和雪莲巴布剂及其生产方法的专利。该专利中雪莲提取物含有紫丁香苷、绿原酸和芦丁，分别是雪莲注射液的6倍、16倍和200倍。该雪莲巴布剂（按原料重量份）组成为雪莲提取物、黏着剂、保湿剂、填充剂、增稠剂、交联剂和透皮促进剂，其药效学试验结果表明，本雪莲巴布剂有明显拮抗化学所致疼痛、抑制伤害反应和抗炎作用，对膜残留性、皮肤追随性、使用舒适性、皮肤不适症状、揭扯痛感均效果较好，可反复揭扯和敷贴，对皮肤的生物相容性、亲和性、透气性、耐汗性好，而且不容易过敏。

二、复方雪莲烧伤膏

复方雪莲烧伤膏（规格30g），主要处方药材包括雪莲、紫草、西红花、熊胆粉、麝香、冰片，具有解毒消肿、止痛生肌的功效，用于各种原因引起的浅Ⅱ度、深Ⅱ度烧、烫伤的治疗。陈引秀等建立了复方雪莲烧伤膏无菌检查法，作者采用聚山梨酯80和十四烷酸异丙酯溶解药品制成供试液，按《中国药典》(2005年版）薄膜过滤法进行方法学验证，结果表明药品试验菌与6株阳性对照菌比较生长良好，提示采用该法对复方雪莲烧伤膏进行无菌检查其方法科学、准确、可靠。

第八节 雪莲凝胶剂

凝胶剂系指原料药物与能形成凝胶的辅料制成的具凝胶特性的稠厚液体或半固体制剂。除另有规定外，凝胶剂限局部用于皮肤及体腔，如鼻腔、阴道和直肠。乳状液型凝胶剂又称为乳胶剂。由高分子基质如西黄蓍胶制成的凝胶剂也可称为胶浆剂。小分子无机原料药物如氢氧化铝凝胶剂是由分散的药物小粒子以网状结构存在于液体中，属两相分散系统，也称混悬型凝胶剂。混悬型凝胶剂可有触变性，静止时形成半固体而搅拌或振摇时成为液体。凝胶剂基质属单相分散系统，有水性与油性之分。水性凝胶基质一般由水、甘油或丙二醇与纤维素衍生物、卡波姆和海藻酸盐、西黄蓍胶、明胶、淀粉等构成；油性凝胶基质由液状石蜡与聚乙烯或脂肪油与胶体硅或铝皂、锌皂等构成。

天山雪莲凝胶剂是以天山雪莲单味药材为原料制成的维药新制剂，具有补肾活血、强筋骨、营养神经、调节异常体液等功效，是治疗风湿性关节炎的有效药物。

黄贤惠等采用正交设计法，以凝胶剂基质在室温下的黏度和屈服值、在体表温度下的黏度和屈服值、触变性为指标，优化处方中卡波姆 940、氮酮、丙二醇和无水乙醇的用量。结果表明天山雪莲凝胶剂基质处方优选配比为卡波姆-氮酮-丙二醇-无水乙醇（2.0：2.0：15.0：30.0）。采用该优选处方制备的天山雪莲凝胶剂均匀透明，黏度适中，触变性良好。

王新春等申请了一种抗炎镇痛雪莲凝胶剂及其制备方法的发明专利。雪莲凝胶剂以雪莲为原料，与作为基质的可药用载体一起制备而成，其中基质由不同配比的水溶性凝胶基质架材料、保湿剂、防腐剂、透皮促进剂等按比例配制而成。该发明产品抗炎镇痛疗效显著、基质载药量大，制备方法简单、易于涂布，使用方便，价格低廉，便于外出携带，具有良好的皮肤渗透性、涂展性、使用方便的特点，提高了患者的顺应性。

黄贤慧等用薄层色谱法对天山雪莲凝胶剂进行定性鉴别，用高效液相色谱法同时测定天山雪莲凝胶剂中的绿原酸和芦丁含量，建立了天山雪莲凝胶剂质量标准。结果表明薄层鉴别的色谱斑点清晰，阴性对照无干扰，定量测定绿原酸质量浓度在 2.4~48.0μg/mL 范围内呈良好的线性关系，平均回收率为 101.18%，RSD 为 0.57%（$n=6$）；芦丁质量浓度在 3.25~65.0μg/mL 范围内呈良好的线性关系，平均回收率为 102.12%，RSD 为 1.41%（$n=6$）。

第九节　雪莲透皮吸收剂

经皮给药系统（Transdermal Drug Delivery Systems，简称 TDDs）或称经皮治疗系统（Transdermal Therapeutic Systems，简称 TTS）系指皮肤贴敷方式用药，药物以一定的速率通过皮肤，经毛细血管吸收进入体循环产生药效的一类制剂。TTS 可避免肝脏的首过效应和胃肠道的破坏，维持较长的作用时间，减少给药次数，延长给药时间，维持恒定的有效血药浓度，降低药物毒性和副作用，提高疗效等。但是TTS制剂的开发需要综合考虑药物剂量、化合物性质等诸多方面的因素。

邢建国等为研发天山雪莲透皮给药制剂，特地测定了天山雪莲提取物的平衡溶解度及表观油水分配系数。作者采用HPLC法测定了天山雪莲提取物在水和7种有机溶剂中的平衡溶解度，以及天山雪莲提取物在正辛醇-水/缓冲盐溶液中的表观油水分配系数。结果表明分别以绿原酸和芦丁为指标，天山雪莲提取物在水中的平衡溶解度为400.81mg/L和559.65mg/L，表观油水分配系数为0.57（$\log P_{app}=-0.24$）和0.61（$\log P_{app}=-0.22$），甲醇中溶解度较大，分别为974.73mg/L和2 413.64 mg/L。以上结果提示天山雪莲提取物的脂溶性较好，其平衡溶解度和油水分配系数受pH影响较大。

谢敏等则优选了天山雪莲透皮微乳的处方，作者以芦丁及绿原酸为指标，采用HPLC法测定天山雪莲提取物在各溶媒中的溶解度，初步确定处方组成，通过绘制伪三元相图对天山雪莲水包油型微乳处方进行优化，测定优化处方的黏度、平均粒径、粒径分布等理化性质。结果表明$K_m=1:2$时，伪三元相图形成的微乳区域最大，微乳优选处方为RH40-1，2-丙二醇-油酸的比例为4：2：1，微乳平均粒径及黏度符合透皮微乳的要求，在高温、强光下无分层，无絮凝或药物析出。

谢敏等还研究了天山雪莲微乳对离体大鼠皮肤的渗透能力。作者采用Franz扩散池，以离体鼠皮为渗透屏障，采用HPLC法测定，以绿原酸和芦丁为检测指标，考察不同载药量的天山雪莲微乳体外透皮特点。结果表明天山雪莲微乳的透过百分率（P）随着微乳载药量的增加而增加，皮内滞留率则随着微乳载药量的增加而降低。

第十节 其他制剂新技术的应用

一、亲水凝胶骨架片

缓释制剂系指在规定的释放介质中，按要求缓慢地非恒速释放药物，与相应的普通制剂比较，给药频率比普通制剂减少一半或有所减少，且能显著增加患者依从性的制剂。缓释、控释制剂与普通制剂比较，药物治疗作用持久、毒副作用低、用药次数减少。由于设计要求，药物可缓慢地释放进入体内，血药浓度“峰谷”波动小，可避免超过治疗血药浓度范围的毒副作用，又能保持在有效浓度范围（治疗窗）之内的疗效。缓释、控释制剂也包括眼用、鼻腔、耳道、阴道、直肠、口腔或牙用、透皮或皮下、肌内注射及皮下植入等，使药物缓慢释放吸收，避免肝门静脉系统的“首过效应”的制剂。

但是缓释制剂的设计还必须考虑到药物的理化性质以及临床用途。中药提取物成分复杂，表现为化学性质的复杂性与不可控性，同时由于提取物中不同类别的主成分溶解性差异较大，因此在设计中药缓释制剂时必须考虑其提取物的物理化学性质，还要考虑各组分之间的相互作用。亲水凝胶骨架片主要通过控制药物在凝胶层的扩散和骨架的溶蚀而实现缓释，但是极易造成突释以及各成分释放不同步现象，为此在制剂处方筛选时需要考虑多方面的因素以避免此类情况的发生。

刘桂花等采用湿颗粒压片法，制备了每片含 300mg 天山雪莲提取物的骨架缓释片。作者采用正交实验法，以绿原酸、芦丁累积释放度综合评分 K 值为指标，优选 HPMC 用量、淀粉：乳糖的比例和微晶纤维素用量，优化了天山雪莲缓释片处方，确定优选处方为 HPMC K15M 用量为 17%，淀粉：乳糖为 2：1，MCC 用量为 1%，进而采用数学模型拟合释放曲线探讨了药物释药机制，优化后的处方释放模型符合 Higuchi 方程。

刘桂花等以绿原酸、芦丁为评价指标，建立体外释放度的测定方法，并进行体外释放度实验。结果天山雪莲缓释骨架片具有明显的缓释作用，提示缓释片的制备工艺合理可行，重复性好，体外释放度符合要求。

邢建国以羟丙甲纤维素（HPMC）为缓释骨架材料，采用湿法制粒、压片，制备天山雪莲缓释骨架片。测定天山雪莲缓释片中主成分绿原酸、芦丁在不同时间点的释放度，通过对体外释放曲线、2 小时、6 小时、12 小时累积释放度的综合评分 K 值及释放曲线相似因子 f_2 的综合比较，考察 2 种主成分体外释药的影响因素。结果骨架材料 HPMC 黏度和填充剂淀粉用量是影响绿原酸、芦丁释药速率的主要因素，HPMC 的粒径、黏合剂及制片压力等因素对二者释放的影响不大；微晶纤维素（MCC）可以增加二者后期的释放量。提示 HPMC K15M 能有效控制天山雪莲缓释骨架片中 2 种主成分的释放。

二、雪莲自微乳制剂

自微乳化药物给药系统（SMEDDS）是一种新型口服给药系统，它是油、乳化剂和助乳化剂组成的稳定、均一和各向同性的混合物，当它进入胃肠道遇到水相介质可在胃肠蠕动下自发乳化形成微乳，粒径小于 100nm，能促进难溶性药物的溶解，提高生物利用度，减少不良反应。与传统的片剂胶囊剂比较，SMEDDS 可以更快更好地达到体内吸收部位；药物分散在细小液滴中增大与吸收部位的接触面积；SMEDDS 中表面活性剂降低系统表面张力，增加对细胞膜的穿透性。丁沐淦等人的研究发现不同性质的药物对 SMEDDS 影响不同，油水分配系数大的脂溶性药物易溶于油相，可以增大载药量。溶解度小，油水分配系数也较小的药物载药量较小，而且自乳化后长时间放置会出现混浊。可能与自乳化后乳化剂和助乳化剂浓度的降低，对药物的增溶作用降低，而药物在油相的溶解度相对较小，从乳滴内核中泄漏有关。因此，处方前要考虑药物的有效剂量问题，剂量高而油水分配系数小的难溶性药物不适合制成 SMEDDS。

贾晓光等根据雪莲提取物在水中的溶解度高、在一些常用油相中溶解度较低的性质，通过配伍实验和伪三元相图的绘制，筛选了雪莲自微乳制剂处方中油相、乳化剂、助乳化剂的最佳配比和处方配比。确定了雪莲自微乳制剂处方组成为雪莲提取物、肉豆蔻酸异丙酯、司盘 80、吐温 80 和 1，2 -丙二醇，油相、乳化剂、助乳化剂质量比为 5 : 3.3 : 1.7。在此基础上，作者还建立了测定天山雪莲自微乳制剂中芦丁含量的 HPLC 方法，色谱柱为 Dikma C_{18}（150mm×4.6mm，5μm），流动相为甲醇-1%醋酸（4 : 6，pH 2.4）；检测波长为 257nm，流速 1mL/min，进样量 20μL，结果显示芦丁在 1～200μg/mL 范围内峰面积与其浓度呈良好线性关系，雪莲-SMEDDS 的载药量为 6.56%，微乳的平均粒径小于 50nm，形态符合要求。

三、天山雪莲提取物（SIHE）-磷脂复合物（PC）

磷脂复合物（phospholipid complex，PC）的形成是由于磷脂结构中磷原子上羟基中的氧原子有较强的得电子倾向，而氮原子有较强的失电子倾向。因此，在一定条件下，具有给电子或接受电子能力的药物分子可与磷脂分子间通过电荷迁移力、氢键作用以及范德华作用力形成磷脂复合物。基于国内外对黄酮磷脂复合物的药动学研究发现，黄酮磷脂复合物既能够有效地提高黄酮类药物的脂溶性，增强药物吸收，又能降低药物不良反应发生率，提高药物的生物利用度。

张雪峰等采用星点设计-效应面法优化了天山雪莲提取物（SIHE）-磷脂复合物（PC）制备工艺，旨在提高 SIHE 的生物利用度。作者考察了反应溶剂、反应时间、SIHE 反应物质量浓度、反应温度和投料比 5 个因素对复合率的影响，应用星点设计-效应面法设计实验，对指标与因素进行数学模型拟合，以效应面法预测优化并验证。利用红外光谱（IR）、X 射线衍射（XRD）对 SIHE-PC 结构进行分析。结果显示建立的多元二项式方程拟合度高，预测性好。优选的制备工艺条件为 SIHE 与大豆卵磷脂（SL）的投料比 1：2.5，反应物质量浓度 10mg/mL，反应时间 2 小时，在此条件下绿原酸复合率可达到 96%，芦丁复合率可达到 93%，IR、XRD 验证了 SIHE-PC 的形成。

四、纳米雪莲制剂药物及其制备方法

杨孟君公开了一种纳米雪莲药物制剂及其制备方法的专利，其特征在于它是用一定重量的纳米原料制成。选择配方用中药材炮制加工成中药饮片；分别置于提取罐中，加溶剂并导入微波萃取，使其以 20 亿~30 亿次/秒速度做极性变化运动，其微波萃取的温度为 30~60℃，时间 1~10 小时；将上述萃取液进行减压浓缩，温度为 30~60℃，时间为 3~72 小时，同时另收取中药中挥发性物质；将减压浓缩液与可挥发性物质合并置于喷雾干燥塔，用超音速射流技术，在 30~60℃、0~0.05MPa 下，以超音速瞬时射流干燥，其中超音速射流速度为 330~990m/s，即制成纳米中药饮片，该颗粒细度达 1200~1500 目，粒径为 0.1~200nm，其中绝大部分粒径小于 100nm，并具有新的物性。

第十一节　有关雪莲制剂研究的评价

目前以雪莲入药的中药单方或复方制剂较多，给药途径也较多，主要用于风湿性关节炎、类风湿关节炎的对症治疗以及镇痛等作用的发挥，且已形成了产业规模。但是目前雪莲相关的制剂学研究仍存在一些问题，主要体现在有关雪莲制剂的研究缺乏系统性、持续性。以新疆地区为例，雪莲注射液在临床治疗中应用广泛，但是有关该制剂的系统性、持续性研究却较为鲜见。为此，特提出个人拙见供同仁参考。

第一，建议制剂生产单位、政府主管部门能关注并鼓励开展该制剂深入、系统、持续性的研究。在研究之初研究团队就应有较为完整的框架设计和团队分工协作计划，团队能够持续收集数据开展相关研究。例如有关雪莲注射液的物质基础、作用机制仍有许多困惑有待解决，同时可通过长期坚持收集该制剂生产数据

以及质量评估数据开展生产工艺的再提升与改进。雪莲注射液质量标准也有提升空间，该制剂的上市后稳定性再评价以及临床有效性、安全性的再评价亟待开展，确定该制剂的临床应用地位，进而可评价该制剂的社会效益和经济效益。

第二，有关制剂生产工艺的改进仍需进行研究。中药制剂的生产大多采用比较传统的生产方式，产品的质量更多地依赖于终端控制。对其在生产过程中可能发生的问题不可预测，多数情况下仅依靠经验判断。由此，也很难找到影响生产工艺过程和产品质量的关键可控点。冯怡等通过介绍中药新药成型工艺的最新研究成果，提出了基于 QbD 理念的中药新药成型工艺的研发模式，即借鉴粉体学和流体学的基本理论表征中药制剂原料的物理属性，从加强制剂原料物理属性、制剂工艺、制剂产品质量之间相关性研究着手，更科学、合理地设计中药制剂成型工艺，并从中发现影响中药制剂质量的各种可能因素及它们的影响程度。药学科研工作者可借鉴该模式，开展雪莲提取物的物理属性（吸湿性、黏性、流动性、粒径、压缩成型性等）表征研究，开展原料物理属性、制剂工艺、制剂产品质量之间相关性研究，同时结合收集到的实际生产中发现的问题与数据，开展工艺问题因素的探讨研究及工艺改进的可能性。同时可以考虑开展中药提取、分离与纯化新技术（如微波强化萃取技术、超声波强化提取、超临界流体萃取法、荷电激活提取法、细酶工程提取法、半仿生提取法、分子印迹技术、高速逆流色谱分离技术、分子蒸馏技术、双水相萃取技术）在现有雪莲制剂生产中应用研究。

第三，雪莲制剂的质量标准有待提升和完善。目前测定雪莲制剂中黄酮含量的方法有紫外分光光度法、比色法（磷钨酸-碳酸锂比色法、铝盐络合比色法）、荧光分光光度法、薄层扫描法、高效液相色谱法；测定制剂中紫丁香苷多采用 HPLC 法，并且建立了雪莲药材及其制剂的指纹图谱，但是新的制剂质量控制技术尚未大量应用于该制剂的质量标准研究。此外在提高雪莲制剂的质量标准时还应注意：①在临床疗效和传统辨证论治的基础上制定中药质量标准；②研制雪莲药效组分标准物质，药效组分标准物质的质量标准应包括 3 个指标，即有效性指标、安全性指标和稳定性指标；③基于传承研究中药的基原和药效组分资源，制剂质量标准研究与原药材质量标准研究应同步进行；④开展中药指纹图谱数据库的研究：雪莲药材及其制剂是一个复杂的体系，单纯靠一两种检测方法的指纹图谱并不能表达雪莲药材的复杂特征，如红外光谱、DNA 指纹图谱可用于雪莲的鉴别，而高效液相色谱指纹图谱、毛细管电泳指纹图谱等在雪莲定量分析上更有优势。通过建立指纹图谱数据库，将雪莲的多种指纹图谱数据收集起来，有助于雪莲质量标准的制定，从而加快其现代化进程。

第四，已上市雪莲制剂的稳定性研究鲜见报道。众所周知，制剂稳定性研究的目的是确定制剂储存的条件以及有效期。但是实际上这两个目的的达成都需要借助制剂上市后再评价结果来实现。生产厂家需要积极收集产品上市以来的稳定性实验数据，结合质量标准、药效实验、毒性试验确定其真实的有效期。霍艳玲等学者的做法或许有借鉴意义。霍艳玲等认为常用的留样观察法、加温加速试验法确定中药制剂有效期不够客观，应用药理学方法，利用中药制剂的药效与毒效与时间的关系来确定有效期是比较客观的，为此提出寻找这些关系的途径，具体包括：①求出药物的药效及毒效强度随时间变化的规律。首先求出药物的药效强度及毒效强度，做出量效及毒效曲线，并以此作为该药的药效及毒效的原始强度。然后将药物放在各个不同温度下，放置一定时间后取出，利用药理学方法求出各个温度下的量效及毒效曲线。②求出药物药效及毒效随时间变化的速度。利用得到的量效及毒效曲线求出各个温度下该药的 ED_{50} 及 LD_{50} 的数据，然后利用原始曲线上 ED_{50} 及 LD_{50} 与该值的差，除以该温度下放置时间，就可以分别求出在各温度下药物的 ED_{50} 及 LD_{50} 变化的平均速率。然后将各个温度下的 ED_{50} 及 LD_{50} 的平均速率与之相对应的温度作图，从图上即可求出室温下药物的 ED_{50} 及 LD_{50} 随时间变化的平均速率。③求出药品的有效期。利用药物室温下 ED_{50} 及 LD_{50} 随时间变化的速率，再利用有关公式进行计算，即可求出室温下药物的 ED_{50} 及 LD_{50} 的有效期，然后根据这两个数值的大小和临床及该药的作用特点，确定药物的有效期。

第五，有关雪莲制剂的药物动力学研究及药物代谢动力学研究仍然不足，导致该制剂的血清目标成分不清晰，体内过程不明朗。Yi T 等人建立了一种基于 ULC-DAD-QtoF-MS 技术的中草药代谢和药代动力学研究的整合策略。作者选择绵头雪兔子作为试验药材，给药大鼠，然后分析血浆、尿液和粪便，以确定代谢谱。根据作者提出的研究策略，确定伞形酮和东莨菪碱是绵头雪兔子主要的生物活性成分，并测定了其药代动力学参数，阐明了其生物转化途径。研究者可以借鉴该思路开展雪莲制剂的动物或人体内的药物动力学研究。

第六，开展雪莲制剂的上市后再评价研究。药品上市后再评价是根据医药学的最新水平，从药理学、药剂学、临床医学、药物流行病学、药物经济学及药物政策等方面，对已批准上市的药品在社会人群中的疗效、不良反应、用药方案、稳定性及费用等是否符合安全、有效、经济的合理用药原则做出科学评价和估计。中药再评价的内容主要包括中药安全性再评价、中药有效性再评价、中药经济学评价、中成药质量再评价、中西药伍用评价五个方面。可借鉴现有方法、规范、技术开展雪莲制剂的上市后再评价工作，具体建议为：①可以考虑开展样本、多中心、设计良好的、考虑中医证候因素的临床研究；②不良反应的收集与评价。通过各种途径鼓励产品使用者，尤其是产品生产者积极收集药品不良反应，同时利用触发器及信息技术主动收集不良反应案例，也可以利用真实世界研究的方法与手段开展药物安全性、有效性评价；③根据上市后再评价结果发现制剂的不足与需要创新之处，可进一步提高制剂质量。

（马桂芝）

参考文献

[1] 赵智，刘琳，欧定华．我国中药产业发展现状与未来趋势［J］．南京中医药大学学报：社会科学版，2015，16（1）：53-59.

[2] 国家中医药管理局《中华本草》编委会．中华本草．维吾尔药卷［M］．上海：上海科学技术出版社，2005：338-340.

[3] 翟科峰，王聪，高贵珍，等．天山雪莲的研究进展［J］．湖北农业科学，2009，48（11）：2869-2873.

[4] Chik W I, Zhu L, Fan L L, et al. Saussurea involucrata: A review of the botany, phytochemistry and ethnopharmacology of a rare traditional herbal medicine [J]. Journal of Ethnopharmacology, 2015, 172: 44-60.

[5] 贾丽华，郭雄飞，贾晓光，等．天山雪莲的开发与应用［J］．新疆中医药，2016，34（1）：126.

[6] 高颖，郭鹏，张静泽．中药注射剂的研究进展［J］．武警后勤学院学报（医学版），2009，18（3）：249-251.

[7] Xu M, Guo Q, Wang S, et al. Anti-rheumatoid arthritic effects of Saussurea involucrata on type Ⅱ collagen-induced arthritis in rats. [J]. Food & Function, 2015, 7 (2): 763-770.

[8] Yi T, Lo H, Zhao Z, et al. Comparison of the chemical composition and pharmacological effects of the aqueous and ethanolic extracts from a Tibetan "Snow Lotus" (Saussurea laniceps) herb [J]. Molecules, 2012, 17 (6): 7183-7194.

[9] 王本富，路洁，关家彦．天山雪莲注射液提取工艺的考察［J］．中国药学杂志，

1996,(5):299-301.

[10] 沈美英,朱伟英,叶翠珍.灭菌温度对雪莲注射液质量影响的探讨[J].新疆中医药,2012,30(5):64-65.

[11] 何随梅,黄磊.浅谈雪莲注射液的无菌保证与质量风险控制点[J].科技创新与应用,2014,(23):57.

[12] 张文文,刘斌,王歆君.吸附澄清剂在雪莲注射液除杂工艺中的应用研究[J].西北药学杂志,2011,26(5):367-368.

[13] 张文文,波拉提·马卡比力,贾晓光,等.大孔吸附树脂分离纯化雪莲注射液中总黄酮的工艺研究[J].中央民族大学学报:自然科学版,2011,20(2):81-83.

[14] 谢志军,魏鸿雁,贾晓光,等.切向流超滤系统纯化雪莲注射液的工艺优化研究[J].中成药,2013,35(1):183-184.

[15] 王雪,王林林,汪洋,等.雪莲注射液新旧工艺药效学对比研究[J].中药药理与临床,2014,30(4):68-72.

[16] 赵荣春,郑立明,陶亮,等.雪莲注射液在兔体内药代动力学研究[J].西北药学杂志,1988,(3):12-13.

[17] 陈华山.注射用雪莲质量控制方法及其在大鼠体内的药物动力学研究[D].沈阳:沈阳药科大学,2006.

[18] 陈惠忠,刘宣麟,薛桂蓬.雪莲注射液质量标准的研究[J].新疆中医药,2006,24(5):76-78.

[19] 张雪莲,席秋红,周晓英.雪莲注射液中黄酮类成分的定性定量分析[J].时珍国医国药,2002,13(4):3-4.

[20] 郭喜红,张丹,于鲁海,等.HPLC法测定雪莲注射液中芦丁含量[J].中国药房,1997,(3):132.

[21] 薛秀峰,张海茹,潘丽娜,等.雪莲及其注射液的指纹图谱研究[J].哈尔滨医科大学学报,2005,39(1):72-74.

[22] 薛秀峰,陈华山,熊志立,等.RP-HPLC法同时测定雪莲注射液中3种成分的含量[J].沈阳药科大学学报,2005,(5):363-366.

[23] 苗爱东,孙殿甲,彭燕,等.雪莲注射液HPLC指纹图谱研究[J].中国中药杂志,2004,(11):22-24.

[24] 刘婧,许丽佳,何正有,等.天山雪莲药材与雪莲注射液指纹图谱相关性研究[J].成都大学学报:自然科学版,2015,34(2):115-117+128.

[25] 王雪峰，波拉提·马卡比力，邱远金，等．雪莲注射液细菌内毒素检查法的研究［J］．新疆中医药，2012，30（1）：51-53.
[26] 李维，何正有，刘婧，等．雪莲注射液中蛋白含量测定［J］．母婴世界，2016，（19）：3.
[27] 伊江兰，刘斌，麦迪尼亚提．复方雪莲胶囊制剂工艺的考察［J］．新疆中医药，2003，21（2）：12-13.
[28] 王玲，张文文，刘斌．正交试验优选复方雪莲胶囊辅料［J］．中国实验方剂学杂志，2012，18（19）：42-44.
[29] 王维友，张惠云．雪莲风湿灵胶囊工艺研究［J］．中成药，1990，（4）：5.
[30] 戴斌，刘晓方．复方雪莲胶囊的质量控制研究［J］．中成药研究，1987，（2）：42.
[31] 黎玉红，朱国强，吴育新，等．复方雪莲胶囊的质量标准研究［J］．中成药，2005，27（5）：526-529.
[32] 张慧，赵翊．HPLC 法测定复方雪莲胶囊中芦丁的含量［J］．光明中医，2009，24（2）：214-215.
[33] 简龙海，闻宏亮，孙健，等．复方雪莲胶囊中大苞雪莲内酯及其β-D-葡萄糖苷和大苞雪莲碱的 LC-Q-TOFMS 法鉴别［J］．中国医药工业杂志，2013，44（9）：914-921.
[34] 孙殿甲，赵荣春，王龙，等．复方雪莲胶囊溶出度测定［J］．西北药学杂志，1989，（2）：4-5.
[35] 赵荣春，刘琳娜．复方雪莲胶囊稳定性研究［J］．中成药，1991，（4）：4-5.
[36] 彭桂，翟旭，薛桂蓬．高效液相色谱法测定雪莲痛风胶囊中士的宁的含量［J］．新疆中医药，2007，25（3）：79-81.
[37] 高晓黎，朱金芳，云琦，等．复方雪莲软胶囊与复方雪莲硬胶囊溶出度比较［J］．中成药，2006，28（3）：410-412.
[38] 新疆特丰药业股份有限公司．复方雪莲软胶囊及其制备工艺：中国，CN200410097639.2［P］.2005-08-10.
[39] 陈静，高晓黎，王卫东．正交试验优选复方雪莲软胶囊胶皮处方［J］．中成药，2013，35（7）：1545-1547.
[40] 朱金芳，高晓黎，云琦，等．复方雪莲软胶囊与硬胶囊的质量对比研究［J］．新疆医科大学学报，2005，28（3）：233-235.
[41] 毛友昌．复方雪莲片的制备方法：中国，CN03118617.3［P］.2003-11-19.

[42] 王雪峰，陈军明，郑子玉，等．复方雪莲片的质量标准研究 [J]．新疆中医药，2012，30（3）：70-72.
[43] 罗玉琴．复方雪莲滴丸生产工艺研究 [D]．乌鲁木齐：新疆医科大学，2008.
[44] 何蕾，马慧萍，何晓英，等．雪莲总黄酮胶囊的成型工艺优选 [J]．中国药房，2015，26（7）：967-969.
[45] 马慧萍，任俊，何蕾，等．抗高原缺氧药雪莲黄酮胶囊的质量控制标准 [J]．解放军医药杂志，2014，26（10）：90-93.
[46] 张秀峰．对藏药四味雪莲花颗粒中含量测定方法的改进 [J]．中成药，2010，32（12）：2188-2190.
[47] 艾则孜，马晓康，法鲁克．HPGPC 测定雪莲口服液中多糖的分子量 [J]．中国民族医药杂志，2007，13（5）：46-47.
[48] 贾丽华，凯赛尔·阿不拉．RP-HPLC 法测定天山雪莲口服液中绿原酸及芦丁 [J]．中成药，2011，33（6）：1080-1082.
[49] 凯赛尔·阿不拉，苏来曼·哈力克，王新宇．HPLC 测定雪莲口服液中紫丁香苷的含量 [J]．中国中药杂志，2006，31（22）：1895-1897.
[50] 依力哈木·买买提，凯赛尔·阿不拉．RP-HPLC 法测定雪莲口服液中去氢木香内酯的含量 [J]．中国民族医药杂志，2011，17（3）：48-49.
[51] 赵文，任永凤．雪莲通脉口服液含量测定的研究 [J]．中成药，1998，（3）：21-22.
[52] 张玉祥．脉通口服液工艺研究 [J]．基层中药杂志，2002，（3）：7-8.
[53] 关杏仪，黎新荣，叶穗雯，等．雪莲降脂口服液的研制及质量控制 [J]．广东药学，2005，（3）：30-32.
[54] 蔡玉荣，戴慧贤，童惠贞，等．活络通口服液质量标准的研究 [J]．中国医药科学，2015，5（7）：50-55.
[55] 李军，李磊，蒋玉凤，等．口服强化雪莲酊剂的制备及疗效观察 [J]．中国药房，1992，（4）：22.
[56] 李军，陈晨，吐永洪．口服强化雪莲酊在兔体内药动学的探讨 [J]．中国药房，1993，（6）：12-13.
[57] 王芳，刘进疆，王歆君．HPLC 法测定雪莲药酒中羟基红花黄色素 A 的含量 [J]．西北药学杂志，2009，（5）：365-366.
[58] 王芳，刘进疆，王歆君．雪莲药酒中天山雪莲、秦艽、当归的 TLC 法鉴别 [J]．新疆医学，2009，（7）：133-135.

[59] 黄克禄，程秀民．雪莲药酒［J］．中成药研究，1980，(4)：46.
[60] 张恒，普俊学，王乙鸿，等．中药栓剂的临床应用及其新剂型［J］．安徽医药，2015，19（10）：1841-1844.
[61] 新疆维吾尔自治区维吾尔医研究所．雪莲前列宁制剂：中国，CN200610084295.0［P］．2006-12-27.
[62] 希尔艾力·吐尔逊，斯拉甫·艾白，曼尔丹·尼牙孜，等．维药雪莲前列栓的质量标准研究［J］．时珍国医国药，2010，21（4）：825-826.
[63] 钟玲，吴燕，葛发欢．妇清雪莲栓君药水母雪莲有效成分超临界 CO_2 萃取及分离鉴定［C］．第九届全国超临界流体技术学术及应用研讨会论文集．2012：1-13.
[64] 张影，陈小勇．浅谈中药巴布剂的研究现状［J］．中医药信息，2015，32（5）：116-118.
[65] 邢建国，翟科峰，王新春，等．透皮促进剂对天山雪莲巴布剂中 3 种有效成分经皮渗透的影响［J］．中国中药杂志，2009，34（13）：1661-1664.
[66] 段红，翟科峰，邢建国．雪莲巴布剂体外透皮特性的研究［J］．时珍国医国药，2011，22（3）：637-638.
[67] 新疆维吾尔自治区药物研究所．雪莲巴布剂及其生产方法：中国，CN201110062585.6［P］．2011-06-15.
[68] 陈引秀，朱铮．复方雪莲烧伤膏无菌检查法方法学探讨［J］．海峡药学，2007，(9)：45-46.
[69] 黄贤惠，邢建国，王新春，等．正交设计法优选天山雪莲凝胶剂基质处方［J］．中国中药杂志，2010，(14)：1803-1805.
[70] 石河子大学医学院第一附属医院．一种抗炎镇痛雪莲凝胶剂及其制备方法：中国，CN201010224566.4［P］．2010-11-24.
[71] 黄贤慧，邢建国，王新春，等．天山雪莲凝胶剂质量标准研究［J］．中成药，2011，(9)：1633-1635.
[72] 刘斌，王红，韩俊泉，等．中药经皮给药及透皮吸收研究进展［J］．中国中西医结合外科杂志，2012，(6)：641-643.
[73] 马卓，沈雄，陈前锋，等．中药透皮吸收制剂的研究进展［J］．中药材，2005，28（12）：1136-1138.
[74] 邢建国，谢敏，王新春，等．天山雪莲提取物平衡溶解度和表观油水分配系数的测定［J］．中国医院药学杂志，2013，33（1）：26-28.

［75］谢敏，邢建国，王新春，等．天山雪莲透皮微乳制备处方优化［J］．中国实验方剂学杂志，2012，18（1）：8-11.
［76］谢敏，邢建国，王新春，等．天山雪莲微乳体外经皮渗透特性［J］．中国医院药学杂志，2012，(14)：1077-1080.
［77］刘桂花，邢建国，薛桂蓬，等．正交试验优化天山雪莲骨架缓释片处方［J］．中国实验方剂学杂志，2010，16（6）：17-19.
［78］刘桂花，邢建国，王新春，等．天山雪莲亲水凝胶骨架片的制备及其体外释放度的测定［J］．华西药学杂志，2010，25（3）：308-310.
［79］邢建国，王新春，刘桂花，等．天山雪莲亲水凝胶缓释骨架片主要活性成分体外释放影响因素的研究［J］．中国药学杂志，2010，(12)：913-918.
［80］柯仲成，桂双英，陈龙．自微乳化给药系统的研究进展［J］．时珍国医国药，2012，23（2）：462-464.
［81］丁沐淦，龙晓英，林丹荣．自微乳化给药系统处方设计和体外评价［J］．中成药，2008，30（7）：976-980.
［82］贾晓光，波拉提·马卡比力，王睿锐，等．天山雪莲自微乳制剂研究［J］．西北药学杂志，2011，(3)：202-203.
［83］波拉提·马卡比力，贾晓光，王睿锐，等．雪莲自微乳制剂中芦丁含量测定及理化性质的研究［J］．新疆中医药，2011，(6)：41-42.
［84］李强强，王凯，薛晓锋，等．黄酮类化合物磷脂复合物的制备与功能活性研究进展［J］．中国现代应用药学，2018，35（1）：132-137.
［85］张雪峰，杨轲，欧燕，等．星点设计-效应面法优化天山雪莲提取物磷脂复合物制备工艺［J］．中草药，2014，45（16）：2326-2332.
［86］杨孟君．纳米雪莲制剂药物及其制备方法：中国，CN01102621.9［P］.2002-09-11.
［87］冯怡，洪燕龙，鲜洁晨，等．基于QbD理念的中药新药成型工艺研发模式的探讨［J］．中国中药杂志，2014，39（17）：3404-3408.
［88］陈秦娥，梁金龙．中药提取、分离与纯化新技术进展［J］．医药工程设计，2012，33（4）：65-68.
［89］刘晶晶，王晶娟，张贵君．现行中药质量标准研究的误区及其解决方案［J］．现代药物与临床，2013，28（2）：258-260.
［90］陈林伟，秦昆明，徐雪松，等．中药指纹图谱数据库的研究现状及展望［J］．中草药，2014，45（21）：3041-3047.
［91］霍艳玲，王普民，贾冬．确定中药制剂有效期方法的刍议［J］．中成药，

1990,（4）：46.
[92] Yi T, Zhu L, Tang Y N, et al. An integrated strategy based on UPLC-DAD-QTOF-MS for metabolism and pharmacokinetic studies of herbal medicines: Tibetan "Snow Lotus" herb (Saussurea laniceps), a case study [J]. Journal of Ethnopharmacology, 2014, 153 (3): 701-713.
[93] 李少丽，王兰明，颜敏．关于在我国建立药品上市后再评价制度的探讨［J］．中国新药杂志，2001，(4)：241-244.
[94] 黎元元，谢雁鸣．临床医师对中成药上市后再评价认知度的调查分析［J］．现代中西医结合杂志，2011，(8)：911-913.

第七章 天山雪莲的临床应用

第一节 治疗类风湿关节炎疗效观察

类风湿关节炎（rheumatoid arthritis，RA）是一种病因未明的慢性、以炎性滑膜炎为主的系统性疾病。其特征是手、足小关节的多关节、对称性、侵袭性关节炎症，经常伴有关节外器官受累及血清类风湿因子阳性，可以导致关节畸形及功能丧失。统计表明，RA 在全世界均有发病，平均发病率为1%，而我国患病率为 0.3%~0.4%。好发于中年女性，儿童和老年人也有发病。

类风湿关节炎属中医学“痹证”范畴，亦称“历节病”“鹤膝风”“骨痹”，中医各家对其病因病机的研究已有千年之久。《素问·痹论》首次提出痹之名，古人认为“风寒湿三气杂至，合而为之痹也”，最早提出了机体外感风寒湿邪与内伤，“内外相合”致痹的理论。《灵枢·五变》曰：“血气皆少，善痿厥足痹”；“粗理而肉不坚，善病痹”。东汉张仲景首次以“历节病”命名类风湿关节炎，他认为历节病的病机是“少阴脉浮而弱，弱则血不足，浮则为风，风血相搏，即疼痛如掣”。《诸病源候论》指出：“因人体虚弱、腠理开，故易受风邪，由于人体气血虚弱，则易受风湿，而成此病。”本病的病因认识复杂多变，对于类风湿关节炎病因病机认识的侧重点不同，临床辨证不同，治法方药亦不同。

《本草纲目拾遗》记载，雪莲“治一切寒症”，雪莲苦燥温通，甘而能补，既能祛风湿，又能补肝肾、强筋骨，尤宜于风湿痹证而寒湿偏盛，及风湿日久，肝肾亏损，腰膝软弱者。可以有效缓解类风湿关节炎引起的疼痛、四肢寒冷、手脚麻木、无力等症状。目前无论是药理方面的研究，还是临床应用方面的报道，均证实了雪莲能有效治疗类风湿关节炎，缓解患者临床症状。

一、雪莲口服液治疗类风湿关节炎疗效观察

1. 为了观察雪莲口服液治疗类风湿关节炎的临床疗效和安全性，将 40 例类风湿关节炎患者随机分为试验组（30 例）和对照组（10 例），试验组给予雪莲口服液，对照组给予风湿液口服，疗程 8 周。观察指标：主要指标是治疗前后关节疼痛、肿胀、压痛，晨僵、功能活动情况；次要指标为治疗前后畏寒怕冷、口干不欲饮、昼轻夜重、腰背酸痛、神疲懒动症状。实验室指标：分别于治疗前后检测血沉变化。安全性指标：治疗前后血、尿、便常规，肝功（ALT、AST）、肾功能（BUN、Cr），心电图。实验结果如下。

（1）两组一般资料比较

对两组患者性别、年龄、民族、病情分期、中医证型等一般情况进行比较，$P>0.05$，均无统计学意义，具有可比性。（表 7-1）

表 7-1　两组一般资料比较

一般资料		分组		χ^2	P 值
		试验组	对照组		
性别	男	7	1	0.833	0.361
	女	23	9		
年龄	15~25	0	1		
	26~35	2	3		
	36~45	8	2	3.871	0.276
	46~55	10	2		
	56~65	10	3		
民族	汉族	27	8	0.686	0.407
	非汉族	3	2		
病情分期	早	13	5		
	中	17	5	0.038	0.846
	晚	0	0		
中医证型	风寒湿滞	12	5		
	痰浊痹阻	9	3	2.018	0.365
	肾虚寒凝	9	2		

（2）两组患者临床总疗效比较

试验组总有效率为 90%，对照组总有效率为 80%，两组对比，差异无统计学

意义。（表 7–2）

表 7–2　两组患者临床总疗效比较

组别	例数	临床痊愈	显效	有效	无效	u	*P*
试验组	30	0	8（27）	19（63）	3（10）	0. 3161	0. 3757
对照组	10	0	3（30）	5（50）	2（20）		

（3）两组临床症状比较

两组患者中医临床症状比较，试验组在改善关节疼痛、晨僵、关节压痛、关节肿胀、活动不利方面优于对照组，有统计学意义。其他症状比较两组无明显统计学意义。（表 7–3）

表 7–3　两组患者中医临床症状比较

临床症状	试验组				对照组				u	*P*
	临床治愈	显效	有效	无效	临床治愈	显效	有效	无效		
关节疼痛	4	8	18	0	0	1	8	1	1. 7709	0. 0382
晨僵	2	8	20	0	0	0	5	5	3. 1623	0. 0008
关节压痛	0	7	20	3	0	1	4	5	2. 0239	0. 0214
关节肿胀	0	7	21	2	0	1	5	4	1. 8025	0. 0356
活动不利	0	1	19	10	0	1	1	8	1. 9290	0. 0268
畏寒怕冷	0	1	3	26	0	0	0	10	0. 6325	0. 2632
口干不欲饮	0	0	1	29	0	0	0	10	0. 1581	0. 4370
疼痛昼轻夜重	0	1	1	28	0	0	1	9	0. 1423	0. 4433
腰背酸痛	1	1	3	26	0	0	1	9	0. 1739	0. 4308
神疲懒动	0	0	5	25	1	0	2	7	0. 7115	0. 2380

（4）两组中医证候积分变化比较

两组均可有效改善中医证候积分（$P<0.05$），但从两组改善程度方面比较，两组差异无统计学意义（$P>0.05$）。（表 7–4）

表 7–4　两组中医证候积分变化比较（$\bar{x}\pm s$）

组别	例数	治疗前积分	治疗后积分	自身前后治疗比较		组间比较	
				t	*P*	*t*	*P*
试验组	30	16. 80±6. 82	7. 90±6. 08	5. 34	<0. 05	0. 79	>0. 05
对照组	10	15. 60±6. 54	8. 10±6. 79	2. 52	<0. 05		

(5) 两组治疗前后血沉变化比较

试验组治疗前后血沉变化有统计学意义（$P<0.05$），而治疗组治疗前后血沉变化无统计学意义（$P>0.05$）。试验组在改善血沉方面优于对照组。(表 7-5)

表 7-5 两组治疗前后血沉变化比较（$\bar{x}\pm s$）(mm)

组别	n	治疗前	治疗后	t	P
试验组	30	18.03±18.78	11.37±9.89	1.72	<0.05
对照组	10	16.70±15.33	14.50±9.89	0.35	>0.05

(6) 两组在治疗过程中均无不良反应

雪莲口服液以新疆天山雪莲为主药，雪莲味甘苦、微芬芳，性热入肝、脾、肾三经。据《本草纲目拾遗》记载："雪荷（莲）主产天山阿尔泰山，伊犁西北等处，大寒天地，积雪春夏不散，雪中有草，类荷花独茎，亭亭雪间可爱""性大热，主一切寒症"。驱寒除湿为其所长，且该药生处高寒，得禀天真之气独厚，性成水中之火，兼补命门壮元阳之功，故该药有祛风散寒除湿、温肾助阳、通经活络止痛之功。本研究结果发现，雪莲口服液治疗组总有效率为 90%，风湿液对照组总有效率为 80%，二者无统计学差别，说明雪莲口服液疗效确切。类风湿关节炎患者临床症状明显，对患者的生活及工作带来不同程度的影响，本研究中，雪莲口服液治疗组在改善类风湿关节炎患者关节疼痛、晨僵、关节肿胀、关节压痛方面效果明显，优于风湿液组。结论认为，雪莲口服液可改善类风湿关节炎临床症状，提高生活质量。

现代药理研究证明在雪莲口服液的有效成分中，雪莲生物碱能够降低血管的通透性，改善血液循环而起到活血化瘀的作用。雪莲黄酮通过促进肾上腺皮质激素合成而起到抗炎镇痛作用。研究表明，雪莲注射液对类风湿关节炎的早、中、晚期均有疗效，并对关节囊的纤维化、肥厚有消肿的作用；对慢性滑膜炎也有修复的作用。综上所述，可以认为雪莲口服液治疗类风湿关节炎疗效确切，毒副作用小，但由于本研究观察时间短，样本量小，其远期疗效仍需进一步研究。

2. 顾云等采用穴位注射雪莲注射液的方法治疗类风湿关节炎 60 例。结果用 3 个疗程后，近期控制 10 例，显效 28 例，有效 22 例，总有效率 100%。结论，雪莲注射液抗风湿，消肿，活血化瘀，穴位注射治疗类风湿关节炎疗效满意。

3. 李广洁将 80 例风湿性膝关节炎患者分为 2 组。治疗组 40 例采用雪莲注射液犊鼻穴位注射，对照组 40 例采用雪莲注射液肌内注射，比较 2 组的治疗效果。

结果，总显效率治疗组85%，对照组47.5%。提示采用雪莲注射液犊鼻穴位注射有助于直接病变部位吸收、促进血液循环有消除或改善无菌性炎症病变的作用。

二、复方雪莲胶囊治疗类风湿关节炎（寒湿痹阻证）的临床观察

复方雪莲胶囊源于自治区中医院临床验方，由国药集团新疆制药有限公司研发生产。复方雪莲胶囊是以天山雪莲为君药，辅以独活、羌活、川草乌（制）、延胡索、木瓜、香加皮共8味药组成，全方共具温经散寒、舒筋活络、化瘀消肿、祛风除湿的作用。天山雪莲性温，味甘、微苦，归肝、肾两经，具有祛风湿、强筋骨、补肾阳的作用；延胡索性温，味辛、苦，可活血、除风、利气、通络、止痛；羌活性温，味辛、苦，具有解毒散寒、祛风胜湿、止痛的功效，药理研究发现羌活挥发油有抗炎、镇痛、解热作用；川乌、草乌性热，味辛、苦，有大毒，有祛风湿、温经止痛之功，内服一般炮制用，煎服时宜先煎、久煎，药学研究发现其含有多种生物碱，包括乌头碱、次乌头碱、中乌头碱等，有明显的抗炎、镇痛作用；独活性微温，味辛、苦，归肾、膀胱经，可祛风湿、止痛、解表，药理研究发现独活具有抗炎、镇痛及镇静作用；羌活性较燥烈，发散力强，善于治疗痛在上半身者，而独活性较缓和，发散力较羌活为弱，善于治疗下半身风寒湿痹者，因痹证一身尽痛，两者相须为用；木瓜性温，味酸，具舒筋活络、化湿和胃之功，药理研究发现木瓜提取物对小鼠艾氏腹水癌及腹腔巨噬细胞吞噬功能有抑制作用；香加皮性温，味辛、苦，有毒，可利水消肿、祛风湿、强筋骨，应用香加皮需严格控制剂量，不可过量服用。

1. 在早期基础研究中，陈东波研究发现复方雪莲胶囊对二甲苯所致小鼠耳郭肿胀具有明显抑制作用；对乙酸所致小鼠毛细血管通透性增高有显著的抑制作用；对乙酸所致小鼠扭体反应具有明显的镇痛效应；在小鼠血液流变性实验中，发现其能降低小鼠全血高切、低切血黏度。韩春辉临床运用复方雪莲胶囊治疗RA患者58例，结果提示复方雪莲胶囊组总有效率为96.55%，明显高于对照组的80%。马红等通过对复方雪莲胶囊抗炎镇痛作用的再评价，发现其能明显减轻弗氏完全佐剂致大鼠的足趾肿胀；能够明显减轻二甲苯所致的小鼠耳郭肿胀；对于冰醋酸导致小鼠腹腔毛细血管通透性增高及扭体反应次数，均具有显著抑制作用；同时能够降低角叉菜胶致大鼠胸腔炎性渗出和白细胞数。近期更进一步的基础研究发现，复方雪莲胶囊不仅对佐剂性关节炎，而且对胶原性关节炎均有一定

的治疗作用，认为其作用机制可能与降低炎症介质 TNF-α 及 PGE2 的表达有关。

2. 通过对复方雪莲胶囊的基础及临床研究，提示复方雪莲胶囊具有显著的抗炎镇痛作用，同时能够抑制免疫反应，起到保护关节软骨，防止关节破坏的作用。复方雪莲胶囊在临床使用中，不仅疗效显著，而且不良反应发生率低，在减轻 RA 患者疾病痛苦的同时，也提高 RA 患者的生活质量。具体研究如下。

患者 60 例，观察组与对照组各 30 例，观察组给予复方雪莲胶囊一次 2 粒，一日 2 次，MTX 模拟药一次 4 片，一周 1 次，口服；对照组给予：MTX 片一次 4 片，一周 1 次，复方雪莲胶囊模拟药一次 2 粒，一日 2 次，口服，两组均给予叶酸片 5mg，一周 1 次，口服。观察期为 12 周。两组患者治疗后 ACR20 较前均有所下降［ACR20：患者关节肿胀及触痛的个数（28 个）有 20%的改善］，经统计学处理，均有统计学意义（$P<0.05$），而治疗后两组比较，观察组下降更显著，经统计学处理，有统计学意义（$P<0.05$），说明观察组改善患者 ACR20 疗效优于对照组。结果见表 7-6。

表 7-6　两组治疗前后 ACR20 疗效比较（$\bar{x}\pm s$）

ACR20	对照组		观察组	
	治疗前	治疗后	治疗前	治疗后
患者对疼痛评价	49.94±15.07	34.88±15.78	45.46±10.56	27.74±8.61
患者总评价	48.80±14.98	34.82±16.03	48.33±15.25	29.07±8.36
医生总评价	49.94±15.50	35.56±15.50	46.30±11.17	29.26±9.09
关节压痛	6.07±2.75	4.22±2.31	5.59±1.83	3.37±1.41
关节肿胀	3.30±1.94	2.24±1.39	3.61±5.68	1.59±0.94

观察两组患者 2 周、4 周、8 周、12 周中医证候积分变化，较前均有所下降，经统计学处理，两组 2 周、4 周证候积分比较，结果有统计学意义（$P<0.05$），说明观察组在改善患者中医证候早期优于对照组，8 周、12 周证候积分结果比较无统计学意义（$P\geq0.05$），说明两组治疗 8 周、12 周疗效无差异。结果见表 7-7、表 7-8。

表 7-7　两组治疗前后中医证候积分比较（$\bar{x}\pm s$）

组别	n	2 周	4 周	8 周	12 周
对照组	30	8.98±2.21	7.24±1.82	5.80±1.89	4.37±1.66
观察组	30	4.63±1.46	7.98±1.71	5.94±1.48	4.04±1.43
P		0.00	0.032	0.651	0.266

两组治疗后的 ESR、CRP 的变化，经统计学处理，两组结果无统计学意义（$P \geq 0.05$），提示两组在改善患者 ESR、CRP 无差异。结果见表 7-8。

表 7-8　两组治疗后 ESR、CRP 变化（$\bar{x} \pm s$）

实验室指标	对照组		观察组	
	治疗前	治疗后	治疗前	治疗后
ESR	13.49±9.08	15.43±9.31	18.18±15.37	16.91±15.48
CRP	4.04±9.72	5.60±16.41	5.25±6.93	7.96±19.80

本次研究所选取的病例为观察组 30 例，对照组 30 例，所有病例在治疗前后均作血常规、尿常规、肝功能、肾功能及心电图。两组不良反应经 χ^2 检验，（$\chi^2 < 0.001$，$P < 0.05$），差异有统计学意义，对照组不良反应发生率明显高于观察组，说明复方雪莲胶囊无明显毒副作用。结果见表 7-9。

表 7-9　治疗后两组不良反应比较

组别	N	正常例数	不良反应	不良反应发生率（%）
对照组	30	20	10	33.3
观察组	30	27	3	10

通过对复方雪莲胶囊的基础及临床研究，结果提示复方雪莲胶囊具有显著的抗炎镇痛作用，同时能够抑制免疫反应，进而保护关节软骨，防止关节破坏。复方雪莲胶囊在临床使用中，不仅疗效显著，而且不良反应发生率低，在减轻 RA 患者疾病痛苦的同时，也提高 RA 患者的生活质量。

三、雪莲注射液治疗类风湿关节炎疗效观察

陈英等将类风湿关节炎患者 108 例，分为观察组 54 例，给予复方雪莲胶囊+甲氨蝶呤片模拟剂，对照组 54 例，给予复方雪莲胶囊模拟剂+甲氨蝶呤片，疗程均为 12 周。观察和记录受试者治疗前和治疗 4 周后以及治疗 12 周后的疼痛 VAS 评分、关节功能分级、主要症状体征评分。结果显示，复方雪莲胶囊治疗类风湿关节炎具有良好的疗效及安全性。

第二节　治疗骨性关节炎疗效观察

骨性关节炎是一种可动关节的慢性非炎症性退行性改变，又称增生性骨关节炎、

肥大性骨关节炎、老年性骨关节炎、骨关节病，好发于负重大、活动多的关节。

膝关节是骨性关节炎的好发部位之一，其病理特点是，关节软骨的退行性改变，关节边缘和软骨下骨质硬化，囊性变，继发关节表面及边缘骨赘，患者往往伴随着疼痛不适、活动受限，严重者甚至会造成关节畸形，严重降低患者的生活质量，给患者带来极大的痛苦。骨关节炎在老年人群中最常见，女性多于男性，40 岁人群患病率为 10%～17%，60 岁以上的人群患病率达到 60%，目前本病的病因及病理机制仍未最终明确。对本病的治疗上，西医具有局限性，药物治疗常选用非甾体类药物、镇痛药甚至激素，但效果不明显且有副作用。

中医学中无骨性关节炎的病名，但从其症状表现来看，当属于中医学之痹证、骨痹、膝痛等范畴。如《内经》曰："病在骨，骨重不可举，骨髓酸痛，寒气至，名曰骨痹。"中医学认为膝骨性关节炎的主要病机为本虚标实、本痿标痹；因肝藏血、主筋，肾藏精、主骨，肝肾亏虚，精血不足，则筋骨失养，腠理空虚，易感风寒湿之邪而为痹。故治疗上应以补益肝肾为主，兼以活血化瘀、疏通经络、祛风除湿、化痰软坚以达到攻补合宜，标本兼治的目的。中医药对膝骨关节炎可标本兼治，且已总结较丰富的经验，主要有中药内服、中药外用、针灸、手法、针刀等中医治疗方法，取得显著疗效。

一、雪莲注射液对膝骨关节炎的疗效观察

雪莲注射液每毫升中含有黄酮总苷 1.2mg，具有抗炎消肿、镇痛、提高免疫力、活血化瘀、促进细胞再生、加速组织修复等功效。

（1）临床资料

纳入 25 例患者，男性 13 例，女性 12 例，平均年龄 54 岁，最小 36 岁，最大 72 岁，病程 2～15 年。

（2）临床表现

均有不同程度的关节疼痛，肿胀，关节功能活动受限，重者生活不能自理，查体：膝关节功能活动受限，表面肿胀，上下楼疼痛，局部压痛，X 线检查：关节边缘增生，骨赘形成，骨质疏松，软骨破坏脱落，形成关节游离体，重者关节间隙变窄及变形。

（3）治疗方法

确诊膝骨性关节炎患者，在行关节镜检查术时，清除关节表面碎屑增生，使滑膜表面充血，然后用雪莲注射液 10mL 加入 5000mL 的盐水中，一次性灌洗至

关节表面澄清，拔除关节镜套管，伤口缝合，创可贴覆盖伤口。

（4）治疗结果

本组经治疗后，1个月患者关节疼痛肿胀症状消失5例，明显好转9例，减轻7例，4例患者无效，术后患者随访1年，3例复发，总有效率87%。

（5）小结

中医对膝关节骨性关节炎的发病机制，一种观点认为膝关节骨性关节炎为本虚标实，本痿标痹，其本为肝肾亏损，另一种观点认为膝关节骨性关节炎是筋伤，包括周围软组织韧带损伤，也与膝发病动静态平衡失调的认识不谋而合。雪莲强筋壮骨以治本，舒经通络，活血止痛，化瘀软坚，祛风除湿以治标，使骨强筋健，骨正筋柔，瘀祛肿消，则膝骨关节炎之关节肿痛、功能障碍之症状可缓解。雪莲注射液每毫升含黄酮总苷1.2mg，具有抗炎、消肿、镇痛、提高机体免疫力、活血化瘀及促进细胞再生、加速修复过程之功效。因此我们认为可能是雪莲中的黄酮总苷在促进滑膜细胞产生透明质酸酶恢复滑膜的正常功能，移去关节腔内无氧代谢产物，调节关节液中的微量元素而改变软骨代谢。其良好的临床疗效，是否与调节骨代谢，抑制骨质疏松，修复软组织及软骨损伤，调整筋骨动静态的平衡等有关，有待于进一步临床与实验研究。

二、治疗骨性关节炎158例疗效观察

研究者纳入158例骨关节炎患者，共224个膝关节：男52例，72个膝关节；女106例，152个膝关节。以雪莲强筋壮骨方每天1剂，水煎，早晚2次分服，4周为一疗程。一疗程后观察疗效。参照《中药新药治疗骨性关节炎的临床研究指导原则》中规定疗效评定标准，分临床控制、显效、有效、无效四级。

结果：近4周的治疗后，临床控制者38例，57个膝关节，显效者58例，9个膝关节，有效者45例，56个膝关节，无效者17例，20个膝关节，总有效率达89.2%。

雪莲强筋壮骨方是以“肾主骨”“肝主筋”、膝为筋之府等中医理论为指导，并在对膝骨关节炎病机认知及治疗经验的基础上，结合当地民族区域特色，以雪莲为主而组方。具体处方为：雪莲30g，骨碎补12g，威灵仙18g，熟地黄30g，白芍15g，怀牛膝10g。屈伸障碍明显者加䗪虫15g，僵蚕12g，桂枝10g；疼痛剧烈者加制川乌6g，独活15g，制马钱子0.3g；肿胀明显者加泽兰18g，汉防己15g，地龙12g，五加皮15g。君药雪莲性热，味微苦，入肝、脾、肾三经，具有活血通经，散寒除湿，强精壮阳等功效。方中骨碎补，入肝肾，助补肾壮骨续伤

止痛，多用于肾虚腰痛，风湿痹痛；方中威灵仙性温味辛咸，功善祛风湿，温经络，治痹痛，消痰水，对于风湿痹痛，筋脉拘挛，屈伸不利效果显著，该药针对膝骨关节炎的肌筋拘挛、疼痛而设，能使筋柔骨正、肿消痛止。二药相和，既助君药补肝肾，又可活血舒筋，祛风除湿止痛，共为臣药。熟地黄，味甘性微温，味厚气薄，善补精填髓，益阴补血，用于肝肾不足、骨髓空虚，阴血耗损之证，方中用熟地黄，一方面可制约他药的温燥，同时还有阴中求阳，阴阳互补之妙；白芍药以养血柔肝为主，具有柔肝正骨之功，体现该方筋骨并重的原则，在方中共为佐药。方中怀牛膝入肝肾，补肝肾，散瘀血，祛风湿并能引药达膝。

三、复方雪莲胶囊和葡立胶囊治疗膝骨关节炎（寒湿痹阻证）的临床对比研究

复方雪莲胶囊由国药集团新疆制药有限公司生产，以天山雪莲为主药，辅以羌活、延胡索、独活等制成，具有温经散寒，祛风逐湿，化瘀消肿，舒筋活络等功效。适用于风寒湿邪，痹阻经络所致类风湿关节炎、风湿性关节炎、强直性脊柱炎和各类退行性骨关节病。大量药效学试验证明，复方雪莲胶囊有助于增强机体免疫调节功能，通过免疫调节达到治疗关节炎的目的，因此该胶囊对风湿、类风湿关节炎及骨性关节炎有很好的治疗作用。

1. 为了对复方雪莲胶囊治疗膝骨关节炎的有效性和安全性进行对比研究，于2013年8月~2014年7月进行临床试验，纳入膝骨关节炎患者222例，符合中医寒湿痹阻证候辨证，采用葡立胶囊（盐酸氨基葡萄糖胶囊）平行对照、分层随机、双盲、多中心临床研究设计方案。实验组：复方雪莲胶囊；对照组：葡立胶囊。疗效性指标：疼痛 VAS（Visual Analog Scales）评分、中医证候评分、关节功能分级、主要症状体征评分（包括关节疼痛、肿胀、压痛、屈伸不利）。

2. 试验结果如下。

（1）两组患者疼痛 VAS 评分治疗前后所降低分值相比，差异有统计学意义（$P<0.05$），且试验组明显优于对照组，见表7-10。

表7-10　治疗前后患者疼痛 VAS 评分

组别	例数	治疗前	治疗后	降低值
对照组	102	6.35±1.59	5.13±1.68	1.217
实验组	107	6.16±1.25	1.97±1.52	4.192

（2）实验组受试者的中医证候评分降低了 8.625 分；对照组的患者中医证候评分降低了 4.500 分。两组治疗前后所降低分值相比，差异有统计学意义（$P<0.05$），实验组疗效优于对照组，见表 7-11。

表 7-11　治疗前后中医证候评分

组别	例数	治疗前	治疗后	降低值
对照组	102	9.42±3.53	4.92±2.68	4.500
实验组	107	13.22±2.96	4.59±2.11	8.625

（3）关节功能分级是依据 Keiigren 和 Lawrence 法分为 5 级，由放射学检查确认。两组受试者的患者关节功能分级基线均衡。结果表明，实验组与对照组受试者的关节功能分级差异有统计学意义（$P<0.05$），实验组在改善关节活动方面优于对照组，见表 7-12。

表 7-12　患者治疗前后关节功能分级比较

组别		Ⅰ级	Ⅱ级	Ⅲ级	Ⅳ级
对照组	治疗前	8（7.8%）	71（69.6%）	23（22.5%）	0（7.8%）
	治疗后	27（26.5%）	66（64.7%）	9（8.8%）	0（0%）
实验组	治疗前	0（0%）	89（83.2%）	18（16.8%）	0（0%）
	治疗后	83（77.6%）	24（22.4%）	0（0%）	0（0%）

3. 复方雪莲胶囊治疗寒湿痹阻证的膝骨关节炎有较好的疗效，尤其在关节疼痛、肿胀、屈伸不利等临床症状方面疗效优于对照组，能够很好地缓解疾病症状。

寒湿痹阻型的膝骨关节炎以寒湿痹阻于经络、关节，气机不畅，经络不通，不通则痛。本研究中实验组选用复方雪莲胶囊，由天山雪莲、延胡索（醋制）、川乌（制）、草乌（制）、羌活、独活、木瓜、香加皮等药物组成。其中天山雪莲味微苦、性温，可温肾助阳、祛风活血通络，尤宜于风湿痹证；醋延胡索为活血行气止痛之良药，可助雪莲行气活血止痛；制川乌、制草乌均辛热升散苦燥，善于祛风除湿、温经散寒止痛，配合雪莲祛风散寒除湿，配合醋延胡索增强止痛之效；羌活、独活为祛风湿之要药，一味入足太阳膀胱经，以除上身风寒湿痹为主，一味入肾经，多用于腰腿下部寒湿较盛者，二者合用助雪莲祛散全身之风寒湿痹痛；木瓜味酸入肝，可舒筋活络、祛除湿痹，解关节酸重之感；香加皮辛散苦燥，亦可助他药祛风除湿止痛。复方雪莲胶囊具有温经散寒，祛风逐湿，化瘀消肿，舒筋活络的功效，不仅能缓解关节疼痛、肿胀，改善关节功能，同时能够改善患者关节冷痛的症状。

膝关节肿胀可能是由于炎性渗出，关节腔积液，感染性肿大所致；膝关节肿胀应从痰饮水湿，痈肿疮毒辨证，治以泻水逐饮，消肿散结。雪莲可行气以助泻水逐饮，活血以助消肿散结，经本课题组临床观察，可明显改善膝关节肿胀症状。

膝骨关节炎出现疼痛的主要原因是关节缘和已经被损害的软骨病灶下方的骨变化所致。是由于关节缘组织增加，逐渐形成骨赘致使膝骨关节炎出现疼痛。也就是说，关节软骨在出现脱落后，存在于软骨下骨髓腔内的感觉神经纤维逐渐被关节液中的炎症介质和神经肽等激活，进而出现疼痛反应。

何新等在对新疆雪莲的研究发现，雪莲中的总黄酮对实验性大鼠关节急性炎症及小鼠疼痛反应皆有明显的对抗作用。杨伟鹏等采用角叉菜胶致足肿胀法造成大鼠炎症模型，观察雪莲总黄酮对致炎大鼠血清中炎症介质和细胞因子的影响。结果显示，雪莲总黄酮能抑制致炎症大鼠血清中 IL-1β、NO、PGE2 的产生，具有抗炎作用。

结合上述各项研究，考虑雪莲改善寒湿痹阻型的膝骨关节炎疼痛症状，可能与雪莲中的总黄酮对抗炎症反应有关。

第四节　对风寒性关节炎疗效观察

风湿寒性关节痛是指人体感受风寒湿邪后气血运行不畅所引起的以肌肉、关节疼痛为主要症状的疾病。临床表现多以疼痛为主，受累关节局部无红肿热的炎性表现，实验室检查大多正常，其临床特点是遇寒冷或天气变化则病情加重。

本病属于中医学痹证范畴，中医认为因损伤劳损或外感风寒湿邪，合而为病入络，流注关节阻遏气血，风邪水湿乘虚而入，郁于筋脉使其经络闭塞，闭者不通，不通则疼，疼久者必痛，痛久必结，结久者必肿，肿久者必热，这就是阴阳失调，脏腑相互不能资生，而致肿胀疼痛的机制。研究表明，雪莲口服液对风湿寒性关节痛患者具有较好疗效。

研究者纳入 48 例风湿寒性关节痛患者，分为雪莲注射液组（以下简称观察组）36 例，男 11 例，女 25 例，年龄平均 37 岁，病程平均 2.2 年，中医证候积分平均 12.4 分；复方风湿宁注射液组（以下简称对照组）12 例，男 4 例，女 8 例，年龄平均 35 岁，病程平均 1.7 年，中医证候积分平均 12.3 分。两组性别、年龄、病程与病情程度均相似，统计学分析无显著性差异。

将风寒湿性关节痛主要症状关节冷痛、关节压痛、关节肿胀与晨僵时间均按所定标准分为轻、中、重三级，分别记2、4、6分；将次要症状屈伸不利、畏恶风寒、关节作冷、口淡不渴、肢体沉重亦按所定标准分为轻、中、重三级，分别记1、2、3分，9项评分相加为总积分。

两种注射液除药液色泽略有深浅不同外，规格与外包装完全一致。肌内注射，每日1次，每次4mL。观察时间为20天，每5天随访1次记录评分，疗程结束后由协作组统一揭盲。观察期间停用一切相关中西药物。治疗前后分别检查血、尿、便常规，肝、肾功能，ESR及心电图，进行安全性判定。(表7-13)

表7-13 实验结果

组别	n	临床痊愈	显效	有效	无效	总有效率
实验组	36	20（55.5）	5（13.9）	10（27.8）	1（2.8）	97.2%
对照组	12	4（33.3）	2（16.7）	3（25.0）	3（25.0）	75%

风寒湿性关节痛是指人体感受风寒湿邪后所引起的以关节、肌肉疼痛为主要表现的疾病，其特点是每遇寒冷疼痛加重，多无关节肿胀，无关节畸形，反复发作，各项化验指标和X线检查无明显异常，相当于现代医学的良性关节痛。目前尚无有效的根治方法。雪莲注射液所用原料系菊科植物天山雪莲，味微苦，性热，有通经活血、强筋骨之功效。新疆雪莲的药理作用研究表明，其化学成分主要包括黄酮、倍半萜内酯、香豆素、有机酸、多糖等，具有抗风湿、镇痛、调节心血管系统、抗癌等生物活性。动物学研究表明，其中新疆雪莲花总碱（至少含4种成分）和乙醇提取物，对蛋清引起的大鼠后足趾关节急性炎症有较强的对抗作用。雪莲总碱降低家兔皮肤血管的通透性。雪莲黄酮对大鼠蛋清性关节炎症有明显的对抗作用和镇痛作用，其抗炎作用不同于总碱，可能是通过促进肾上腺皮质激素合成增加而产生的。实验结果表明雪莲总碱、乙醇提取物及总黄酮均有抗动物实验性关节炎作用。

第五节　局部注射治疗肱骨外上髁炎

肱骨外上髁炎（External Humeral Epicondylitis）是肘关节外侧前臂伸肌起点处肌腱发炎疼痛。疼痛的产生是由于负责手腕及手指背向伸展的肌肉重复用力而引起的。患者会在用力抓握或提举物体时感到肘部外侧疼痛。网球、羽毛球运动员较常见，家庭主妇、砖瓦工、木工等长期反复用力做肘部活动者，也易患此病。所以又称为“网球肘”。本病多数发病缓慢，网球肘的症状初期，患者只是感到肘关节外侧酸痛，患者自觉肘关节外上方活动痛，疼痛有时可向上或向下放射，感觉酸胀不适，不愿活动。手不能用力握物，握锹、提壶、拧毛巾、打毛衣等运动可使疼痛加重。一般在肱骨外上髁处有局限性压痛点，有时压痛可向下放散，甚至在伸肌腱上也有轻度压痛及活动痛。局部无红肿，肘关节伸屈不受影响，但前臂旋转活动时可疼痛。严重者伸指、伸腕或执筷动作时即可引起疼痛。有少数患者在阴雨天时自觉疼痛加重。目前西医治疗肱骨外上髁炎以非手术疗法为主，多采用局部封闭，非手术治疗无效者可采用手术治疗。

肱骨外上髁炎属中医学“肘痹”“伤筋”之范畴，系由肘部外伤、劳损或外感风寒湿邪致使局部气血凝滞、络脉瘀阻而发为本病。中医治疗肱骨外上髁炎以外治法为主，针灸、推拿、中医外敷法均对肱骨外上髁炎有显著的疗效。

雪莲是新疆当地民族区域特色药物，雪莲具有活血通经，散寒除湿，强筋助阳等功效，主治风湿痹痛等症，现代药理学研究证实，新疆雪莲含有生物碱、黄酮类、酚类挥发油、内酯、甾体类、多糖及还原性物质等，具有抗炎镇痛、清除自由基等作用。

袁晓凡等纳入 36 例肱骨外上髁炎患者（男性 15 例，女性 21 例），运用雪莲注射液配合普鲁卡因局部注射用于治疗肱骨外上髁炎，疗程 2 个月 ~2 年。实验取得较好疗效，优：20 例，良：11 例，好转：5 例，无效者无。显效率为 83%，总有效率为 92.6%，未发现有任何副作用。

肱骨外上髁是由于前臂肌肉的主动收缩、被动收缩都将在伸肌腱附着处发生一定牵拉力，如应力超出适应能力，将会损伤伸肌总腱及筋膜，发生周围结构的急性或慢性损伤，引起无菌性炎症、粘连肌肉挛缩等局部组织的病理变化。损伤组织释放内源性疼痛物质。再者由于肌肉过度活动使体内产生大量的乳酸并聚积，以致充血、水肿而产生疼痛。此药物与局麻药配伍注射于肱骨外上髁及周围发挥抗炎、镇痛及抗过敏作用，而且避免了激素类药物所产生的副作用。

第六节　雪莲保元胶囊治疗高血压病早期肾功能损害的临床研究

原发性高血压已成为世界性的公共健康问题，临床研究证实高血压的存在可对患者肾脏功能产生严重损害，并具有慢性、隐匿性的特征。高血压肾损害患者的早期诊断和干预可有效提高患者生存质量，减轻患者及家属负担。雪莲保元胶囊为新疆乌鲁木齐市中医医院著名老中医经多年临床实践筛选出来的中药配方，系应用雪莲、西洋参、枸杞子等十味药材，经科学方法精制而成。相关研究表明，雪莲保元胶囊治疗高血压病早期肾功能损害具有一定疗效。

实验纳入196例高血压患者，按随机数字表随机分为2组，治疗组98例，对照组98例。对照组给予苯磺酸氨氯地平片和替米沙坦片口服。治疗组在对照组基础上，加用雪莲保元胶囊，观察12周。分别对治疗前、后临床相关症状及舌苔脉象，按中医各项相关症状评分标准，进行各项症状记分和症状总积分。通过早期肾损伤系列检测指标：尿微量白蛋白（mAlb）、尿转铁蛋白乙酰（TRF）、视黄醇结合蛋白（RBP）及β2-微球蛋白（β2-MG），计算肌酐清除率；安全性指标：血、尿、粪便常规、肝肾功能测定（AST、ALT、BUN、Cr）、常规心电图。

1. 两组患者治疗前资料比较

（1）一般资料（表7-14）

表7-14　两组患者一般资料比较

组别	例数	性别（男/女）	年龄（岁）	病程（年）	血压（SBP/DBP）
治疗组	98	47/51	61.60±9.28	7.13±3.95	152.72±8.91/93.74±8.53
对照组	98	51/47	62.17±9.15	7.36±3.34	153.63±7.17/93.14±7.54

（2）两组治疗前各项症状比较（表7-15）

表7-15　两组治疗前各项症状比较

症状	治疗组				对照组			
	n	重	中	轻	n	重	中	轻
眩晕	89	5	72	12	87	5	70	12
神疲乏力	86	3	69	14	83	3	65	15
头蒙	87	3	71	13	88	5	69	14
头痛	79	2	67	10	81	3	66	12
腰膝酸软	62	0	45	16	67	2	47	18
胸闷	61	0	46	15	63	0	46	17

综上所述，两组在年龄分布、性别构成比、治疗前血压水平、病程及治疗前相关症状比较方面均无统计学差异，具有可比性。

2. 两组降压疗效比较

治疗组总有效率优于对照组，两组降压疗效有统计学意义（P<0.05）。（表7-16）

表 7-16 两组降压疗效比较

组别	例数	显效	有效	无效	总有效率（%）
治疗组	98	31（32）	64（65）	3（3）	97
对照组	98	24（24）	50（51）	23（23）	75

3. 两组间总疗效比较

治疗组总有效率明显优于对照组（P<0.05），说明治疗组疗效优于对照组。（表7-17）

表 7-17 两组间总疗效比较

组别	例数	显效	有效	无效	总有效率（%）
治疗组	98	33（34）	62（64）	3（2）	98
对照组	98	25（26）	50（51）	23（23）	77

4. 两组中医症状疗效比较

两组均有不同程度改善，与治疗前相比，治疗组各项症状均有明显好转，且与对照组比较，有统计学差异（P<0.05），特别是对头蒙、头痛、神疲乏力、腰膝酸软总有效率具有统计学差异（P<0.01）。（表7-18）

表 7-18 两组中医症状疗效比较

临床症状	试验组					对照组				
	例数	显效	有效	无效	总有效率（%）	例数	显效	有效	无效	总有效率（%）
眩晕	89	31	55	3	96.63	87	22	42	23	73.56
神疲乏力	86	23	60	3	96.51	83	15	48	20	75.90
头蒙	87	26	56	5	94.25	88	22	46	10	77.27
头痛	79	22	51	6	92.41	81	19	39	23	71.60
腰膝酸软	62	21	39	2	96.77	67	13	37	17	74.63
胸闷	61	22	35	4	93.44	63	10	36	17	73.02

5. 两组尿、血早期肾损伤指标疗效比较

两组治疗前各指标比较无统计学意义，治疗后治疗组尿、血早期肾脏损害指标明显改善，治疗组疗效优于对照组（P<0.01 或 P<0.05）。（表7-19）

表 7-19　两组治疗前后尿、血早期肾脏损害指标比较

项目	治疗组		对照组	
	治疗前	治疗后	治疗前	治疗后
尿 mAlb（mg·L^{-1}）	21. 16±15. 62	8. 16±6. 13	22. 15±16. 07	15. 14±9. 13
尿 TRF（mg·dL^{-1}）	309. 1±72. 15	226. 15±45. 14	308. 17±71. 46	266. 47±59. 67
血 RBP（mg·L^{-1}）	45. 75±19. 72	21. 71±10. 15	43. 75±18. 24	35. 62±15. 01
尿 β-MG（mg·L^{-1}）	0. 89±0. 78	0. 41±0. 43	0. 87±0. 77	0. 61±0. 65
肌酐清除率	66. 49±15. 27	74. 63±16. 62	65. 87±15. 19	64. 85±13. 37

6. 安全性监测及不良反应

治疗前血常规、肝肾功能未见明显异常。在治疗过程中，治疗组 98 例患者仅 1 例有干咳症状。对照组 98 例患者有 7 例干咳症状，但因症状轻微，可以耐受，未曾停药。另外心电图、二便的情况均未见异常。

7. 讨论

肾脏是高血压所致损害的重要靶器官之一。对于高血压患者尽早发现早期肾损伤损害，并进行有效药物干预治疗，可以防止肾衰竭的发生。据文献记载雪莲中含有内酯、黄酮、甾醇、生物碱、挥发油、还原糖等化学物质，其中总黄酮和总碱具有降低麻醉狗血压的作用。有研究证明雪莲在 30 秒内快速点滴时对麻醉兔子有降压作用，其降压机制也与这两种物质有关。实验也证明同样的快速点滴雪莲煎剂，加大药物剂量，降压幅度亦有所增加。

应用雪莲、西洋参、枸杞子等十味药材精制而成的雪莲保元胶囊经研究表明，其联合基础降压方案，不仅能改善患者的临床症状，并有协同降压的作用，又可以有效降低尿 mAlb，显著改善肌酐清除率，减轻甚至是逆转高血压早期肾损害，延缓其病情发展。与此同时，我国传统医学认为脾肾两虚是发生本病主要的临床基础，肾虚为其发病之根本，脾虚是其转换的根本危险因素，故脾肾阳虚是本虚。水湿痰瘀贯穿本病的始终，故水湿瘀血浊毒是标实。通过降低甚至逆转早期肾损害，延缓其病情发展，同时体现中医“治未病”的思想。

第七节　雪莲保元胶囊治疗临床期糖尿病肾病的疗效观察

糖尿病肾病（Diabetic Nephropathy，DN）是指糖尿病微血管病变导致的肾小

球硬化，又称糖尿病肾小球硬化症。根据流行病学统计研究，预计到2030年，世界范围内的糖尿病患者将达到3.66亿，而糖尿病肾病患者将超过1亿。糖尿病肾病与中医文献中记载的“肾消”，及消渴病继发的“尿浊”“水肿”“胀满”“关格”等相似。早中期常以蛋白尿、水肿为主要表现，晚期肾衰患者则可表现为胀满、呕逆等。此为消渴病日久，肾体受损，肾用失司，肾元虚衰所致，可称其为消渴肾病。消渴肾病的发病因素除与长期高血糖有关外，与素体肾亏、情志郁结、饮食失宜等密切相关。消渴肾病起病缓慢，但一旦发病，病情则持续进展，将随病程的延长而逐渐加重。病位在肾，常涉及肝、脾、肺，后期涉及于心，五脏俱病。病性多虚实夹杂。早期以气阴两虚为主，晚期则气血阴阳俱虚，浊毒内留。最终则肾元衰败，五脏俱伤。

针对糖尿病肾病的病机，中医药治疗糖尿病肾病就有良好的疗效。无论是单方、复方，还是中西医结合治疗都具有较好的疗效。本实验选用新疆乌鲁木齐市中医院杨椿年主任医师潜心研制的雪莲保元胶囊完成的临床试验，纳入符合糖尿病肾病诊断Mogensen分期Ⅲ~Ⅳ期西医诊断标准的未透析，同时中医证型符合脾肾阳虚湿瘀阻络型的糖尿病肾病患者100例，按照随机数字表法进行编码，分成治疗组50例，对照组50例。治疗组在基础治疗的基础上，加服雪莲保元胶囊，对照组在基础治疗的基础上，加服氯沙坦钾，治疗周期为3个月。分别在入组后的第45天及第90天进行回访，观察主要临床症状及体征变化情况；实验室检查观察尿白蛋白排泄率、24小时尿蛋白、血同型半胱氨酸、胱抑素-C、空腹血糖、糖化血红蛋白、总胆固醇、甘油三酯、低密度脂蛋白、血清尿素氮、血清肌酐、内生肌酐清除率；按中医症状分级标准评分法反映病情程度变化。治疗前后均作详细记录。

1. 两组治疗后中医证候疗效分析

两组治疗后症状积分均明显降低（$P<0.01$），表明两组均可改善DN临床症状，组间比较，对两组症状差值进行统计分析，$P=0.048$（$P<0.05$），提示雪莲保元胶囊在改善DN患者临床症状方面具有统计学差异。（表7-20）

表7-20　治疗前后两组患者临床症状疗效比较

组别	例数	显效	有效	无效	总有效率
治疗组	50	20（40%）	24（48%）	6（12%）	44（88%）*
对照组	50	11（22%）	20（40%）	19（38%）	31（62%）

注：* 表示与对照组比较$P<0.05$。（总有效率=显效率+有效率）

2. 治疗前后患者尿素（UREA）、24 小时尿蛋白的变化

雪莲保元胶囊治疗组与对照组治疗前后 UREA、24 小时尿蛋白明显降低，且 $P=0.002$（$P<0.01$）均具有统计学意义；两组之间治疗前后比较，$P=0.504$（$P>0.05$），提示两组疗效相当，即雪莲保元胶囊治疗组减少尿蛋白的作用同氯沙坦钾组。

3. 治疗前后患者血同型半胱氨酸（Hcy）、胱抑素-C（Cys-c）的变化

雪莲保元胶囊治疗组能降低血 Hcy、胱抑素-C，$P=0.004$（$P<0.01$）；西药组对血 Hcy、胱抑素-C 亦有所降低，$P=0.032$（$P<0.05$）。两组之间比较无明显统计学差异。

雪莲保元胶囊治疗组在 DNⅢ期及 DNⅣ期均能降低胱抑素-C 水平，$P=0.046$（$P<0.05$），且差值的比较 $P=0.031$（$P<0.05$）。说明雪莲保元胶囊在降低 DNⅣ期的胱抑素-C 水平上与 DNⅢ期相比具有统计学差异。

4. 安全性观察

两组治疗前后心电图、血常规、肝功能、肾脏彩超、体重等比较，无显著性差异。治疗组在整个观察过程中，未出现不良事件，说明雪莲保元胶囊经验方无不良反应，使用安全。

5. 讨论

雪莲保元胶囊由新疆雪莲、西洋参、茯苓、白术、肉苁蓉等十味中药组成，是名老中医杨椿年主任医师潜心研制，并经多年临床使用疗效显著的经验方。雪莲保元胶囊方中诸药相伍，具有健脾补肾、温阳益气、活血化瘀、利湿消肿之功，使气机通畅，血脉运行无阻，病理产物无以停留，痰瘀自化。由此可以得出此药能促进肾脏血液循环、抗血小板聚集，改善肾脏血流动力学，防止微血栓的形成；同时具有减少糖、脂的沉积、抗氧化应激、抗炎等作用，进而保护血管内皮，改善肾小球硬化及肾小球的滤过率，改善 Cys-c 水平，保护肾脏正常功能。

第八节　对冠心病稳定性心绞痛气虚血瘀型的临床研究

冠心病是常见的心血管疾病，常见于老年人，发病主要以冠状动脉粥样硬化斑块为基础，导致冠状动脉狭窄，形成心肌缺血。患者在较重体力活动的时候，容易形成心脏冠状动脉痉挛，进一步加重心肌供血不足，从而导致稳定性心绞痛。因为心绞痛是心脏缺血反射到身体表面所感觉的疼痛，临床症状以前胸阵发性、压榨性疼痛为主，可伴有其他症状，每次发作持续 3~5 分钟，可数日一次，也可一日数次，休息或用硝酸酯类制剂后消失。本病多是由于劳力引起心肌缺血而导致的心绞痛。目前西医治疗以休息和吸氧，含服硝酸酯类药物为主。

冠心病稳定型心绞痛属中医学“胸痹”“心痛”的范畴，历代医者对于此病多有论述，概括本病以气血阴阳亏虚为本，寒凝、气滞、血瘀、痰浊为标。根据国家中医药管理局发布的《冠心病心绞痛的中医病症诊断疗效标准》分为心血瘀阻型、寒凝心脉型、痰浊内阻型、心气虚弱型、心肾阴虚型、心肾阳虚型六型。有研究表明冠心病心绞痛患者多存在气虚血瘀证，益气活血化瘀法是治疗冠心病行之有效的措施。雪莲通脉丸长期运用于治疗冠心病稳定型心绞痛气虚血瘀型患者，取得了较好的疗效。具体研究如下。

试验纳入气虚血瘀型冠心病稳定型心绞痛患者 60 例。男 31 例，女 29 例，随机分为治疗组和对照组，每组各 30 例。经统计学分析，两组性别、年龄、病程经统计学处理无明显差异，具有可比性。对照组给予西医常规治疗，根据患者病情选用阿司匹林肠溶片 100mg，日 1 次；辛伐他汀片 20mg，日 1 次；欣康 40mg，日 1 次；美托洛尔 25mg，日 2 次，疗程 8 周。治疗组在对照组的基础上，给予雪莲通脉丸，9g/次，日 2 次。方药组成：雪莲 6g、西洋参 12g、首乌 30g、槐米 10g、牛膝 15g、肉苁蓉 20g、泽泻 12g 等。参照《中药新药临床研究指导原则》（2002 年）疗效评定标准，拟 8 周为 1 个疗程，1 个疗程后观察疗效。根据患者合并高血压、糖尿病、血脂异常或其他疾病，而分别给予降压、降糖、调脂及其他对症治疗。

治疗后两组心绞痛症状均有所改善，治疗组总有效率为 96.70%，对照组总有效率为 80.00%，经卡方检验 $r=4.897$，$P<0.05$，两组比较有统计学差异，在心绞痛症状改善方面治疗组优于对照组。（表 7-21）

表 7-21 心绞痛症状改善比较

组别	n	显效	有效	无效	总有效率（%）
治疗组	30	18（60.00）	11（36.70）	1（3.30）	97.60
对照组	30	10（33.30）	14（46.70）	6（20.00）	80.00

治疗后两组中医证候积分的比较，两组症状积分均有改善，治疗前两组经 t 检验，$t=0.2970$，$P>0.05$，两组间比较无统计学差异，具有可比性；治疗后两组比较，$P<0.05$，有统计学差异，治疗组优于对照组；每组治疗前后 $P<0.05$，表示治疗后有改善。（表 7-22）

表 7-22 中医证候积分改善比较

组别	n	治疗前	治疗后
治疗组	30	13.53±4.95	5.1±3.488
对照组	30	13.93±5.47	8.47±4.55

治疗后两组血浆内皮素（ET）及一氧化氮（NO）的比较，治疗前两组患者血浆 ET 及 NO 水平比较，$P>0.05$，无统计学差异。治疗组治疗前后比较，血浆 ET 水平下降，$P<0.05$，有统计学差异；血浆 NO 水平升高，$P<0.05$，有统计学差异。对照组治疗前后比较，血浆 ET 水平下降，$P<0.05$，有统计学差异；血浆 NO 水平升高，$P<0.05$，有统计学差异。治疗后两组血浆 ET 及 NO 的比较，$P<0.05$，有统计学差异。（表 7-23）

表 7-23 治疗后两组血浆 ET 及 NO 的比较（$\bar{x}±s$）

组别	ET（pg/L）		NO（pg/L）	
	治疗前	治疗后	治疗前	治疗后
治疗组	26.77±3.84	18.85±3.14$^{*\triangle}$	81.72±10.09	107.34±3.38$^{*\triangle}$
对照组	27.91±3.62	21.81±4.63*	80.35±9.63	95.52±7.29*

注：治疗后与治疗前比较，$^{*}P<0.05$；治疗后治疗组与对照组比较，$^{\triangle}P<0.05$。

冠心病心绞痛属中医学“胸痹”“真心痛”范畴。《灵枢·厥病》曰：“厥心痛，与背相控善，如从后触其心。”又曰：“痛如以锥针刺其心，心痛甚者……如死状，终日不得息。”《金匮要略》曰：“夫脉当取太过不及，阳微阴弦，即胸痹而痛，所以然者，责其极虚也。今阳虚知在上焦，所以胸痹、心痛者，以其阴弦故也。”从医学典籍中可以得知，此病多为本虚标实之证。气虚即为本虚，标实以血瘀、痰浊、气滞为主，故益气通络活血化瘀是治疗心绞痛的大法。方选雪莲通脉丸，方中重用西洋参扶正固本、益气养心、通畅气机；雪莲、红花、蒲黄、益母草活血祛瘀止痛；川芎活血行气、祛风止痛、气行则血行；牛膝祛瘀通脉，活血以升降气血。此方在活血祛瘀药中加入益气利气之品，气行则血行，行血分瘀滞，散气分郁结，故能有效改善心绞痛症状。总之，活血化瘀药可增加冠脉血流量，保护缺氧心肌，减少心肌缺血的发生。现代药理研究表明：雪莲所含成分比较多，比较复杂。按化学结构来分，主要含有生物碱、黄酮、内酯、植物甾醇、挥发油、萜类、木质素、多糖类等化学成分，并富含氨基酸，必需氨基酸种类齐全而且含量较高。雪莲中的主要化学成分为黄酮类化合物，现在已经鉴定出 14 种。其中，雪莲总碱可降低家兔皮肤血管的通透性，使离体兔耳血管收缩，对离体兔心脏有抑制作用，可使其收缩幅度变小、心率减慢；雪莲乙醇提取物对血管则具有扩张作用；雪莲总碱和总黄酮均能降低麻醉家兔和麻醉犬的血压；雪莲中黄酮类化合物（如芹菜素）可以降低血脂，有明显的缓解心绞痛和降压作用。同时雪莲通脉丸中川芎能扩张冠状动脉，增加冠状动脉血流量，改善心肌的血氧供应和降低心肌的耗氧量。

本研究采用具有益气活血、化瘀通络功效的雪莲通脉丸，对冠心病心绞痛进行治疗观察，并与常规西药进行对照比较，结果显示：雪莲通脉丸在缓解心绞痛疼痛症状、中医症状积分等方面较对照组有明显优势，并且雪莲通脉丸能够降低血浆 ET 及升高血浆 NO，说明雪莲通脉丸治疗冠心病心绞痛的机制可能与血管内皮功能的改善有关。

第九节　治疗不育症和男性性功能障碍

世界卫生组织（WHO）规定，夫妇有规律性生活 1 年以上，未采用任何避孕措施，由于男方因素造成女方无法自然受孕的，称为男性不育症。据统计有 15%的夫妇在 1 年内不能受孕而寻求药物治疗，不能受孕的夫妇中至少 50%存在男性精子异常的因素。男性不育症的病因复杂，通常由多种病因共同引起，仍有 30%~40%的男性不育症患者找不到明确的病因。性功能是生活质量必要且重要的组成部分。男性性功能包括性欲、阴茎勃起、性交、性高潮、射精等，其中阴茎勃起是最重要的一个功能。正常的性心理反应、生理结构、内分泌、神经和血管功能是阴茎勃起的基础，其中任何一个环节的异常都将导致勃起功能障碍（erectile dysfunction，ED）。ED 是指在过去 3 个月阴茎不能勃起或勃起不坚导致性交不能正常进行的病理现象。研究表明，在脑卒中后的男性患者中，性欲降低、勃起和射精功能障碍很常见。

古代医家针对男性不育症及男性性功能障碍的病因病机、辨证施治的论述十分丰富。早在《周易》中就首次出现了“不育”之名，《内经》称男性不育症为“无子”。巢元方的《诸病源候论》提出无子病由虚劳精少、精清如水而冷、精不射出等原因引发。之后历代医家对男性生殖理论进行了不断探索和完善，至现代中医学对男性不育症病因病机的认识及对诊断和治疗方法的运用已经达到了较高的理论和临床实践水平。明代陈无择《辨证录》曾记载：“凡男子不能生育有六病，六病何谓？一精寒、二气衰、三痰多，四相火盛，五精稀少，六气郁。”说明其既有先天因素，又有后天因素；既有外伤，又有饮食情志劳伤；既有脏腑虚损之本，又有水饮痰湿、气滞血瘀之标。与不育关系密切的脏腑为肾、脾、肝，其中肾尤为重要。男性不育症的病机以脏腑虚损为本，湿热瘀滞为标。

西医治疗 ED 包括作用于中枢神经系统药物，如育亨宾、酚妥拉明、阿扑吗啡、溴隐停等。作用于外周的药物目前广泛应用的是西地那非，是可使阴茎海绵体平滑肌松弛的 5 型磷酸二酯酶抑制剂，对各型 ED 均有效，又称 Viagra（伟哥、万艾可），1998 年 FDA 和 EFDA 批准上市，临床实验结果刊登于新英格兰医学杂志，至 2001 年全球超 100 个国家上市。亦有补充锌、硒、维生素类和抗氧化剂等治疗。

中医结合病因病机，选择相应经络的药物及治法。雪莲味甘苦、微芬芳，性热，入肝、脾、肾三经，驱寒除湿为其所长，兼补命门壮元阳之功。Liu 和 Zhang（2013）报道，雪莲治疗 ED 70 例。患者随机纳入，其中 30 例阳性对照药注射维生素 B，剂量与实验组相同，结果实验组与对照组比较，有效率增加 20.83%，界定成功指标是插入阴道至少 1 分钟，然后成功射精。

第十节　临床应用的现状与展望

雪莲对于风湿性关节炎、经血不调、阳痿、跌打损伤等疾病有良好的疗效。雪莲作为药用在民间习用已久，维吾尔族居民用其全草治疗风湿性关节炎，小腹冷痛，妇女月经不调，赤、白带等症用量 3～6g，水煎服。蒙古族居民用地上部分，治疗结核气喘、腰腿痛、妇女月经不调、痛经、筋骨损伤，用量 2～6g，研粗粉，晒后服。哈萨克族居民用于治疗产后胞衣不下，水煎口服效果很好。还用于肺寒咳嗽、雪盲、牙痛、麻疹不透、外伤出血等。现代医学已将其用于临床研究，现收集几种以供参考。

1. 复方雪莲烧伤膏

感染是直接影响烧、烫伤，尤其是深Ⅱ度以上创面愈合的关键，深Ⅱ度以上的烧、烫伤创面组织坏死，血液循环受阻，甚至焦痂形成，导致全身应用抗菌药物难以使创面局部达到有效的杀菌或抑菌浓度。所以，局部应用具有抑制或杀死病原菌的药物乃是烧、烫伤治疗的重要手段。实验研究用体外抑菌实验和对大鼠感染性Ⅲ度烫伤创面的动物模型，观察复方雪莲烧伤膏防治感染的功效。研究结果显示，复方雪莲烧伤膏的体内外抑菌实验发现，对金黄色葡萄球菌、表皮葡萄球菌、甲型链球菌、粪链球菌、乙链球菌、大肠杆菌、克雷伯杆菌、绿脓杆菌等有一定程度的抑制作用，对金黄色葡萄球菌尤为敏感。虽然目前烧、烫伤创面感染的细胞不断变迁，革兰菌的比例明显增加，革兰阳性感染的比例仍不小，而其中最主要的病原仍为金黄色葡萄球菌。为此采用大鼠Ⅲ度烫伤后创面接种金黄色葡萄球菌 ATCC-25923 作为实验治疗模型，客观评价了复方雪莲烧伤膏的抗菌、防感染的功效。

2. 雪莲通脉口服液

该口服液是乌鲁木齐市中医院在多年临床经验的基础上，根据中医理论及现代药效学研究而研制出的新药，由新疆雪莲、肉苁蓉及二十几味药材组成，具有增强机体活力、降低血液黏度、改善微循环、提高机体免疫功能等作用，对治疗脑动脉硬化及缺血性中风具有独特疗效。

3. 雪莲通脉丸

冠心病多发于老年及老年前期的患者，以肾虚、气虚血瘀为主要特点。新疆乌鲁木齐市中医院，通过对临床 51 例老年及老年前期患者的治疗观察发现，雪莲通脉丸可有效降低患者的全血黏度、血浆黏度及红细胞压积，全面改善心悸、气短、乏力、腰膝酸软、头晕等临床症状，改善心肌供血状态，控制心律失常。

4. 复方雪莲胶囊

复方雪莲胶囊对治疗痹症有良好的疗效。在其临床实验的观察中，认为该药不仅利于散寒除痹，亦有助于益阳和血。临床用于治疗风寒湿痹型和阳虚精亏型痹证效果尤佳。

5. 天山雪莲酒

称取不同部位（须根、茎叶、花果）雪莲 20g，70%乙醇溶液 30mL 浸润 15 分钟，分批均匀一致、松紧适度地装入渗漉筒，然后补加同 pH 同浓度乙醇 220mL（乙醇沿过药柱高 3cm 为宜），浸渍 72 小时，分别用适宜漉速（2mL/min、1mL/min、4mL/min、0. 8mL/min）渗漉，取初漉液，即为质优天山雪莲酒。另外，还有雪莲鹿茸酒、雪莲蚁王酒，这 3 种酒都适用于风湿性关节炎、类风湿关节炎、肩周炎、寒湿性腰腿痛，妇女产后风湿等症。临床实践证明，雪莲类酒有抗风湿作用，有助于促进人体健康及延缓衰老，是良好的保健类药酒。

6. 雪莲注射液

用浸渍法和渗漉法制备的雪莲注射液被临床用于治疗风湿性和类风湿关节

炎、创伤性骨膜炎、颞颌关节紊乱综合征等。此外，雪莲注射液对治疗偏头痛有显著疗效，且疗程短、不含激素，治愈率高。

雪莲注射液的疗效肯定，使用简便，价格低廉，给药途径具有可选性，经动物毒理实验研究证明其安全可靠，无任何毒副作用。在临床上有着十分广阔的应用前景，有待进一步的开发和利用。

以上对天山雪莲各方面的临床报道虽然是初步阶段，但是这些研究为雪莲的临床应用提供了一定的理论依据，对于开展雪莲制剂新用途，研究雪莲制剂新品种，从而加速雪莲资源的开发和利用都具有很重要的价值。如能进一步深入系统地研究，探讨其有效成分及作用机制，可以推测雪莲制剂在新疆地产药中，将会占据一定的优势。雪莲花内所含的黄酮类、生物碱、多糖和倍半萜类酯型化合物与诸项药理活性相联系，在护肤保健、防治心血管疾病、治疗风湿痛证、延缓衰老、抗癌和计划生育等方面开发利用潜力大、应用前景良好。但是，由于近年来乱采滥挖野生雪莲现象十分严重，加之人工栽培困难，雪莲已被列为国家三级濒危物种而受到保护。因此，在充分了解化学成分与生物活性关系的前提下更好地开发和利用这种稀有资源显得尤为重要。今后的科研重点应放在人工培育及毒理学方面的研究，保证临床用药安全；确定活性药用部分的成分与结构，有利于品质评价和特征活性先导化合物寻找；探讨疗效、药理和成分三者的量效关系，促进民族药和民间药的规范化和现代化，最终开辟高山植物天然活性研究应用新途径。

［马丽（大）、吕刚、藏登、王利昕］

参考文献

［1］Abdel-Nasser A M，Rasker J J，Valkenburg H A. Epidemiological and clinical aspects relating to the variability of rheumatoid arthritis［J］. Semin Arthritis Rheum，1997，27（2）：123.

［2］池里群，周彬，高文远，等．治疗类风湿性关节炎常用药物的研究进展［J］．中国中药杂志，2014，39（15）：2851-2858.

［3］林秀仙，李菁，荣祖元．水母雪莲花超临界CO_2萃取物的抗炎作用［J］．广东药学院学报，2004，20（3）：253-254.

［4］安家丰．复方雪莲注射液治疗风湿热与类风湿性关节炎110例疗效观察［J］．西

北国防医学杂志，1985（1）：42.
[5] 陈英，倪爽爽，姜泉．复方雪莲胶囊治疗类风湿性关节炎（寒湿痹阻证）随机、双盲、阳性药平行对照、多中心临床研究［J］．内蒙古中医药，2016，35（14）：94.
[6] 顾云，谢金萍，杨云．雪莲注射液穴位注射治疗类风湿性关节炎60例［J］．山西中医，2009，25（3）：30.
[7] 李广洁．雪莲注射液犊鼻穴位注射治疗风湿性膝关节炎的疗效观察［J］．按摩与康复医学，2010，26（9）：83.
[8] 曾小威，李世刚．类风湿性关节炎治疗及免疫分子机制研究进展［J］．中华实用诊断与治疗杂志，2015，29（11）：1044-1046.
[9] 林秀仙，李菁，荣祖元．水母雪莲花超临界 CO2 萃取物的抗炎作用．广东药学院学报，2004，20（3）：253-254.
[10] 李观海，刘发，张新，等．雪莲的药理作用研究［J］．新疆医学院学报，1979，2：86.
[11] 何新，李观海，陈汉瑜．新疆雪莲黄酮的抗炎镇痛作用及抗炎机理研究［J］．西北药学杂志，1990，5（3）：17-19.
[12] 顾云，谢金萍，杨云．雪莲注射液穴位注射治疗类风湿性关节炎60例［J］．山西中医，2009，25（3）：30.
[13] 刘孟渊．类风湿性关节炎的证治体会［J］．中医杂志，2001，42（8）：465-466.
[14] 李强，邹升产．类风湿性关节炎的发生与中医脾虚关系的理论探讨［J］．新疆中医药，2003，21（5）：2-4.
[15] 贾二涛，马武开．治疗类风湿关节炎经验［J］．长春中医药大学学报，2011（1）：43-44.
[16] 周晓平．类风湿关节炎病因病机新探［J］．光明中医，2010，25（11）：2106.
[17] 马艳．复方雪莲胶囊治疗类风湿关节炎寒湿痹阻证的临床观察［D］．乌鲁木齐：新疆医科大学，2016.
[18] 陈东波．邹燕．复方雪莲胶囊的药效学研究［J］．湘南学院学报：自然科学版，2005，（2）：30-31.
[19] 韩春辉，孙利．复方雪莲胶囊治疗类风湿关节炎 58 例临床观察［J］．时珍国医国药，2005，（3）：229.
[20] 黎玉红，朱国强，吴育新，等．复方雪莲胶囊的质量标准研究［J］．中成药，2005，27（5）：526-529.

［21］马红，黄华，王林林，等．复方雪莲胶囊抗炎镇痛作用的再评价［J］．时珍国医国药，2013，24（10）：2378-2380.
［22］马红．复方雪莲胶囊的药效学研究［D］．乌鲁木齐：新疆医科大学，2013.
［23］丁树栋．治风寒湿性关节痛验方［A］．中国中西医结合学会骨伤科分会．第二十四届中国中西医结合骨伤科学术年会论文汇编［G］．中国中西医结合学会骨伤科分会，2017：1.
［24］包力，卓鹰，陈志婵，等．雪莲注射液治疗风寒湿性关节痛疗效观察［J］．中国中医药信息杂志，2006，(9)：69-70.
［25］袁晓凡，赵兵，王玉春．雪莲的研究进展［J］．中草药，2004，35（12）：1424-1426.
［26］王晓玲，李启发，丁立生．天山雪莲的化学成分研究［J］．中草药，2007，38（12）：1795-1797.
［27］徐彦，吴春蕾，刘圆，等．唐古特雪莲的化学成分研究［J］．中草药，2010，41（12）：1958-1960.
［28］赵莉，王晓玲．新疆雪莲的化学成分、药理作用及其临床应用［J］．西南民族大学学报：自然科学版，2003，(4)：424-428.
［29］中华医学会骨科分会，骨与关节诊疗指南（2007 版）［J］．中国临床医师杂志，2008，36（1）：28-30.
［30］吕厚山，孙铁铮，刘忠厚．骨关节炎的诊治与研究进展［J］．中国骨质疏松杂志，2004，(1)：16-31+69.
［31］王跃辉．膝骨关节炎影响因素和临床特征分析［D］．广州：广州中医药大学，2008.
［32］翟云，高根德，徐守宇．膝关节骨关节炎的基础研究进展［J］．中国骨伤，2012，25（1）：83-87.
［33］阿力，马永东，郭树贤，等．雪莲混合液治疗膝关节骨性关节炎［J］．实用骨科杂志，1996，(2)：125.
［34］赵振军．中医骨正筋柔理论治疗膝关节骨关节炎疗效研究［J］．中外医疗，2015，34（30）：170-171+185.
［35］郑斌，梅伟，魏成建．中医治疗膝骨关节炎研究进展［J］．湖北中医药大学学报，2016，18（2）：114-117.
［36］吕厚山，孙铁铮，刘忠厚．骨关节炎的诊治与研究进展［J］．中国骨质疏松杂志，2004（1）：16-31+69.

[37] 王晓曼．补肾活血法治疗膝骨关节炎的系统评价［D］．北京：中国中医科学院，2017.
[38] 赵永胜，孙文喜，芦旭．雪莲强筋壮骨方治疗膝骨性关节炎158例疗效观察［J］．中国中医骨伤科杂志，2008，(2)：51-52.
[39] 欧阳丽娟，易祖玲，倪国玉，等．循证护理在膝关节置换术超前镇痛中的应用［J］．中国临床医生，2014，42 (4)：67-69.
[40] 周源，王静成．人工膝关节置换术治疗重症膝关节疾病临床观察［J］．中国医学前沿杂志（电子版），2014 (5)：88-90.
[41] 郭艾，马立峰．膝关节置换术围术期疼痛的管理［J］．中国临床医生，2014，42 (2)：1-3.
[42] 马骁，阎小萍．非甾体类抗炎药的合理应用［J］．中国医刊，2009，44 (4)：6-8.
[43] 蒋明．风湿病诊断与诊断评析［M］．上海：上海科学技术出版社，2004.
[44] 马红，王林林，刘燕，等．复方雪莲胶囊对Ⅱ型胶原诱导大鼠关节炎的治疗作用［J］．中国实验方剂学杂志，2013，19 (22)：186-190.
[45] 倪爽爽，陈英，姜泉．复方雪莲胶囊和葡立胶囊治疗膝骨关节炎（寒湿痹阻证）的临床对比研究［J］．新疆中医药，2016，34 (4)：6-8.
[46] 邬强，李勇，薛勇．肱骨外上髁炎的治疗概况［J］．华西医学，2015，30 (4)：786-789.
[47] 孙树椿，孙之镐，孙呈祥，等．中医筋伤学［M］．北京：人民卫生出版社,1990.
[48] 吴乔，王培民．肱骨外上髁炎的中医外治［J］．河南中医，2013，33 (10)：1766-1768.
[49] 王铁桥．局部痛点注射治疗肱骨内上髁炎（附60例报告）［J］．疼痛学杂志，1995，3 (3)：132.
[50] 袁晓凡，赵兵，王玉春．雪莲的研究进展［J］．中草药，2004，(12)：107-109.
[51] 陈军．肱骨外上髁炎的封闭治疗［J］．中国医疗前沿，2012，7 (4)：38-39.
[52] 刘新正，王坤，邢宝利，等．血清胱抑素C测定在老年人原发性高血压肾脏损害早期诊断中的价值［J］．中华老年医学杂志，2011，30 (6)：507-508.
[53] 玛依热，吴育新．雪莲保元胶囊薄层鉴别研究［J］．新疆中医药，1999 (1)：45-47.
[54] 祝婕，马斌．雪莲保元胶囊治疗高血压病早期肾功能损害的临床研究［J］．新疆

中医药，2016，34（3）：11-13.

［55］宋治中．新疆雪莲化学成分的研究［J］．中草药，1990，21（12）：4-5.

［56］陈阿城，李勃．新疆雪莲的药效学研究［J］．天水师范学院学报，2005，25（2）：60-61.

［57］李娜，贺红梅，美娜，等．雪莲保元胶囊对糖尿病性周围神经病变的新发病率的影响［J］．新疆中医药，2017，35（4）：19-21.

［58］Reutens AT，Atkinstkins RC. Epidemiology of diabetic nephropathy［J］. Contrib Nephrol，2011，170（1）：1-7.

［59］王凡，姜梅玲，朱虹. 清热化痰方治疗早中期糖尿病肾病30例［J］. 中国中医药远程教育，2012，10（14）：14-15.

［60］郑锐平. 清新莲子饮治疗早期糖尿病肾病82例［J］. 光明中医，2013，28（3）：500-501.

［61］程瑶，吴东红，卢韬等. 丹红注射液治疗糖尿病肾病的临床疗效观察［J］．中国实医药，2011，6（33）：178.

［62］李娜．雪莲保元胶囊治疗临床期糖尿病肾病的临床研究［D］．乌鲁木齐：新疆医科大学，2013.

［63］中华医学会心血管病学分会. 慢性稳定型心绞痛诊断与治疗指南［J］. 中华心血管病杂志，2008，35（5）：195-196.

［64］国家食品药品监督管理局. 中药新药临床研究指导原则［M］. 北京：中国医药科技出版社，2002：69-73.

［65］张秀芬，赵肖华，任小娟，等．雪莲通脉丸对冠心病稳定型心绞痛气虚血瘀型的临床研究［J］．新疆中医药，2015，33（6）：13-15.

［66］陈可冀，张之南，梁之钧，等. 血瘀证与活血化瘀研究［M］. 上海：上海科学技术出版社，2000.

［67］王惠康，林章代，何侃，等. 新疆雪莲化学成分的研究［J］. 药学学报，1986，21（9）：680-682.

［68］赵莉，王晓玲．新疆雪莲的化学成分药理作用及其临床应用［J］. 西南民族大学学报：自然科学版，2003，29（4）：424-428.

［69］雷载权，张廷模. 中华临床中药学［M］. 北京：人民卫生出版社，2005.

［70］李君山，蔡少青．雪莲花类药材的化学和药理研究进展［J］．中国药学杂志，1998，33（8）：449.

［71］赵德修，赵丽丽．雪莲花的研究进展［J］．中草药，1996，27（16）：372.

[72] 赵莉，王晓玲．新疆雪莲的化学成分、药理作用及其临床应用［J］．西南民族大学学报：自然科学版，2003（4）：424-428.

[73] 蔡绍晖，唐琼，陈嘉钰，等．复方雪莲烧伤膏促创面愈合、抗炎作用研究［J］．中成药，1999，21（5）：243.

[74] 蔡绍晖，陈嘉钰，唐琼，等．复方雪莲烧伤膏抗菌活性的研究［J］．华西药学杂志，1998，13（3）：148.

[75] 赵文，任永凤．雪莲通脉口服液含量测定的研究［J］．中成药，1998，20（3）：21.

[76] 邓红，杨春年，王兆江．雪莲通脉丸治疗老年及老年前期冠心病51例效果观察［J］．安徽中医学院学报，1992，11（3）：15.

[77] 黄霞萍，朱荣光．复方雪莲胶囊治疗痹症102例临床观察［J］．江苏中医，2000，21（11）：26.

[78] 潘玉芬，覃志忠，邓禄延．雪莲蚁王酒的医疗作用与保健价值［J］．蛇志，1998，10（1）：32.

[79] 张淑垦，关家彦，王玮文，等．遴选天山雪莲酒的提取条件［J］．蛇志，1998，10（1）：32.

[80] 麦军利，姜维．雪莲注射液的临床应用［J］．中草药，1999，30（增刊）：214.

[81] 王本富，路洁，关家彦．天山雪莲注射液提取工艺的考察［J］．中国药学杂志，1996，31（5）：299.

[82] 张本国，马丽华，尹极峰，等．雪莲注射液用于星状神经阻滞治疗偏头痛的疗效观察［J］．临床麻醉学杂志，1996，12（4）：222.

[83] 张本国，方枚，尹极峰，等．雪莲注射液在疼痛治疗中的实验研究及临床应用［J］．中华麻醉学杂志，1995，15（1）：24.

[84] 朱晨，姜汀英，周丕文，等．野生与种植雪莲花的总黄酮含量比较［J］．中国药学杂志，2002，37（2）：98.

[85] 部守琴．新疆雪莲研究近况及其展望［J］．新疆中医药，1994（3）：18-20.

[86] 陈慕芝，照日格图，王洪波．雪莲口服液治疗类风湿关节炎40例疗效观察［J］．新疆中医药，2013，31（1）：24-26.

第八章　天山雪莲的不良反应和毒性评价

关于雪莲的毒性中医、民族医药文献记载较少。仅《中药大辞典》记载其性味甘苦、温，有毒（大苞雪莲），又《新疆中草药手册》：味微苦，性热，有毒。雪莲临床用法用量为：内服 3～6g。外用适量。可入汤剂、糖浆、药酒、敷剂、洗剂、药浴、膏药、软膏、针剂等制剂，如雪莲红花补酒、雪莲灵芝补酒、雪莲贴贴舒消痛膏、雪莲贴而舒抗癌膏、雪莲注射液等。维吾尔医文献记载，过量服用雪莲可引起多汗，甚至可致中毒。内服过量可对脑部有害，并能引起肠燥。孕妇禁用。建议用破布木实或将药粉用巴旦杏仁油湿润后使用。关于雪莲及其制剂的非临床和安全性文献，主要开展了妇清雪莲栓的大鼠急性毒性试验和重复给药毒性试验；雪莲注射液的安全性试验，包括刺激性、过敏性和溶血性试验，以及雪莲复方制剂的临床安全性、有效性试验，总结如下。

一、妇清雪莲栓的大鼠急性毒性试验和重复给药毒性试验研究

妇清雪莲栓系由雪莲为主药的超临界 CO_2 萃取物制成的中药复方栓剂，临床主要用于治疗妇科疾病、霉菌性阴道炎、滴虫性阴道炎、宫颈糜烂等。邱玉文等进行了妇清雪莲栓大鼠急性毒性试验和重复给药毒性试验。

大鼠急性毒性试验，进行大鼠阴道内一日给药 6 次，总剂量 926mg/kg。重复给药毒性试验中，大鼠按体重随机分为基质对照组和 3 个不同剂量给药组（76. 8mg/kg、155. 2mg/kg、308. 8mg/kg），经阴道给药，每日 2 次，连续给药 30 天。结果显示，大鼠阴道内日给药 926mg/kg（约为临床拟用量的 192 倍），未见明显急性毒性作用。大鼠重复给药毒性试验阴道内给药 30 天的无毒反应剂量为 76. 8mg/kg（约为临床拟用量的 16 倍）；给药达 155. 2mg/kg（约为临床拟用量的 32 倍）或以上，可能出现血小板轻度下降；给药达 308. 8mg/kg（约为临床拟用量的 64 倍），除血小板数轻度下降外，还可能出现体重增长缓慢，给药 30 天后，各组

间大鼠脏器重量及脏器系数与基质对照组比较，差异无显著性意义（$P>0.05$），病理学检查各组动物的主要脏器剖检未见明显异常，阴道外口、外阴部及子宫和阴道黏膜未见充血、水肿等异常变化，各组均可见部分动物轻度间质性肺炎，发生率各组间无明显差异，且基质对照组也有同样变化，可能为动物自身疾病所致，其余脏器无明显组织学改变；各组动物阴道均为黏膜上皮结构完整，未见增生及萎缩性变化，黏膜下血管未见扩张充血及炎性细胞浸润，表明妇清雪莲栓对阴道黏膜无明显的刺激作用。以上研究表明，妇清雪莲栓未见明显急性毒性作用，其重复给药的毒性作用是可逆性的，停药后可恢复，未观察到延迟性毒性作用。

二、雪莲注射液的毒性试验

雪莲注射液用于治疗急慢性风湿性关节炎、类风湿关节炎及骨关节炎引起的关节疼痛的药物，其作用为消炎镇痛、活血化瘀，其毒性试验开展了以下研究。

1. 溶血性试验

取新鲜羊血液 20mL，放入小玻璃杯不断摇动以搅去纤维蛋白，用 0.9%NaCl 溶液冲洗 5 次，每次加生理盐水 10mL，离心（2000r/min）10 分钟，弃去上清液，再加入 NS 离心至上清液不呈红色为止，然后按所得红细胞的容积，用 NS 配成 2%的混悬液，取试管 6 支，按表 8-1 加入各种溶液，第 6 管为对照管，各管摇匀、放置在 37℃恒温水溶液中，记录 0.5 小时、1 小时、2 小时、3 小时的结果（表 8-1）。溶血试验表明，0.3mL 注射液（第 3 管），在 2 小时内未产生溶血作用，说明雪莲注射液具有良好的血液相溶性。

表 8-1　雪莲注射液体外溶血试验

	试管号	1	2	3	4	5	6
	雪莲注射液（mL）	0.1	0.2	0.3	0.4	0.5	—
	生理盐水（mL）	2.4	2.3	2.2	2.1	2.0	2.5
	2%羊细胞（mL）	2.5	2.5	2.5	2.5	2.5	2.5
结果	0.5 小时	—	—	—	—	—	—
	1.0 小时	—	—	—	—	—	—
	2.0 小时	—	—	—	—	—	—
	3.0 小时	—	—	—	—	—	—

注："—"表明是阴性结果，无溶血现象。

陶海英等采用兔血开展了雪莲注射液的溶血实验，取一定量受试药加到 2%

兔血生理盐水混悬液中，观察有无溶血和凝集等反应。取家兔 1 只，自心脏取血约 20mL，置盛有玻璃珠的三角瓶中，摇动 10 分钟去除纤维蛋白，然后将血移入刻度离心管内，加入生理盐水 5mL，混匀后离心 5 分钟（2500r/min），去除上清液，再加生理盐水混匀离心，反复洗 3~4 次，至上清液呈无色透明方可用于实验。将所得红细胞用生理盐水稀释成 2%的混悬液（*V/V*）。取试管 7 支，编号排列于试管架上，加液，在 37℃水浴中保温 1 小时，取出后记录结果。结果：阴性对照 6 号管红细胞全部下沉，上层液体澄明；阳性对照 7 号管溶液澄明红色，管底无红细胞残留，即呈溶血。1~5 号管红细胞全部下沉，上层液体由清亮的微黄色渐渐转变为浅棕色（这是由于雪莲注射液本身为红棕色，故随着加入供试品溶液量加大，上清液颜色逐渐加深），表明雪莲注射液无明显溶血性。

2. 肌肉刺激性试验

李勇等采用新西兰兔 2 只，体重 1. 8kg，分别于一侧股四头肌处以无菌操作方法，注入供试品 2mL，另一侧注射相同量的灭菌生理盐水作为对照。48 小时后放血处死，解剖取出股四头肌，纵向切开，观察注射部位肌肉的刺激反应。结果显示，未发现肌肉刺激性反应，说明雪莲注射液对肌肉无刺激性，可供肌内注射用。

陶海英等也开展了雪莲注射液的肌肉刺激性试验，取一定量的供试药品注入家兔大腿前部的股四头肌内，在规定时间里观察注射局部肌肉反应情况，从而判断有无肌肉刺激性及刺激反应的程度。取 2. 5kg 的家兔 2 只，分别于左侧股四头肌处以无菌操作法缓慢注入雪莲注射液 2. 0mL，右侧相应部位同法注入等容积灭菌生理盐水作为对照。48 小时后放血处死家兔，解剖后取出股四头肌，纵向切开，观察注射部位肌肉的刺激反应，并做病理检查。结果，48 小时后家兔健康如常，给药部位无明显异常反应，肌肉反应级数为 0 级，病理检查显示注射部位肌肉无组织学改变，表明雪莲注射液无明显肌肉刺激性。

3. 过敏试验

取豚鼠 12 只，体重 350~400g，随机均分 2 组：1 组腹腔注射雪莲注射液；2 组腹腔注射卵蛋白。给药组按无菌操作，每组隔日腹腔注射药液 0. 5mL，共注射 3 次，然后分成 2 组，分别于第 1 次注药后 14 天及 21 天再腹腔注射原药 2mL，阳性药组给予 1. 0%卵蛋白作阳性对照，方法同上。分别观察受攻击豚鼠的过敏反应，如有过敏反应，则在注药后几分钟内，豚鼠表现为兴奋不安，呼吸困难，迅速死亡。结果显示，给药组动物无死亡，阳性组动物全部死亡，说明雪莲注射液无过敏反应。

4. 主动全身过敏实验（ASA）

选取健康豚鼠30只，体重300~400g，随机分为5组，每组6只。分别为生理盐水对照组（注射同体积的生理盐水）、阳性对照组（注射卵白蛋白2mg/只）、雪莲注射液3个剂量给药组（0.3mL/kg、0.6mL/kg、1.2mL/kg）。腹腔给药，隔日1次，共3次。于末次给药后第14天，每组一次性静脉注射原剂量3倍的药量。逐日观察每只动物的症状，初次和末次致敏和激发当日测定各组每只动物的体重。静脉注射激发后立即至3小时，详细观察每只动物的反应，症状的出现及消失时间，判断过敏反应发生率，根据过敏反应发生率和发生过程进行综合判断。结果显示，阳性对照组在激发后15~120分钟内发生不同程度的过敏反应，生理盐水组与雪莲注射液组注射后180分钟内均未出现过敏反应，表明雪莲注射液在规定剂量下不会引起豚鼠主动全身过敏反应。

5. 被动皮肤过敏实验（PCA）

取大鼠50只，雌雄各半，体重80~120g。随机分为阴性对照组（注射同体积的NS）、阳性对照组（注射卵白蛋白3mg/只）和3个不同剂量的雪莲注射液组（0.4mL/kg、0.8mL/kg、1.6mL/kg）。各组动物按剂量腹腔注射给药，隔日1次，共4次，末次致敏后12天采血，2000r/min离心10分钟，分离血清，各组血清均以生理盐水做1∶2稀释。剪去大鼠背部毛，皮内注射抗血清稀释液0.1mL，48小时后各组大鼠尾静脉注射与致敏剂量相同的各激发抗原并加等量0.5%伊文思蓝共1.0mL，30分钟后处死大鼠，剪取注射部位相同面积皮肤并剪碎，每块皮肤以5mL丙酮NS溶液（*V/V*，7∶3）浸泡24小时，离心取上清，于610nm处测定吸收度值（OD）。结果：阳性对照组OD值与NS组相比有显著性差异，3个剂量的雪莲注射液与NS组OD值比较无显著性差异，表明该注射液在规定剂量下不会引起大鼠被动皮肤过敏反应。

6. 急性毒性试验

取昆明种小鼠30只，雌雄各半，以雪莲注射液小鼠腹腔注射最大量给予0.4mL/只，间隔2小时，再给药1次，给药后立即观察动物反应情况，每天观察1次，连续1周，结果表明，腹腔注射（即40mg/kg）雪莲注射液，小鼠的外观、行为活动、呼吸正常，口鼻眼无异常分泌物。动物无死亡，小鼠的最大给药剂量为人用临床剂量的600倍。

7. 长期毒性试验

取 SD 大鼠 120 只，体重 70~110g，每组 30 只，雌雄各半，依体质量随机均分 4 组：空白对照组腹腔注射生理盐水 5mL/kg，低剂量组腹腔注射雪莲注射液 0.35mL/kg，中剂量组腹腔注射 1.05mL/kg，高剂量组腹腔注射 2.1mL/kg。每天给药 1 次，连续 90 天，每周称体质量 1 次，并观察动物活动、毛发、粪便情况，用药结束后，采血检查血常规、血生化，每组各取 20 只动物（其余动物继续饲养观察 2 周），放血致死，取心、肝、脾、肺、肾、胸腺、皮肤、脑、十二指肠、小肠、睾丸（卵巢）、前列腺（子宫）、直肠共 13 个脏器组织做病理学检查。结果显示，4 组大鼠在 90 天内均活动正常，毛发光润，体质量增长正常，未见粪便异常，无一死亡。4 组动物体质量增长、主要脏器系数基本一致，实验各组脾系数增加，可能与其调动免疫系统有关。4 组动物连续给药 90 天后及停药 2 周后血生化、血常规化验结果未见毒性变化。4 组动物上述 13 种脏器外观正常，病理解剖学及病理组织学检查均与对照组比较无特殊的病理学改变。

雪莲注射液成人注射有效剂量为 2~4mL/d，成人按照 60kg、4mL/d 计算，约为 0.067mL/kg，上述试验低、中、高剂量约为此剂量的 5.2、15.7、31.3 倍，大鼠雪莲注射液 90 天连续给药试验，结果显示 3 个剂量未见动物出现外观、血常规、血生化等指标及 13 种脏器组织的毒性变化。

非临床安全试验表明，雪莲注射液对羊细胞、兔血细胞均不产生溶血现象；豚鼠过敏试验中没有观察到过敏症状；未发现雪莲注射液对肌肉有刺激性；小鼠急性毒性试验，其最大耐受量为 40mL/kg；大鼠长期毒性试验 3 个给药组均未见外观、血常规、血生化等指标及 13 种脏器组织的毒性变化。

三、复方雪莲胶囊的临床安全性试验

复方雪莲胶囊以天山雪莲为主药，辅以羌活、延胡索、独活等制成，具有温经散寒、祛风逐湿、化瘀消肿、舒筋活络等功效。本临床试验于 2013 年 8 月~2014 年 7 月进行，以甲氨蝶呤片为阳性对照药，旨在对复方雪莲胶囊治疗类风湿关节炎的有效性和安全性进行对比研究，选择类风湿关节炎患者 108 例，随机分为 2 组，观察组 54 例，给予复方雪莲胶囊+甲氨蝶呤片模拟剂，对照组 54 例，给予复方雪莲胶囊模拟剂+甲氨蝶呤片，疗程均为 12 周。除有效性指标外，还进行了如下安全性指标的观察：生命体征如血压、呼吸、心率等（0、4 周、8 周、12 周）；血常规、尿常规、心电图、肝功能（ALT、AST、γ-GT、TBIL、DBil）、肾功能（BUN、Cr）（0、4 周、12 周）；不良事件。结果显示，两组不良反应发生率差异无统计学意义（$P>0.05$）。复方雪莲胶囊治疗寒湿痹阻证引起的类风湿关节炎具有良好的疗效及安全性。

综上，关于雪莲及其制剂的非临床安全性研究文献，主要开展了妇清雪莲栓的大鼠急性毒性试验和重复给药毒性试验，雪莲注射液的安全性试验包括刺激性、过敏性和溶血性试验，以及雪莲复方制剂的临床安全性、有效性试验。以上均未见明显毒性，不良反应监测也未见相关报道，表明雪莲及其制剂是相对安全的。但也应看到，上述大部分非临床安全性试验是在非 GLP 条件下开展的评价，对其安全性应长期关注。

雪莲注射液是一种处方药，目前应用尚未见不良反应发生，为了防范安全风险，应在临床使用时注意观察雪莲注射液的不良反应，同时在 GLP 条件下系统地开展雪莲注射液的毒理学研究，为临床应用提供科学依据。

（李治建、曹春雨、马丽）

参考文献

[1] 王培杰．维药“毒”相关文献及维成药不良反应文献研究［D］．北京：北京中医药大学，2017.

[2] 邱玉文，冯伟成，李菁，等．妇清雪莲栓的临床前安全评价研究［J］．中药材，2006，29（8）：829-831.

[3] 李勇，熊元君，刘家国，等．雪莲注射液的安全性试验［J］．新疆中医药，2007，25（3）：89-90.

[4] 陶海英，王雪莲，刘燕，等．雪莲注射液特殊安全性实验研究［J］．新疆中医药，2008，26（1）：10-11.

[5] 连军，熊元君，朱虎虎，等．雪莲注射液长期毒性实验研究［J］．现代中西医结合杂志，2007，16（4）：458-460.

[6] 陈英，倪爽爽，姜泉，等．复方雪莲胶囊治疗类风湿性关节炎（寒湿痹阻证）随机、双盲、阳性药平行对照、多中心临床研究［J］．内蒙古中医药，2016，35（14）：94.

[7] 范明杰．中药注射剂的安全性研究与评价［J］．齐鲁药事，2007，26（10）：608-610.

后　记

在各位编委共同努力下，出版社各级领导、编辑的支持下，使《天山雪莲的研究与应用》一书得以顺利出版，非常感谢！

本书记录天山雪莲化学内容翔实，既有早年提取分离鉴定各化合物的沿革，亦有近年以现代技术提取化合物的出新，为药理学研究和临床应用提供了坚实的物质基础。如新化合物神经酰胺，不但为人体皮肤组成成分，尚有中枢神经保护作用，甚至可能用于治疗帕金森病，亦可抑制肿瘤细胞；黄酮类化合物不但是抗炎镇痛抗风湿的有效成分，在体内亦显示抑制、杀伤多种癌细胞，甚至可抑制肿瘤组织内新生血管的形成，从而成为抗癌先导化合物，既可促进细胞凋亡，又可防止转移。倍半萜类在植物体内生物合成，从乙酰辅酶 A 开始，最后形成倍半萜，大自然界生物循环妙趣横生，令人惊奇！我们的编委编写雪莲形态特征，并将雪莲抗寒基因及促进光合作用的特征基因与其抗寒结构相互表征，令人耳目一新。

天山雪莲及其有效成分的深入研究，成绩确实令人鼓舞。由于多种原因，天山雪莲制剂临床研究尚较薄弱。除抗炎镇痛用于风湿性关节炎治疗外，其他临床研究报道很少，因此编写起来非常困难。众所周知，任何新药的研究，最终取决于临床试验的安全性和有效性，特别是针对天山雪莲抗恶性肿瘤和心脑血管疾病的临床试验研究，必须创造条件及早依规进行。这需要天然药化、药理学、药剂学和相关临床学科专家联手合作共同开发。希望青年药理学、药学工作者能实现这一宏愿。

《本草纲目》认为复方有三：有一方、三方及数方相合之复方。为古今常用辨证论治之方，方中将各味药分为君、臣、佐、使。现今之复方与 500 多年前时珍之“偶方”“奇方”又有很大不同。时代在变迁，科学在进步，用药的精准显效，是现代科技发展的成果。天山雪莲多为单味药用于临床治疗，即为时珍称谓：“单方奇方也。”天山雪莲一药多效，到目前为止，发现 10~12 种功能主治，甚至能调节脂质代谢降血脂，抑制破骨细胞活性，防治骨质疏松症。就目前研究而言，尚未见到一单味药有这么多活性成分，有 10 多种确切（实验证实）的药理作用和功能主治，即使一个大的复方亦未必能如此。

李时珍出身医药世家，其父李言闻为湖北名医。其心愿令时珍考取功名，但时珍笃志学医，以“身如逆流船，心比铁石坚。望父全儿志，至死不怕难”诗铭志。父同意后，读书十年，不出户庭，博学无所弗觑。不但读过万卷书，为实地考察药物，走遍两湖、江西、安徽、江苏等名山大川，又走了万里路。奋斗几十年终著成医学巨著《本草纲目》。现代研究条件何其优越，我们应该学习时珍的奋斗精神，潜心研究雪莲，为中国传统医药的发展，新疆医药事业的提高做出新的贡献，以不愧于我们所生活的社会主义新时代。

刘发　斯拉甫·艾白

2020 年 10 月

图 1-1　绵头雪兔子（*S. Laniceps* Land . -Mazz. ）

图 1-2　水母雪莲（*S. medusa* Maxim）

图 1-3　天山雪莲（*S. involucrata* Kar. et Kir.）

图 1-4　天山雪莲（*S. involucrata* Kar. et Kir.）（示生存环境）

图 1-5　天山雪莲（示小花紫色）

图 1-6　天山雪莲生药材